博碩文化

U0096125

AI技能
全面攻略

超實用
AI技能
工具箱

提升職場‧教育與生活的
275 個高效應用技巧

掌握AI文字主流平台
提示技巧與實務應用

吳燦銘 著

- 多平台深入解析：OpenAI ChatGPT、微軟 Copilot、Google Gemini、外掛程式、AI 機器人 Coze 開發平台
- 廣泛應用場景：生活、教育、學習、職場、理財、多國語言、行銷、資訊科技
- 視覺創作必備工具：AI 繪圖、AI 動漫、AI 變臉、AI 視覺
- 影音製作一手搞定：AI 字幕（Memo AI、剪映）、AI 音樂、AI 影片（D-ID、Runway、Sora）、AI 錄音
- 工作效率加倍提升：AI 簡報、聊天機器人開發、數據分析
- 日常生活最佳助手：AI 股票投資報告、行程規劃、學習輔助

本書如有破損或裝訂錯誤，請寄回本公司更換

作　　者：吳燦銘
責任編輯：Cathy

董 事 長：曾梓翔
總 編 輯：陳錦輝

出　　版：博碩文化股份有限公司
地　　址：221 新北市汐止區新台五路一段 112 號 10 樓 A 棟
　　　　　電話 (02) 2696-2869 傳真 (02) 2696-2867

郵撥帳號：17484299 戶名：博碩文化股份有限公司
博碩網站：https://www.drmaster.com.tw
讀者服務信箱：dr26962869@gmail.com
讀者服務專線：(02) 2696-2869 分機 238、519
（週一至週五 09:30 ～ 12:00；13:30 ～ 17:00）

版　　次：2025 年 1 月初版

建議零售價：新台幣 690 元
I S B N：978-626-414-112-3
律師顧問：鳴權法律事務所 陳曉鳴 律師

國家圖書館出版品預行編目資料

超實用 AI 技能工具箱：提升職場.教育與生活的 275
個高效應用技巧 / 吳燦銘作 .-- 初版 .-- 新北市：博碩
文化股份有限公司，2025.01
　　面；　公分

ISBN 978-626-414-112-3(平裝)

1.CST: 人工智慧

312.83　　　　　　　　　　　114000275

Printed in Taiwan

歡迎團體訂購，另有優惠，請洽服務專線
博 碩 粉 絲 團　(02) 2696-2869 分機 238、519

自序

在這個科技飛速發展的時代，AI（人工智慧）已不再只是科幻電影中的場景，而是深深融入日常生活的實用工具。無論是在職場中提升效率，還是生活中增添趣味，AI 都在扮演著重要的角色。為了讓更多人能夠掌握這股科技潮流，本書目的在將 AI 的各種應用場景與操作技巧完整呈現，成為您在 AI 領域的實戰指南。

在編寫這本書時，我們的目標是「無私分享」AI 世界中最實用、最具創意的應用技能。我們相信，AI 應該是一種人人都可以掌握的工具，而不是少數人的專利。因此，本書深入介紹了 275 個經過精選的 AI 技能，從基礎入門到進階操作，涵蓋了多樣化的應用場景，包括文字生成、圖像創作、影片剪輯、商業應用、教育輔助等，不僅適合剛剛接觸 AI 的初學者，也適合希望提升工作效率和創作能力的專業人士。

本書針對目前市場上多款主流 AI 平台進行詳細介紹，例如 ChatGPT、Google Gemini、微軟 Copilot 等，讓您可以了解各平台的獨特功能，並找到最適合您的 AI 助手。此外，針對各種應用需求，收錄了多種「不藏私」的實用技能：

- 文字與內容生成：詳細解析了如何運用 ChatGPT 提供的強大提示詞，建立文章大綱、優化文案、增強寫作靈感，以及進行多語言翻譯與校對。特別是在商業寫作、行銷推廣和多國語言應用方面，AI 文字生成的便捷性無可替代。

- 圖片與影像創作：透過 AI 繪圖工具，您可以輕鬆創作出各種風格的圖像。無論是設計社交媒體內容，還是為簡報增色，本書都涵蓋了如何使用 Stylar AI、Ideogram 等工具建立多元化的視覺效果，讓您無需專業美工背景也能成為創作達人。

- 影片與音訊處理：不僅介紹了如何使用 AI 生成字幕和背景音樂，還包括 AI 聲音辨識和語音轉錄的應用，例如將 YouTube 影片快速轉換為文字摘要。這些技

能適合自媒體創作者、教育工作者及內容製作人員，助您提升內容製作的速度與品質。

- **智慧型幫手與職場應用**：在工作場域中，AI 可以成為您的效率利器。本書詳細介紹了微軟 Copilot 的智慧型操作，包括自動生成 Excel 表格、分析資料和簡化電子郵件回覆，幫助您有效管理日常任務。此外，我們還提供了 Coze AI 開發平台的操作指南，讓您能夠親手打造符合需求的聊天機器人，應用於客戶服務或內部支援。

- **多功能實用外掛及工具**：為了進一步提升 AI 的應用便捷性，我們介紹了多款 AI 外掛和工具，例如 Removebg 刪除背景、Faceswapper 的變臉效果等，使您可以迅速進行圖片編輯和創意操作，不論是製作海報、插圖還是社交媒體內容，都能更具吸引力。

- **教育與學習輔助**：AI 在教育領域的應用日益廣泛。本書分享了如何透過 ChatGPT 等 AI 工具。我們還探討了 AI 如何增強語言學習、解決問題和提供即時回饋，讓學習者隨時隨地獲得支援。

- **生活中的 AI 實用技巧**：除了工作和學習，本書還包括如何使用 AI 進行理財分析、製作股票投資報告書、計畫旅遊行程等，讓 AI 成為您的生活助手，提高生活品質和時間管理效率。

本書兼具實用與創意，滿足多元需求。無論您是希望提高職場效率、增強創意表現，還是只是想讓生活更加便利，都能透過本書中的技能找到答案。我們不僅提供了詳細的操作步驟，還包含了每種技能的應用場合、具體案例和實用小技巧，確保您可以迅速上手，並靈活運用。

我們希望這本書能成為您探索 AI 技術的起點，並在您的學習和應用過程中提供持續的幫助。AI 帶來的無限可能等待著您去挖掘，願您在本書的陪伴下，充分發揮 AI 的潛力，實現無限創意與高效工作！

目 錄

章
05

微軟 AI 聊天機器人 Copilot ················· 5-1

章 13　AI 教育與學習的技巧和實例　13-1

章 14 AI 多國語言技巧與實例 ················· 14-1

章 15 AI 職場應用技巧與實例 ⋯⋯⋯⋯⋯⋯⋯⋯⋯ 15-1

章 16 功能強大的 AI 外掛擴充功能 ⋯⋯⋯⋯⋯⋯⋯ 16-1

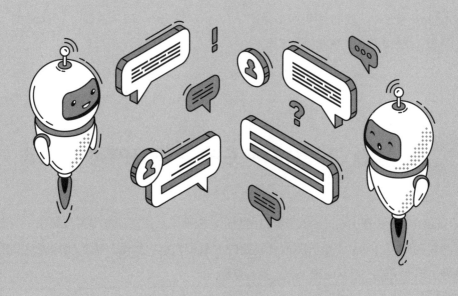

1

CHAPTER

ChatGPT 的操作入門

在這一章節中，我們將探討 ChatGPT、ChatGPT Plus、GPT-4 與 GPT-4 Turbo 的特點、優勢和如何影響我們的生活。

認識 ChatGPT、GPT-4 與 GPT-4 Turbo

ChatGPT 是一個由 OpenAI 開發的大型語言模型，它使用深度學習技術來生成自然語言回應。ChatGPT 基於開放式網路的大量資料進行訓練，使其能夠產生高度精確、自然流暢的對話回應，與人進行互動。

OpenAI 在 2023 年 3 月 14 日又亮相了新一代的 GPT-4，GPT-4 可以處理 2.5 萬單詞文字的長篇內容，是 ChatGPT 的 8 倍，這使得它可以用於長篇內容創作、延續對話以及文件搜尋和分析等應用場景，且 GPT-4 支援視覺輸入、圖像辨識，之前的版本只能文字輸入 / 文字輸出，新一代 GPT-4 據官方說明還能透過圖像輸入的方式，來生成回答的內容。而且 GPT-4 比以往更具創造力和協作性，例如創作歌曲、編寫劇本或學習使用者的寫作風格。

GPT-4 主要特色亮點

GPT-4 相較於 GPT-3.5 擁有更強的組織推理能力，在 OpenAI 的內部評估中，GPT-4 比 GPT-3.5 更有可能產生事實性回應的能力增加了 40%。而且所創造出來的回答內容比起 GPT-3.5 更為精確，甚至在某些特定的專業領域，所展現出來的能力已經非常接近人類。儘管 GPT-4 仍無法完全避免以不正確的方式回應，但和更早之前歷代 GPT 的模型比較起來，會產生這種答非所問的現象明顯降低了許多。

※ https://openai.com/product/gpt-4

　　而在官方文件的說法中，GPT-4 更重要的一個特色是，它能夠同時處理文字與圖像輸入，也就是 GPT-4 可以接受圖像作為輸入，並生成標題、分類和分析。

GPT-4 Turbo

　　另外，隨著 OpenAI 推出 GPT-4 Turbo 模型後，經過微軟的多番努力，GPT-4 Turbo 終於取代了 Copilot 免費版中的原有 GPT-4。現在，所有免費使用者都能享受到這款強大的 GPT-4 Turbo 模型。

　　至於 GPT-4 Turbo 與 GPT-4 模型之間有幾個主要差別，說明如下：

- **性能和速度**：GPT-4 Turbo 的運行速度較快，這意味著它在生成回應時能更迅速地處理和回應使用者的請求。

- **效能優化**：GPT-4 Turbo 在效能方面進行了優化，不僅能夠提供更快速的回應，還能在處理複雜任務時顯示出更高的效率。

- **資源使用**：GPT-4 Turbo 的設計使其在使用資源方面更為高效，這有助於降低運行成本，並提高模型在大規模應用中的可擴充性。

● **穩定性和可靠性**：由於進行了更多的優化和測試，GPT-4 Turbo 在穩定性和可靠性方面也有所提升，能夠更穩定地處理多樣化的查詢和任務。

技能 **02** 註冊免費 ChatGPT 帳號

如何註冊免費的 ChatGPT 帳號，請先登入 ChatGPT 官網（https://chat.openai.com/），登入後可以直接點選畫面中的「註冊」鈕申請 ChatGPT 帳號。

接著請各位輸入電子郵件帳號，或是已有 Google 帳號、Microsoft 帳號者，也可以擇一帳號進行註冊登入。

如果您是透過電子郵件進行註冊，在註冊過程中系統會要求使用者輸入一組密碼作為此帳號的註冊密碼。同時也會有確認電子郵件真實性的確認過程，及輸入註冊者的姓名等相關註冊流程。若是透過 Google 帳號或 Microsoft 帳號快速註冊登入者，則會直接進入到下一步輸入姓名的畫面。

輸入完姓名後，再請接著按下「繼續」鈕，會要求輸入您個人的電話號碼進行身分驗證，這是一個非常重要的步驟，如果沒有透過電話號碼來驗證身分，就沒有辦法使用 ChatGPT。請注意，輸入行動電話時，直接輸入行動電話後面的數字即可，例如「0931222888」，只要輸入「931222888」，輸入完畢幾秒後，就會收到官方系統發送到指定號碼的簡訊，該簡訊會顯示 6 碼的數字。於畫面中輸入手機所收到的驗證碼後，就可以正式啟用 ChatGPT。登入 ChatGPT 之後，會看到類似下圖畫面：

技能 03 了解 ChatGPT Plus 付費帳號 〉

OpenAI 於 2023 年 2 月 1 日推出了 ChatGPT Plus，這是一個付費訂閱服務，提供額外的優勢和特點，以提供更卓越的使用體驗。訂閱使用者每月支付 20 美元，即可享受更快速的回應時間、優先級提問權益和額外的免費試用時間。

ChatGPT Plus 的推出，鼓勵使用者的忠誠度和持續使用，同時為 OpenAI 提供可持續發展的商業模式。隨著時間的推移，我們預計會看到更多類似的付費方案和優勢出現，推動 AI 技術的商業應用和持續創新。

ChatGPT Plus 與免費版 ChatGPT 差別

ChatGPT Plus 是 ChatGPT 的付費版本，提供了一系列額外的優勢和功能，進一步提升使用者的體驗。使用 ChatGPT 免費版時，當上線人數眾多且網路流量龐大時，常會遇到無法登錄和回應速度較慢等問題。為了解決這些缺點，對於頻繁使用 ChatGPT 的重度使用者，我們建議升級至 ChatGPT 付費版。付費版不僅享有在高流量時的優先使用權，回應速度也更快，有助於提高工作效率。付費版 ChatGPT Plus 和免費版 ChatGPT 的差異：

- 流量大時，有優先使用權。
- 優先體驗新功能。
- 回應速度較快。
- 可使用 GPT4.0 版本，但仍有每 3 小時提問 25 個問題的限制。
- 可以使用各種 plugin 外掛程式。

想了解更多關於 ChatGPT Plus 的功能和優勢，請開啟以下網頁獲取更詳細的說明：https://openai.com/blog/chatgpt-plus。

升級為 ChatGPT Plus 訂閱使用者

如果要升級或續訂 ChatGPT Plus，可以在 ChatGPT 畫面左下方按下「升級 Plus」或「續訂 Plus」（指之前已訂過 ChatGPT Plus，但後來取消訂閱）：

填寫信用卡和支付資訊後，點擊「訂閱」按鈕即可完成 ChatGPT Plus 的升級。
請注意，目前付費方案是每個月 20 美元，會自動扣款，如果下個月不想再使用
ChatGPT Plus 付費方案，記得去取消訂閱。

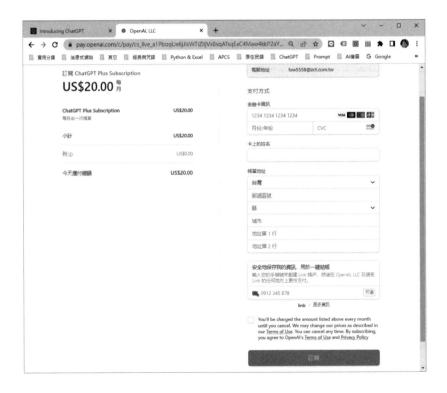

技能 **04** 第一次使用 ChatGPT 就上手

當我們登入 ChatGPT 之後，開始畫面會告知 ChatGPT 的使用方式，只要於畫面下方的對話框中，輸入問題就可以和 AI 機器人輕鬆對話。例如輸入提示（prompt）詞：「請用 Python 寫九九乘法表的程式」，按下「Enter」鍵即正式向 ChatGPT 機器人詢問，並可得到類似下圖的回答：

 提示（prompt）詞

請用 Python 寫九九乘法表的程式

ChatGPT 回答內容

如果要取得這支程式碼，可以按下回答視窗右上角的「複製程式碼（英文介面顯示為 Copy code）」鈕，就能將 ChatGPT 所幫忙撰寫的程式，複製貼上到 Python

的 IDLE 程式碼編輯器去修改或執行（電腦系統若沒有安裝過 Python 的 IDLE，可至 https://www.python.org/downloads/ 下載），如下圖所示：

```
for i in range(1, 10):
    for j in range(1, 10):
        product = i * j
        print(f"{i} x {j} = {product}")
    print()
```

更換新的機器人

藉由這種問答的方式，可持續地和 ChatGPT 對話。如果想要結束此機器人改選其他新的機器人，即點選左側的「新交談（英文介面則是 New Chat）」，隨即重新回到起始畫面，並改用另外一個新的訓練模型，此時輸入同一個題目，可能得到的結果也會不一樣。

例如下圖中我們還是輸入「請用 Python 寫九九乘法表的程式」，並按下「Enter」鍵向 ChatGPT 機器人詢問，就得到不同的回答結果：

登出 ChatGPT

當各位要登出 ChatGPT，只要按下畫面中的「登出（英文介面則是 Log out）」鈕。

登出後就會看到如下的畫面，再按下「登入」鈕，就可以再次登入 ChatGPT。

2

CHAPTER

ChatGPT 提示詞基本功

本章將為您揭露提示詞的藝術和科學，並提供一系列的原則和技巧等基本功，幫助您最大化 AI 的潛力。

技能 01 以專家角色扮演來提高提示精確度

當您將自己置於專家的位置時，您的問題將更具針對性。這不僅可以提高回答的品質，還可以使您更深入地了解主題。例如，當您想知道某個醫學問題時，您可以扮演一名醫生，並問：「作為一名內科醫生，我想知道最新的高血壓治療方法有哪些？」這樣的問題，往往能夠得到更加專業和深入的答案。

 提示（prompt）詞

請以有 10 年以上專業中醫的角度提供如何防止便秘的建議。

🤖 ChatGPT 回答內容

從擁有10年以上專業中醫的角度來看，防止便秘的方法是多方面的，且需要從體質、飲食、生活習慣等多個角度來進行調理。以下是一些建議：

1. **調整飲食結構：**
   - 增加蔬果攝取：蔬果中的纖維質有助於促進腸道蠕動，如木耳、蘆薈、香蕉、無花果等。
   - 減少高脂肪、高糖和加工食品的攝取，這些食物可能會使腸道過於滑膩，影響腸道蠕動。
   - 增加全穀類食品，如糙米、燕麥等，這些食物含有大量的膳食纖維，有助於腸道健康。

2. **適量運動：**
   - 每天保持至少30分鐘的適度運動，如散步、瑜伽或太極，可以促進腸道蠕動，有助於排便。

3. **調理脾胃：**
   - 在中醫理論中，脾胃健康是消化系統正常運作的關鍵。可以選擇一些中藥材如山藥、茯苓、白朮等來調理。
   - 避免冷飲和生冷食物，這些食物會傷害脾胃，影響其運作。

4. **按摩腹部：**
   - 每天早晚各按摩腹部5-10分鐘，順時針方向，可以刺激腸道，促進腸道蠕動。

5. 保持良好的生活作息：
- 固定的作息有助於調節身體的生物鐘，使腸道運作更加正常。
- 避免熬夜，確保每晚7-8小時的充足睡眠。
6. 喝足夠的水：
- 水分可以軟化糞便，使其更容易排出。每天至少喝8杯水，並根據運動量和天氣調整。
7. 適時排便：
- 當感覺到排便的衝動時，應該立即去廁所，不要忍住。
8. 中藥調理：
- 若長期便秘，可以考慮使用一些中藥如大黃、芒硝等來調理，但最好在專業中醫師的建議下使用。

總之，防止便秘需要從多方面進行調理，並結合飲食、生活習慣和中醫理論。如有持續的便秘問題，建議尋求專業中醫師的診斷和建議。

↻ Regenerate

提示（prompt）詞

請以在地專業導遊的角度推薦 " 高雄 " 的私房景點。

ChatGPT 回答內容

當然可以！作為一位在地專業導遊，我會推薦以下幾個高雄的私房景點，這些地方或許不像旗津、六合夜市那麼知名，但卻有著獨特的魅力和故事：

1. 旗津老街：
- 雖然旗津因其海灘而聞名，但其老街也是一個值得探索的地方。這裡有著古老的建築、獨特的小吃和手工藝品店，讓你體驗到不同於都市的悠閒氛圍。
2. 哈瑪星：
- 位於鹽埕區的哈瑪星是一個充滿藝術氛圍的區域，這裡有許多獨立設計師的工作室和咖啡店，是一個適合閒逛和尋找獨特紀念品的地方。
3. 舊城區的歷史建築：
- 高雄的舊城區有著許多保存完好的日治時期建築，如前鎮天后宮、旗後燈塔等，這些地方不僅有著豐富的歷史背景，也是拍照的好地方。
4. 三鳳宮：
- 位於左營區的三鳳宮是一座有著300多年歷史的廟宇，其獨特的建築風格和精緻的雕刻都值得一看。
5. 六龜風景區：
- 雖然距離市區較遠，但六龜的自然風光絕對值得一遊。這裡有著清澈的溪流、綠意盎然的山林和多樣的生態，是一個適合親近大自然的好地方。
6. 新興街區：
- 這裡是高雄的老商圈，有著許多古老的店鋪和小吃，如阿公店、萬川號等，是一個適合品味老高雄風情的地方。

7. 草衙燈籠會：

- 每年農曆新年期間，草衙都會舉辦大型的燈籠展，這裡不僅有著各式各樣的燈籠，還有著各種表演和活動，是一個適合全家大小的好去處。

總之，高雄除了知名的旅遊景點外，還有著許多私房景點等待你去探索。希望你能在 ⟳ Regenerate 都找到屬於自己的小確幸！

提示（prompt）詞

請以一位專精動物保育部落格寫手寫一篇關於台灣獼猴的部落格文章。

ChatGPT 回答內容

台灣的綠色精靈：獼猴的故事

大家好，我是動物保育部落客小綠。今天，我想帶大家認識一下台灣的特有種動物——台灣獼猴。

一、獼猴的基本介紹

台灣獼猴（學名：Macaca cyclopis），又稱為台灣長尾猴，是台灣的特有種，也是我們唯一的野生猴子。牠們的體型中等，體長約50-60公分，尾巴長度則可達70公分。成猴的毛色為灰褐色，而幼猴則為金黃色。

二、生活習性

台灣獼猴主要分布在台灣的中、低海拔山區，從平地到海拔2000公尺的地方都有牠們的蹤影。牠們是群居動物，一般一群由數十隻到上百隻不等，由一位或多位成年雄猴領導。獼猴的食性很廣泛，包括水果、葉子、花朵、昆蟲等，而牠們最喜歡的食物是果實。

三、獼猴與人類的互動

由於人類的活動範圍與獼猴的棲息地越來越接近，獼猴和人類的互動也越來越頻繁。在一些山區或觀光景點，獼猴甚至會主動接近人類尋求食物。但這樣的互動其實對獼猴並不利，容易造成牠們的飲食習慣改變，甚至可能帶來疾病。

四、保護獼猴的重要性

台灣獼猴是我們的國寶，也是台灣生態的重要組成部分。但由於棲息地的破壞、非法捕獵等因素，獼猴的數量在過去曾一度減少。幸好，經過多年的保育努力，獼猴的數量已經逐漸回升。但我們仍需持續努力，確保這些綠色的精靈能夠在台灣的土地上繁衍生息。

> **結語**
>
> 台灣彌猴不僅是我們的國寶，更是台灣生態的重要指標。保護彌猴，就是保護我們的家園。希望大家在遇到彌猴時，能夠保持距離，不要餵食，讓牠們能夠在自然環境中自由生活。讓我們一起努力，為台灣的綠色精靈創造一個更好的未來！

 技能 02　確定您的問題是明確的

　　一個明確的問題是成功的第一步。它為 AI 提供了清晰的方向，並確保您獲得的答案與您的期望相符。一定要避免含糊不清的問題，它可能會導致模糊的答案。要確保問題的明確性有以下幾種常見作法：

- **避免過於廣泛的問題**：例如，問「告訴我關於太陽系的資訊」可能會得到一個非常基本的答案。但如果問「太陽系中的哪顆行星最大？」則更具體，AI 也更容易提供正確答案。

- **提供足夠的上下文**：例如，「他是誰？」這樣的問題對 AI 來說是不明確的。但如果問「在《哈利波特》中，誰是妙麗最好的朋友？」則更清晰。

- **請避免使用模糊的詞語**：例如，「近期的電影」可能對 AI 來說是不明確的，因為「近期」的定義因人而異。更好的問法是「2021 年上映的電影」。

- **具體化**：儘可能提供詳細的資訊。例如，不是問「最好的書？」，而是問「你推薦的關於攝影技巧的書籍有哪些？」。

- **避免使用雙重否定**：例如，不要問「你不認為這不是個好主意嗎？」，這樣的問題會使 AI 混淆。改為直接問「你認為這是個好主意嗎？」。

- **限制問題的範疇**：例如，不是問「告訴我關於太空的一切」，而是問「太空中的黑洞是什麼？」。

提示（prompt）詞

我想學習攝影，我該從哪裡開始？

ChatGPT 回答內容

學習攝影是一個既有趣又充滿挑戰的過程。以下是一些建議，幫助你開始攝影的旅程：

1. 了解你的相機：不論你使用的是數位單眼相機、手機還是傳統的膠片相機，首先瞭解它的基本功能和設置是非常重要的。閱讀使用手冊，並熟悉各種模式和設置。

2. 學習基本的攝影原則：
   - 三分法則：這是一個幫助你構圖的基本原則，將畫面分為九個相等的部分，並將主題放在交叉點上。
   - 曝光：瞭解快門速度、光圈和ISO如何影響你的照片。
   - 白平衡：學習如何根據不同的光源調整白平衡，使照片的色彩更為真實。

3. 參加攝影課程或工作坊：有許多在線和實體課程都提供初學者攝影教學。這不僅可以幫助你建立基礎知識，還可以與其他攝影愛好者交流。

4. 多練習：攝影就像其他技能一樣，需要不斷的練習和學習。嘗試在不同的時間、地點和光線條件下拍攝，這樣可以幫助你瞭解如何在各種情況下獲得最佳效果。

5. 評估和學習：每次拍攝後，花時間回顧和評估你的照片。思考哪些地方做得好，哪些地方還需要改進。

6. 加入攝影社群：無論是在線還是實體的攝影社群，都可以提供寶貴的反饋和建議，並與其他攝影師交流經驗。

7. 持續學習：攝影是一門不斷發展的藝術和技術。隨著技術的進步和自己的成長，總是有新的東西可以學習。

最後，記住攝影是一門藝術，每個人都有自己的風格和視角。享受拍攝的過程，並找到自己的攝影語言！

提示（prompt）詞

玫瑰花在春季應該如何澆水？

ChatGPT 回答內容

玫瑰花在春季的澆水是相當重要的，因為這是它們生長的旺盛時期。以下是一些建議，幫助您在春季正確地澆灌玫瑰：

1. **深度澆水**：玫瑰花的根系喜歡深度澆水，這意味著每次澆水時，您應該確保水能夠滲透到土壤的較深層。這不僅可以鼓勵玫瑰花的根部向下生長，還可以確保根部獲得充足的水分。

2. **避免澆灌葉片**：當您澆水時，儘量避免將水澆在玫瑰花的葉片上。這是因為濕潤的葉片更容易受到疾病的侵害，如真菌感染。

3. **早上澆水**：最好在早上澆水，這樣可以確保在日落之前，土壤表面的多餘水分會蒸發掉。這可以減少由於土壤過於濕潤而引起的疾病風險。

4. **檢查土壤的濕度**：在澆水之前，先用手指插入土壤約1-2吋深，檢查土壤的濕度。如果土壤感覺乾燥，那麼就是澆水的時候了。如果土壤仍然濕潤，則可以再等一兩天。

5. **考慮天氣條件**：在春季，天氣可能會有所變化。在雨季或潮濕的天氣中，您可能需要減少澆水的頻率。相反，如果天氣乾燥，您可能需要增加澆水的頻率。

總之，為玫瑰花提供適當的澆水是確保它們健康生長的關鍵。記住，每個花園和每株玫瑰花的需求都可能有所不同，所以最好定期檢查土壤的濕度，並根據需要調整澆水的頻率和量。

避免開放式或過寬的提示

技能 03

過於開放的提示可能會導致資訊過載。縮小範圍，確保提示的目的性，這樣您可以獲得更有價值的答案。

提示（prompt）詞

我想知道關於攝影的資訊。

ChatGPT 回答內容

當然，攝影是一門結合藝術和技術的學問，它涉及使用相機捕捉光線，以創建和保存圖像。以下是關於攝影的一些基本資訊：

1.歷史：

- 攝影的歷史可以追溯到19世紀初，當時人們使用銀鹽和其他化學物質在玻璃或金屬板上捕捉圖像。
- 35mm底片相機在20世紀初成為主流，使得攝影更加便攜和普及。
- 數位攝影的崛起在21世紀初改變了攝影界，使得照片的拍攝、編輯和分享變得更加容易。

2. 基本技術：

- **快門速度**：控制相機的感光時間，影響動態物體的捕捉。
- **光圈**：控制進入相機的光量，影響景深。
- **ISO**：感光度的設定，影響照片的亮度和噪點。

3. 攝影種類：

- **肖像攝影**：專注於捕捉人的面部和情感。
- **風景攝影**：捕捉自然或城市的美景。
- **微距攝影**：拍攝小物件或生物的細節。
- **運動攝影**：捕捉運動員或動態物體的動作。
- **夜景攝影**：在低光環境下拍攝，通常需要使用腳架。

4. 後製：

- 數位攝影允許攝影師在拍攝後進行編輯，例如調整亮度、對比度、色彩等。
- 軟體如Adobe Photoshop和Lightroom是攝影師後製的常用工具。

攝影是一門深奧且有趣的藝術，不斷的學習和實踐可以幫助您更好地掌握它。如果您有特定的問題或想深入了解某一方面，請告訴我！

↻ Regenerate

提示（prompt）詞

我想知道著名的攝影師和他們的作品。

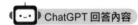

ChatGPT 回答內容

當然，歷史上有許多著名的攝影師，他們的作品不僅捕捉了時代的精神，也推動了攝影藝術的發展。以下是一些著名的攝影師及其代表作品：

1. **安塞爾‧亞當斯 (Ansel Adams)**：
   - 代表作品：《月夜的優勝美地》(Moonrise, Hernandez, New Mexico)、《優勝美地國家公園》系列
   - 特色：他以其精湛的黑白風景攝影技巧而聞名，特別是他對美國國家公園的作品。
2. **亨利‧卡提埃-布列松 (Henri Cartier-Bresson)**：
   - 代表作品：《背後的塞納河》(Behind the Gare Saint-Lazare)、《甘地的最後一天》(Gandhi's Last Day)
   - 特色：被譽為「街頭攝影之父」，他的作品捕捉了生活中的決定性瞬間。
3. **黛安‧阿勃絲 (Diane Arbus)**：
   - 代表作品：《雙胞胎姐妹》(Identical Twins, Roselle, New Jersey)
   - 特色：她的作品經常探索社會邊緣的人物，如小矮人、巨人、變裝皇后等。

4. 理查德·阿維頓 (Richard Avedon)：
   • 代表作品：《美國西部的人們》(In the American West)
   • 特色：他以其時尚攝影和深入的肖像攝影而聞名。
5. 羅伯特·卡帕 (Robert Capa)：
   • 代表作品：《死亡的士兵》(The Falling Soldier)
   • 特色：他是20世紀最偉大的戰地攝影師之一，捕捉了多次重大戰爭的決定性時刻。
6. 辛迪·舍曼 (Cindy Sherman)：
   • 代表作品：《不完整的電影場景》(Untitled Film Stills) 系列
   • 特色：她以自己為模特，創作了一系列模仿1950年代和60年代電影場景的自拍照。

這只是冰山一角，還有許多其他著名的攝影師和他們的傑出作品。如果您想深入了解某位攝影師或某個特定時期的攝影，請告訴我！

技能
04

適當的上下文和背景

正確地提供上下文和背景是確保 AI 能夠為您提供有價值答案的關鍵。例如，當您詢問某個專業領域的問題時，可以先說明您已經知道的資訊，這樣 AI 就可以在這基礎上為您提供更深入的答案。

 提示（prompt）詞

我已經知道太陽能板是如何運作的，但我想知道其在台灣的普及率和效益。

ChatGPT 回答內容

太陽能在台灣的發展已經有一段時間，且在近年來受到政府的大力推廣。以下是關於太陽能板在台灣的普及率和效益的資訊：

1. 台灣太陽能板的普及率

台灣政府在近年來提出了多項太陽能發展計畫，目標是到2025年，太陽能裝置容量達到20GW。由於這些政策的推動，太陽能板的安裝量在台灣持續增加。特別是在南部地區，由於日照時間長，太陽能板的安裝量特別高。許多工業區、學校、公共建築物和住宅區都開始安裝太陽能板。

---

2. 太陽能板在台灣的效益

- **經濟效益**：由於政府提供的補助和固定收購價格，太陽能投資在台灣具有相當吸引力。許多企業和個人投資者都看到了太陽能發電的經濟潛力，並開始投資於此。
- **環境效益**：太陽能發電是一種潔淨的能源，不會產生溫室氣體排放。隨著太陽能板在台灣的普及，可以減少對傳統燃料的依賴，從而減少碳排放，對抗全球暖化。
- **能源獨立性**：隨著太陽能發電量的增加，台灣可以減少對外部能源的依賴，提高能源安全性。
- **創造就業機會**：太陽能產業的發展也帶動了就業市場。從研發、製造到安裝和維護，太陽能產業提供了大量的工作機會。

結語：

太陽能在台灣的發展前景十分看好。隨著技術的進步和成本的降低，加上政府的政策支持，太陽能板在台灣的普及率和效益都將持續增加。對於有意投資或使用太陽能的人來說，現在是一個絕佳的時機。

技能 05　避免使用模糊或歧義性的詞語

　　選擇明確的詞語，避免可能的混淆，確保您的問題被正確理解。例如，當您使用「大」這個詞，AI 可能不確定您是指「大尺寸」、「大量」還是「重要性」。這種不確定性可能會導致 AI 提供不精確或不相關的答案。要避免模糊或歧義性的詞語可以有以下幾種常見作法：

- **明確指定詞語的意義**：如果必須使用可能有歧義的詞語，請在問題中提供更多的上下文，以幫助 AI 理解您的意圖。

- **使用具體的名詞和動詞**：避免使用太過空泛的詞語，如「東西」或「做」，而是選擇更具體的詞語，如「策略」或「實施」。

- **避免使用雙關語**：雙關語可能會使 AI 困惑，因此最好避免在問題中使用。

 提示（prompt）詞

告訴我一些攝影技巧，可以幫助我拍出更好的風景照片。

 ChatGPT 回答內容

當然可以！拍攝風景照片是一門藝術，但也有一些技巧和原則可以幫助您拍出更加吸引人的作品。以下是一些建議：

1. 黃金時刻：「黃金時刻」通常指的是日出和日落時的短暫時間。在這段時間，太陽的光線是柔和和暖色的，可以為您的照片增添一種夢幻和浪漫的感覺。
2. 使用三分法則：在構圖時，將畫面分成九個相等的部分，由兩條垂直線和兩條水平線形成。將您的主題或景點放在這些線的交叉點上，可以使照片更加平衡和吸引人。
3. 低角度拍攝：嘗試從低處拍攝，這可以使天空、雲層或遠方的山脈更加突出。
4. 使用廣角鏡頭：廣角鏡頭可以捕捉更廣闊的景色，並強調前景中的物體。
5. 使用三腳架：特別是在光線不足的情況下，使用三腳架可以確保您的照片不會因手震而模糊。
6. 注意前景：一個有趣的前景可以為風景照片增添深度和興趣。例如，一塊岩石、一棵樹或一條小溪都可以作為前景。
7. 使用慢速快門：如果您想拍攝流動的水或移動的雲，使用慢速快門可以捕捉到這些元素的動態美。
8. 注意天氣：有時候，多雲或陰天可能會為您的風景照片增添一種特殊的氛圍。不要只在晴天出門拍照。
9. 使用偏光鏡：偏光鏡可以減少非金屬表面的反光，增強天空的藍色，使雲層更加突出。
10. 學習後期製作：使用軟體如Adobe Lightroom或Photoshop來後期調整您的照片，可以提高照片的質量，並強調某些元素。

希望這些建議能幫助您拍出更美的風景照片！攝影是一門需要不斷學習和實踐的藝術，所以多出去拍照，並從每次的經驗中學習。

技能
06 避免使用模糊的形容詞和副詞

　　形容詞和副詞可以豐富語言，但模糊的描述可能會導致答案的不確定性。確保您的描述是具體和明確的。例如，如果我們想要攝影技巧，不應該只說「給我一些建議」，而應該說「給我一些建議，如何在低光環境下拍攝」。其次，嘗試避免

使用「很」、「非常」、「多」等模糊的副詞。例如,「我想知道很多攝影技巧」可以改為「我想知道五種攝影技巧」。

提示（prompt）詞

我想要一些建議,如何提高我的寫作技巧?

ChatGPT 回答內容

當然可以!提高寫作技巧是一個持續的學習過程,以下是一些建議,希望能幫助您提升寫作能力:

1. **閱讀為王**:閱讀不同類型的書籍、文章和文學作品,可以幫助您了解不同的寫作風格和技巧。透過閱讀,您可以學習到如何組織文章、如何使用修辭手法,以及如何有效地傳達思想。

2. **每日寫作練習**:像其他技能一樣,寫作也需要經常練習。設定每日寫作目標,無論是寫日記、短篇小說,還是專業文章,持續的練習可以幫助您找到自己的寫作聲音。

3. **參加寫作工作坊或課程**:透過專業的指導,您可以學習到更多寫作技巧和策略。此外,與其他學員的交流也可以提供不同的觀點和建議。

4. **寫作後徹底修訂**:初稿往往不是最佳版本。寫完後,花時間修訂和編輯您的文章,確保語言流暢,結構清晰。

5. **尋求他人的反饋**:讓家人、朋友或同事閱讀您的作品,並聆聽他們的建議。外部的觀點可以幫助您發現可能忽略的問題。

6. **擴展詞彙**:豐富的詞彙可以使您的寫作更具表現力。嘗試學習新詞彙,並在寫作中使用它們。

7. **研究文法和語法**:正確的文法和語法是寫作的基礎。確保您熟悉基本的文法規則,並避免常見的錯誤。

8. **設定寫作目標**:無論是完成一篇文章、一本書,還是每天寫一定的字數,設定目標可以幫助您保持動力。

9. **避免拖延**:設定寫作時間,並遵循它。避免分心,專注於寫作。

10. **保持好奇心**:好的作家總是對世界充滿好奇。持續學習,不斷探索,這將為您的寫作帶來新的靈感。

記住,寫作是一個旅程,不斷的學習和練習將使您不斷進步。祝您寫作愉快!

避免使用多義詞

多義詞可能會導致混淆。選擇最能描述您需求的詞語,確保 AI 能夠正確地解讀您的問題。例如,「葉」可以指樹的葉子,也可以指某人的名字。當我們在與 AI 系統交流時,使用多義詞可能會導致誤解或不確定性,因為 AI 可能無法確定您所指的是哪一種意義。

如果您想知道「葉」在植物學中的意義,您可以問「請解釋植物學中的 " 葉 " 是什麼?」,而不是僅僅問「葉是什麼?」。提供足夠的上下文可以幫助 AI 更準確地理解您的問題。

以下是一個範例,展示如何避免使用多義詞,並提供清晰的指示給 ChatGPT:

☹ **不佳的提問**:「我想知道清華大學的簡介。」這裡的「清華大學」可能指的是北京的「清華大學」,也可是指台灣的「清華大學」。

☺ **更佳的提問**:「我想知道在北京清華大學的簡介。」

 提示 (prompt) 詞

我想知道在北京清華大學的簡介。

 ChatGPT 回答內容

> 北京清華大學,簡稱「清華」,是中國的一所頂尖研究型大學,位於北京市海淀區。以下是北京清華大學的簡介:
>
> 1. 歷史背景:
>   清華大學的前身是1909年成立的清華學堂,其初衷是培養學生到美國留學。後來,學堂逐步發展成為一所綜合性大學。清華大學經歷了中國的多次歷史變革,但始終保持其學術優越性。
> 2. 學術優勢:
>   清華大學在多個學術領域都有卓越的表現,特別是在工程、自然科學、社會科學和人文學科。該校擁有一流的教授團隊和研究設施,並與全球多所頂尖大學建立了合作關係。

3. 校園環境：

清華大學的校園環境優美，充滿了歷史和文化的氛圍。古老的建築和現代化的設施相結合，形成了一個獨特的學術環境。

4. 國際化：

清華大學致力於國際化教育，與世界各地的頂尖學府建立了合作與交換計畫，吸引了大量的國際學生前來就讀。

5. 研究與創新：

清華大學在科研和技術創新方面有著傑出的貢獻，許多研究成果都被國際學術界所認可。該校鼓勵學生參與研究項目，培養他們的創新能力和批判思考能力。

6. 社區與文化：

清華大學的學生活動豐富多彩，有各種學生組織、社團和文化活動，讓學生在學術學習之外，也能夠充分發展自己的興趣和才能。

總之，北京清華大學是一所歷史悠久、學術優秀的大學，為學生提供了一個高質量的教育環境。

技能 08　避免使用難以理解的縮寫和術語

　　縮寫和術語可能會造成誤解。確保使用的語言是清晰和易於理解的，這樣可以獲得更好的結果。以下是一些範例：

☹ 錯誤示範：「告訴我 CPR 的資訊。」

☺ 正確示範：「請告訴我心肺復甦術（CPR）的基本步驟。」

☹ 錯誤示範：「我想知道 CRISPR 的用途。」

☺ 正確示範：「我想知道 CRISPR 基因編輯技術的主要應用。」

 提示（prompt）詞

　　請告訴我心肺復甦術（CPR）的基本步驟。

ChatGPT 回答內容

心肺復甦術（CPR）是一種在緊急情況下，當某人的心跳或呼吸停止時，可以救命的生命支持技術。以下是CPR的基本步驟：

1. **確認安全性**：在進行CPR之前，首先確保現場安全，避免自己和受傷者面臨進一步的危險。
2. **檢查反應**：輕輕拍打受傷者的肩膀並大聲呼叫他，確認他是否有反應。
3. **呼叫求救**：如果受傷者沒有反應，立即呼叫緊急服務或叫他人呼叫。
4. **開放氣道**：將受傷者放在硬平面上，輕輕地傾斜他的頭部，使下巴提起，以確保氣道暢通。
5. **檢查呼吸**：接近受傷者的臉，觀察、聆聽和感覺他的呼吸約10秒。如果沒有正常的呼吸，開始CPR。
6. **胸部按壓**：
   • 將一隻手的掌心放在受傷者的胸骨中央，然後將另一隻手放在第一隻手的上面。
   • 使用您的上半身的重量，壓下胸部至少5公分深，但不超過6公分。
   • 保持壓力的速度約每分鐘100到120次，並確保每次壓縮後胸部都能完全回彈。
7. **人工呼吸**：如果您受過訓練且願意進行，每30次胸部按壓後給予2次人工呼吸。首先，確保氣道暢通，然後完全封住受傷者的鼻子，用嘴巴完全封住他的嘴，然後吹氣，使胸部明顯上升。
8. **持續CPR**：直到受傷者恢復正常呼吸、有專業人員接手、或您太過疲勞而無法繼續為止。
9. **使用自動體外心臟去顫器（AED）**：如果現場有AED，請按照其指示使用。AED可以檢測心律並提供必要的電擊，以恢復正常的心跳。

記住，即使您對CPR不太熟悉，進行CPR總比不做要好。在等待專業醫療人員到達的過程中，提供CPR可以大大增加受傷者生存的機會。如果可能的話，建議定期參加CPR培訓課程，以保持技能和知識的更新。

技能 09 適當使用同義詞

同義詞提供了不同的視角和解釋。使用它們可以幫助您從不同的角度獲得答案，並增加回答的豐富性。例如，當我們問「台灣的首都是哪裡？」得到的答案是「台北」，這時就不需要再使用同義詞。但如果我們問「如何提高工作效率？」，可能會得到很多不同的答案，這時就可以考慮使用「如何增加工作生產力？」或「有哪些提升工作效能的方法？」來獲得更多不同的建議。

提示（prompt）詞

有哪些策略可以幫助我更有效地學習？

ChatGPT 回答內容

當然，學習效率是許多學生和專業人士都關心的議題。以下是一些策略，可以幫助您更有效地學習：

1. **主動學習**：不僅僅是被動地接收資訊，而是主動參與，例如問問題、參與討論或教學他人。
2. **分段學習法（Pomodoro Technique）**：將學習時間分成短時段，例如25分鐘學習後休息5分鐘，這樣可以保持專注並減少疲勞。
3. **深度工作**：設定一段不被打擾的時間，完全專注於學習，避免多工和分心。
4. **使用記憶技巧**：如故事法、首字母法或心智圖，幫助記憶和整理資訊。
5. **定期複習**：學習新知識後，隔天、隔週和隔月複習，可以鞏固記憶。
6. **自我測試**：不只是重複閱讀，而是測試自己是否真的理解和記住了材料。
7. **健康的生活習慣**：良好的睡眠、均衡的飲食和定期運動都有助於提高學習效率。
8. **建立學習環境**：確保您的學習空間整潔、安靜，並有足夠的光線。
9. **與他人合作**：組成學習小組，與他人討論和分享，可以從不同的角度了解材料。
10. **設定目標和計劃**：明確知道自己要學什麼，並設定一個實際的學習計劃。
11. **尋求幫助**：當您遇到困難時，不要害怕尋求老師、同學或其他專家的幫助。
12. **保持好奇心**：對所學的東西保持好奇和熱情，這可以增加動機和興趣。

每個人的學習方式都是獨特的，所以最重要的是找到最適合自己的策略，並持續調整和優化。希望這些建議能幫助您提高學習效率！

提示（prompt）詞

我該如何優化我的學習方法？

ChatGPT 回答內容

優化學習方法是一個持續的過程，需要根據個人的學習風格和目標進行調整。以下是一些建議，可以幫助您優化學習方法：

1. **自我評估**：首先，花一些時間反思您目前的學習方法。問自己：哪些方法有效？哪些方法不太有效？這可以幫助您確定需要改進的地方。
2. **設定明確目標**：確定您學習的目的和目標。這可以幫助您集中注意力，並確保您的學習活動是有目的的。

3. **使用主動學習策略**：例如問問題、參與討論、或嘗試教授他人。這些策略可以幫助您更深入地理解材料。

4. **適時複習**：定期回顧和複習材料，以鞏固記憶和加深理解。

5. **使用多種資源**：不要只依賴一本書或一個來源。使用多種資源，如視頻、文章、線上課程等，可以幫助您從不同角度理解材料。

6. **建立學習習慣**：設定固定的學習時間和地點，這可以幫助您建立學習習慣，並提高學習效率。

7. **減少分心**：關閉不必要的通知，選擇安靜的學習環境，並使用專注力管理工具，如番茄鐘法，來增加專注力。

8. **自我測試**：定期測試自己的知識和技能，這可以幫助您確定自己的強項和弱點，並調整學習策略。

9. **尋求反饋**：請教師、同學或專家給予您的學習方法和成果提供反饋，這可以幫助您了解自己的盲點。

10. **保持好奇心和開放心態**：對新知識和技能保持好奇心，並願意嘗試不同的學習方法。

11. **照顧自己的身體和心靈**：確保充足的睡眠、均衡的飲食和定期運動。這些都可以幫助您保持清晰的頭腦，並提高學習效率。

最後，記住學習是一個持續的過程，不斷地調整和優化您的學習方法是關鍵。祝您學習愉快！

技能 10　適當的格式和語法

正確的格式和語法不僅使您的問題更易於理解，還可以確保答案的品質和準確性。可以有以下幾種常見作法：

- **句子結構**：確保您的句子結構清晰，避免過長或複雜的句子。

- **標點符號**：正確使用標點符號，如逗號、句號和問號，可以幫助 AI 更好地解讀您的問題。

 提示（prompt）詞

請告訴我台灣的氣候型態。

⊡ ChatGPT 回答內容

台灣位於亞洲的東部，介於熱帶與亞熱帶之間。因此，台灣的氣候型態相當多變，主要可以分為以下特點：

1. **亞熱帶氣候**：北部及中部地區屬於亞熱帶氣候，有明顯的四季之分。冬季涼爽但不嚴寒，夏季則炎熱潮濕。
2. **熱帶季風氣候**：南部及東部地區則屬於熱帶季風氣候，冬季溫暖，夏季炎熱。
3. **季節風**：受到季節風的影響，每年的冬季，東北季風會帶來較涼爽的天氣，特別是在北部地區。夏季時，則是受到太平洋高壓帶來的西南季風影響，天氣炎熱且多雨。
4. **梅雨季節**：通常在每年的5月至7月，台灣會進入梅雨季節，這段期間雨量豐沛，常有連續降雨的情況。
5. **颱風**：每年的夏季至秋季，台灣常受到颱風的侵襲。颱風不僅帶來強風和大雨，還可能導致山崩、土石流等自然災害。
6. **地理影響**：台灣的中央有一道高聳的中央山脈，使得西部和東部的氣候有所不同。東部受到太平洋的直接影響，雨量較多，而西部則受到山脈的遮擋，雨量相對較少。

總的來說，台灣的氣候多變，受到地理位置、季節風和颱風等多種因素的影響。不同的地區和季節都有其獨特的氣候特點。

技能 11　協助整理大量資訊 ＞

　　這裡將介紹如何運用「協助整理大量資訊」的技巧，讓您在與 ChatGPT 互動時，更加得心應手，獲得更精確的答案。例如，我們可以說「我最近在研究太陽能技術，請幫我整理一下目前全球太陽能技術的最新發展和趨勢。」透過這樣的方式，我們不僅可以獲得更精確的答案，還可以節省大量的時間和精力。

 提示（prompt）詞

　　我最近在研究太陽能技術，請幫我整理一下目前全球太陽能技術的最新發展和趨勢。

ChatGPT 回答內容

1. 高效率太陽能電池

隨著技術的進步，太陽能電池的轉換效率持續提升。目前，單晶矽太陽能電池和多晶矽太陽能電池的效率已經達到了20%以上，而某些頂尖的太陽能電池甚至可以達到25%以上的效率。

2. 薄膜太陽能技術

薄膜太陽能電池由於其輕薄、柔韌的特性，使其在建築集成光伏（BIPV）和可攜帶式太陽能產品中有很大的應用潛力。目前，鎘銅鎢硒（CIGS）和銅銦鎵硒（CIGS）薄膜太陽能電池已經達到了相對較高的轉換效率。

3. 建築集成光伏技術 (BIPV)

這是一種將太陽能電池板直接整合到建築物結構中的技術，如窗戶、屋頂或外牆。這不僅可以節省空間，還可以提供額外的能源，使建築物更加環保和節能。

4. 儲能技術

隨著太陽能發電技術的發展，如何儲存太陽能發電所產生的電能成為一個重要的議題。目前，鋰電池和鹽水電池等儲能技術正在迅速發展，以滿足太陽能發電的儲存需求。

5. 浮動太陽能發電系統

這是一種在水面上安裝太陽能電池板的技術，特別適合於土地資源有限的地區。除了節省土地，浮動太陽能發電系統還可以減少水的蒸發，並提高太陽能電池的轉換效率。

技能
12

拆解問題、追問

〉

　複雜的問題可能需要多個步驟來解決。學會拆解問題和追問，這樣您可以更系統地獲得答案。當使用 ChatGPT 時，如果您對某個答案不夠滿意或想要更深入的資訊，您可以透過追問來獲得更完整的回答。

提示（prompt）詞

如何提高寫作技巧？

ChatGPT 回答內容

提高寫作技巧是一個持續的學習過程，以下是一些建議和策略，幫助您逐步提升：

1. **持續閱讀**：閱讀是提高寫作的最佳方式。透過閱讀，您可以學習到不同的寫作風格、語言結構和詞彙運用。閱讀範疇應該多元，包括小說、非小說、報紙、雜誌等。
2. **每日寫作練習**：就像任何技能，寫作也需要經常練習。設定每日寫作目標，無論是字數或時間，並持續寫作。
3. **參加寫作工作坊或課程**：這可以提供給您專業的指導和反饋，幫助您了解自己的強項和弱點。
4. **寫作小組**：加入或組建一個寫作小組，與他人分享您的作品，並從他人的作品中學習。
5. **寫作指南和書籍**：有許多優秀的寫作指南和書籍，提供了寫作技巧和策略。例如，史蒂芬·金的《寫作之道》就是一本關於寫作的經典書籍。
6. **寫作工具**：使用寫作軟體或應用程式，如Grammarly或Hemingway Editor，來檢查您的語法和風格。
7. **重新寫作和編輯**：寫作不只是一次就完成。寫完初稿後，花時間重新寫作和編輯，確保您的文章結構清晰，語言流暢。
8. **接受批評**：當他人給予您寫作的反饋時，保持開放的心態。批評可以幫助您看到自己沒有注意到的問題。
9. **研究和筆記**：當您閱讀或研究某個主題時，做筆記。這不僅可以幫助您記住重要的資訊，還可以提供寫作的素材。
10. **寫作環境**：找到一個適合您的寫作環境。有些人喜歡安靜的環境，而有些人則喜歡有背景音樂。找到最適合您的環境，並創建一個有利於寫作的空間。

記住，寫作是一個持續的學習和成長的過程。不要害怕犯錯，每次的寫作都是一次學習的機會。持續練習，您的寫作技巧將會逐步提升。

提示（prompt）詞

有哪些書籍可以幫助我提高寫作技巧？

ChatGPT 回答內容

提高寫作技巧的書籍有很多，以下是一些廣受好評的書籍，它們涵蓋了從基礎寫作技巧到進階策略的各種主題：

1. 《寫作之道》（**On Writing: A Memoir of the Craft**）- 史蒂芬·金（Stephen King）
   - 這本半自傳、半寫作指南的書提供了史蒂芬·金的寫作經驗和建議，對於希望了解如何成為一名作家的人來說，這是一本必讀的書。
2. 《寫作的要素》（**The Elements of Style**）- 威廉·史特龍克（William Strunk Jr.）和 E.B. 白（E.B. White）
   - 這是一本經典的英文寫作指南，提供了清晰、簡潔寫作的基本原則。
3. 《寫作生活》（**Bird by Bird: Some Instructions on Writing and Life**）- 安·拉莫特（Anne Lamott）
   - 這本書提供了寫作的心得和建議，並鼓勵讀者從生活中找到寫作的靈感。
4. 《寫作無阻》（**Writing Down the Bones: Freeing the Writer Within**）- 娜塔莉·高德堡（Natalie Goldberg）
   - 這本書提供了一系列的寫作練習和策略，幫助讀者克服寫作的障礙。
5. 《寫作工具：55個必要策略，讓你的寫作更好》（**Writing Tools: 55 Essential Strategies for Every Writer**）- 羅伊·彼得·克拉克（Roy Peter Clark）
   - 這本書提供了55個寫作策略，幫助讀者改善他們的寫作技巧。
6. 《寫作是一種思考的方式》（**Writing to Learn**）- 威廉·齊辛瑟（William Zinsser）
   - 這本書探討了寫作如何幫助我們更好地理解和學習各種主題。
7. 《寫作的力量》（**The Power of Writing**）- 丹尼爾·潘克（Daniel Pink）
   - 這本書探討了寫作如何影響我們的思考、學習和工作。

以上只是其中一些書籍，還有許多其他的寫作指南和書籍可以幫助您提高寫作技巧。建議您根據自己的需求和興趣選擇合適的書籍進行閱讀。

技能 13

三層結構：目的優先、輸入資料及設定輸出

透過三層結構，您可以確保每一步都有明確的目的和方向。在進行任何問題的提問之前，首先要明確知道自己的目的。這意味著您需要先確定自己想要從 AI 得到什麼答案或資訊。例如，您是否想要知道某個特定主題的基本知識，還是想要深入研究某個專業領域？或者，您是否只是想要一些建議或指導？當您明確了解自己的需求時，您就可以更有效地提問。以下是一些實際的範例：

☹ **不良的提問**：「告訴我關於太陽能的資訊。」

☺ **良好的提問**：「我想了解太陽能板的工作原理和其在台灣的普及率。」

 提示（prompt）詞

請提供一份關於太陽能技術最新發展的報告，並列出其在台灣的主要應用領域。

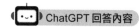 ChatGPT 回答內容

太陽能技術最新發展與其在台灣的主要應用領域

1. 太陽能技術的最新發展

- **高效率太陽能板**：隨著技術的進步，太陽能板的轉換效率持續提高。最新的太陽能板可以達到20%以上的轉換效率，這意味著它們可以更有效地將太陽光轉化為電能。
- **柔性太陽能板**：這種新型的太陽能板具有高度的柔韌性，可以應用於各種曲面，如車頂、建築物的曲面等。
- **透明太陽能板**：這種太陽能板可以應用於窗戶或其他透明表面，同時提供遮陽和發電的功能。
- **太陽能儲能技術**：隨著電池技術的進步，太陽能儲能系統的成本逐漸降低，使得家庭和商業用戶可以更方便地儲存和使用太陽能。

---

2. 太陽能在台灣的主要應用領域

- **家庭太陽能系統**：許多家庭在屋頂安裝太陽能板，以供應家用電並賣回多餘的電力給電網。
- **大型太陽能發電廠**：台灣已經建立了多個大型太陽能發電廠，以滿足國家的可再生能源目標。
- **商業建築物**：許多商業建築物，如購物中心和辦公大樓，也開始安裝太陽能板，以減少電力成本。
- **運輸領域**：台灣的一些公共交通工具，如公車和火車站，也開始使用太陽能技術，以提供部分電力需求。
- **農業領域**：太陽能灌溉系統和溫室也在台灣的農業領域得到應用，幫助農民節省能源成本。

三層結構：指派角色、原始資料、任務範本

技能 14

明確的角色和資料來源是獲得相關答案的關鍵，同時，明確地告訴 AI 您希望答案的格式和範本可以幫助您獲得組織良好、易於理解的答案。這尤其適用於需要結構化資訊的問題，例如表格、步驟或比較。透過這一結構，您可以確保 AI 能夠提供最適合您的答案。

提示（prompt）詞

你現在的角色是一位營養師，我是一名中年男生，請以表格比較輸出方式列出三種增強記憶力的食物，並為每種食物提供一段簡短的說明。

ChatGPT 回答內容

了解，以下是以表格式列出的三種增強記憶力的食物及其說明：

食物	說明
核桃	核桃富含奧米加-3脂肪酸，有助於增強大腦功能和改善記憶。
藍莓	藍莓含有抗氧化劑，可以對抗自由基，保護大腦細胞，並有助於提高記憶力。
綠茶	綠茶中的咖啡因和L-茶氨酸可以提高注意力和記憶力，並有助於放鬆心情。

這三種食物都是天然的，且經過研究證實對記憶力有所幫助。建議您可以適量地將它們納入日常飲食中，以助於提高記憶力。

技能 15　適當區分不同角色對話串

當您在聊天機器人中與多個角色互動時，建議您在提問時明確指定希望回答的角色。例如，您可以這樣提問：「作為一位營養師，你認為我應該如何調整我的飲食？」或者「作為一位健身教練，你建議我每週運動幾次？」此外，您還可以使用角色名稱作為前綴，例如：[營養師] 請給我一些建議。

[營養師] 我想減肥，請給我一些建議。

[營養師]當然可以，減肥是一個涉及飲食、運動和生活方式的綜合過程。以下是一些建議，希望對您有所幫助：

1. **均衡飲食**：確保您的飲食中包含足夠的蛋白質、健康的脂肪和複雜的碳水化合物。避免過多的簡單糖和加工食品。
2. **控制熱量攝取**：了解您每天所需的熱量，並根據您的活動水平進行調整。使用食物日記或手機應用程式來追蹤您的熱量攝取和消耗。
3. **多喝水**：水可以幫助您保持飽足感，並確保身體的新陳代謝正常運作。
4. **定期進食**：每天吃5-6餐小餐，可以幫助您維持穩定的血糖水平，避免飢餓感和暴飲暴食。
5. **增加膳食纖維**：高纖維的食物如全穀、蔬菜和水果可以幫助您保持飽足感，並促進消化系統的健康。
6. **減少鹽分攝取**：過多的鹽分會導致身體保水，增加體重，避免加工食品和高鹽食品。
7. **適量攝取健康脂肪**：如魚油、堅果和橄欖油，它們可以幫助您保持飽足感，並提供必要的營養。
8. **避免空腹飲酒**：酒精會減少身體燃燒脂肪的能力，並增加熱量攝取。
9. **定期運動**：結合有氧運動和力量訓練，可以幫助您燃燒多餘的熱量，並增加肌肉質量。
10. **獲得足夠的睡眠**：缺乏睡眠會影響您的飢餓荷爾蒙，使您更容易感到飢餓。

最後，每個人的身體都是獨特的，所以最好諮詢營養師或醫生，制定一個適合您的減肥計劃。

提示（prompt）詞

[健身教練] 除了飲食調整，我還應該如何運動？

ChatGPT 回答內容

[健身教練] 很好的問題！適當的運動是減肥和保持健康的重要部分。以下是一些建議，幫助您制定適合的運動計劃：

1. 有氧運動：
   * 種類：跑步、游泳、騎自行車、跳繩、橄欖球等。
   * 頻率：每週3-5次。
   * 持續時間：每次30-60分鐘。
   * 好處：增強心肺功能，燃燒大量熱量，提高新陳代謝。
2. 力量訓練：
   * 種類：舉重、使用器械、自體重訓練（如俯臥撐、深蹲）。
   * 頻率：每週2-4次。
   * 組數與次數：每個動作3-4組，每組8-12次。
   * 好處：增加肌肉質量，提高基礎代謝率，強化骨骼。
3. 柔韌性訓練：
   * 種類：瑜伽、普拉提、伸展運動。
   * 頻率：每週2-3次或在每次運動後。
   * 好處：增加關節活動度，減少受傷風險，放鬆肌肉。
4. 高強度間歇訓練（HIIT）：
   * 種類：短時間的高強度運動，如跑步、跳躍、俯臥撐，間隔較低強度的休息或運動。
   * 頻率：每週1-2次。
   * 持續時間：15-30分鐘。
   * 好處：短時間內燃燒大量熱量，提高心肺功能，增強肌肉耐力。
5. 核心訓練：
   * 種類：板橋、俄羅斯扭轉、腹部捲曲等。
   * 頻率：每週2-3次。
   * 好處：強化核心肌群，改善體態，減少腰背部疼痛。
6. 休息與恢復：
   * 確保每週有1-2天的休息，讓肌肉得到恢復。
   * 使用泡綿滾筒或按摩來放鬆緊繃的肌肉。

MEMO

3

ChatGPT 常見狀況與
解決建議

雖然 ChatGPT 是一個強大的工具，但在使用過程中可能會遇到一些常見的問題。本章將探討這些常見狀況並提供相應的解決建議，幫助您更有效地使用 ChatGPT。

技能 01　答案未必正確

AI 的答案基於大量的資料，但並不保證 100% 的正確性。因此，即使 AI 給出了一個答案，我們也需要具有批判性地思考，並進一步驗證其正確性。例如以下的對話範例中陳水扁只擔任中華民國第 10、11 任中華民國總統，但下面的回答卻是「曾任第 10、11、12 屆中華民國總統（2000 年至 2008 年）」。

 提示（prompt）詞

請介紹陳水扁

ChatGPT 回答內容

陳水扁（Chen Shui-bian）是台灣的政治家，曾任第10、11、12屆中華民國總統（2000年至2008年）。他是台灣民主進步黨（DPP）的成員，是該黨的重要領袖之一。

陳水扁出生於1950年，畢業於國立台灣大學法律系。他曾擔任律師、臺北市議員、臺北縣長等職務，1994年當選為臺北市市長。2000年，他以DPP的身分參選總統，並以43%的得票率當選，成為台灣首位民選的非中國國民黨（KMT）總統。

在他擔任總統期間，他推動了一系列的政治改革和經濟改革，並在兩岸關係方面採取了更加積極的立場。他的內政政策包括推動憲政改革、加強司法獨立、強化人權保障等。他的經濟政策包括推動科技發展、提高勞工福利、發展綠能產業等。他也積極推動臺灣與國際社會的關係，加強臺灣在國際上的存在感。

然而，在他擔任總統期間也面臨了許多爭議和挑戰，包括貪污糾紛、洩密案等。他在2008年卸任總統後，因被判刑服刑，曾長期處於監禁狀態，並引發了社會上的許多爭議和反應。

當我們在使用 AI 技術時，必須明白它的答案是基於大量的資料和演算法生成的。這些資料可能來自於網路、書籍、研究報告等各種來源，但這並不意味著它們都是正確無誤的。AI 的答案可能會受到訓練資料的偏見、過時的資訊或演算法的限制所影響。

例如，當 AI 建議我們購買某一股票或選擇某一醫療治療方法時，我們是否應該直接採納，還是應該進一步研究並諮詢專家的意見？透過批判性思考，我們可以更好地利用 AI，避免潛在的風險。以下是如何批判性地看待 AI 答案的常見思維：

- **多角度檢視**：當 AI 給出答案時，不妨從多個來源或角度去驗證這個答案。例如，如果您想知道某個醫學相關的問題，除了問 AI 外，還可以參考醫學期刊或專家的意見。

- **持續更新知識**：科技和資訊是日新月異的，今天正確的答案，明天可能就過時了。因此，我們需要持續更新自己的知識，以確保我們所獲得的資訊是最新的。

- **避免完全依賴 AI**：雖然 AI 是一個強大的工具，但我們不應該完全依賴它。當面對重要的決策時，我們應該結合自己的判斷和 AI 的建議，做出最佳的選擇。

技能 02　流量超載

當過多的使用者同時向 ChatGPT 發送請求時，它可能會遇到流量超載的問題。這意味著您可能需要等待一段時間才能獲得答案，或者當您大量傳送提問訊息，也可能會收到類似下圖的錯誤訊息。

 Only one message at a time. Please allow any other responses to complete before sending another message, or wait one minute.

以下的幾種作法可以作為應對流量超載的相關措施：

- **避開高峰時段**：如果可能的話，嘗試在非高峰時段使用 ChatGPT。通常，高峰時段可能是在工作日的上午和下午，或者是在某些特定的活動和節日。

- **簡化您的問題**：當流量超載時，嘗試簡化您的問題，這樣可以減少 ChatGPT 的計算負擔。例如，您可以將一個複雜的問題拆分成幾個簡單的問題，逐一提問。

- **使用其他資源**：當 ChatGPT 無法使用時，您可以考慮使用其他的資源或工具來獲得答案。例如，您可以查閱相關的書籍、網站或諮詢專家。

當您遇到流量超載的問題時，可以透過以下的方式來優化您的提問：

☹ **不好的問題**：「告訴我關於太陽能的所有資訊。」

☺ **好的問題**：「請簡單介紹太陽能板的工作原理。」

提示（prompt）詞

請簡單介紹太陽能板的工作原理。

ChatGPT 回答內容

太陽能板，又稱為太陽能電池板，是一種將太陽光能轉換成電能的裝置。以下是其工作原理的簡單介紹：

1. **光電效應**：太陽能板主要由光伏電池（通常是矽基材料）組成。當太陽光照射到這些電池上時，電池中的半導體材料會吸收光能，使得材料中的電子被激發並從其原子中釋放出來。
2. **電子運動**：被激發的電子會在電池中移動，形成一個電流。這是因為太陽能電池有兩層特殊的半導體材料，一層帶正電，另一層帶負電。當太陽光照射到電池上，這兩層材料之間就會形成一個電場。
3. **電能輸出**：透過導線，這個電流可以被引導出來，供給電力給各種電器或存儲在電池中。經過一個稱為逆變器的裝置，直流電（DC）可以轉換成交流電（AC），使得家庭和商業用電設備可以使用。

簡而言之，太陽能板就是利用半導體材料的光電效應，將太陽光的能量轉換成電能。這種綠色能源技術不僅環保，還能幫助減少對化石燃料的依賴。

以簡體字回答

使用 ChatGPT 時，有時會發現它以簡體字回答，即使我們的問題是用繁體中文提出的。這可能是因為它的訓練資料中，簡體字的資料量較大，或者是因為某些特定的問題在簡體字文化中更常見。

我想知道"你好"在日語中是怎麼說的？

▢◯ ChatGPT 回答內容

> "你好"在日语中可以翻译为"こんにちは"，发音为"konnichiwa"。这是一种用于日常问候的常用短语。

為了降低 ChatGPT 以簡體字回答，我們建議有以下幾種作法：

- **明確指定語言和文化背景**：當您提問時，可以明確指定希望得到的答案的語言和文化背景。例如「請用繁體中文回答」或「請用台灣用語來解釋」。

- **使用地區性的詞彙**：使用具有地區性的詞彙和語句，可以幫助 ChatGPT 更好地理解您的需求。例如「台灣的夜市文化是什麼？」而不是「夜市文化是什麼？」。

- **檢查和修正**：如果您發現 ChatGPT 的回答是用簡體字，您可以再次提問，並明確指定您希望的答案格式。或者，您也可以使用線上的簡繁轉換工具來轉換答案。

當您希望得到繁體中文的答案時，可以透過以下的方式來優化提問，例如：

☹ **不好的問題**：「中國的傳統節日有哪些？」

☺ **好的問題**：「請用繁體中文告訴我，中國的傳統節日有哪些？」

提示（prompt）詞

請用繁體中文告訴我，中國的傳統節日有哪些？

ChatGPT 回答內容

中國的傳統節日豐富多彩，反映了中國深厚的文化底蘊。以下是一些主要的傳統節日：

1. **春節**：也稱為農曆新年，是中國最重要的節日之一。人們會回家與家人團聚、放鞭炮、貼春聯、吃年夜飯。
2. **元宵節**：又稱燈節，慶祝在農曆正月十五。人們會吃元宵（或湯圓）並放燈籠。
3. **清明節**：是紀念先人、掃墓的日子，也是春天踏青的好時節。
4. **端午節**：慶祝在農曆五月初五，主要活動是賽龍舟和吃粽子，以紀念古代詩人屈原。
5. **七夕節**：又稱情人節，慶祝在農曆七月初七，紀念牛郎織女的愛情故事。
6. **中秋節**：慶祝在農曆八月十五，是家人團聚的時刻，主要活動是賞月和吃月餅。
7. **重陽節**：慶祝在農曆九月初九，是登高遠足和賞菊的日子。
8. **冬至**：是冬季的一個重要節氣，人們會吃餃子或湯圓來慶祝。

除了上述節日，還有許多其他的節氣和慶典，如：立春、植樹節、婦女節等。每個節日都有其獨特的文化背景和慶祝方式，充分展現了中國傳統文化的魅力。

又例如：

😞 **不好的問題**：「紅燒肉怎麼做？」

😊 **好的問題**：「請用台灣的烹飪方法，告訴我紅燒肉怎麼做？」

提示（prompt）詞

請用台灣的烹飪方法，告訴我紅燒肉怎麼做？

ChatGPT 回答內容

當然可以！紅燒肉是台灣家常菜中的經典之作，以下是一個基本的台灣風格紅燒肉的做法：

材料：

- 肉：五花肉約500克
- 調味料：老抽、生抽、糖（冰糖或紅糖）、米酒、薑片、八角2-3顆、鹽

步驟：

1. **肉的處理**：五花肉切成約3-4公分的塊狀，用熱水燙過去血水，撈起瀝乾。

2. **炒糖色**：在鍋中放入少量油，加入糖。用小火慢慢炒至糖融化，並呈現出紅棕色的糖色。注意不要炒焦。

3. **炒肉**：將處理好的五花肉塊放入鍋中，大火翻炒至肉的表面微微上色。

4. **加入調味料**：放入薑片、八角，再加入老抽、生抽、米酒，繼續翻炒均勻，讓肉塊充分吸收醬汁的色澤和味道。

5. **燉煮**：加入足夠的水，蓋上鍋蓋，轉小火慢慢燉煮。期間可以偶爾翻動，避免肉塊黏鍋。

6. **調味**：燉煮約30分鐘後，試味道，根據個人口味加入鹽調味。繼續燉煮至肉質軟嫩，湯汁濃稠即可。

7. **完成**：將紅燒肉盛出，放在碗或盤中，即可享用。

這只是基本的做法，有些家庭會加入硬煮的雞蛋或豆腐一同燉煮，增加口感和風味。紅燒肉搭配白飯或饅頭，味道絕佳！

透過明確指定語言和文化背景，您不僅可以獲得更符合您需求的答案，還可以避免不必要的誤解和混淆。

技能 04　因網路流量造成回應速度慢

網路狀況可能會影響 ChatGPT 的回應速度。確保良好的網路連接，可以提高使用體驗。為了降低因網路流量造成回應速度慢，提高使用體驗，建議有以下幾種作法：

- **確保良好的網路連接**：使用有線網路連接通常比無線網路更加穩定。如果您正在使用 Wi-Fi，請確保您的設備與路由器之間的距離不要太遠，並避免有太多的障礙物。

- **選擇合適的使用時段**：在網路高峰時段，例如晚上或假日，網路流量可能會特別大。如果可能，您可以選擇在非高峰時段使用 ChatGPT，以獲得更快的回應速度。

- **關閉不必要的網路應用程式**：同時執行多個網路應用程式可能會消耗大量的網路流量。關閉不必要的應用程式，可以確保獲得足夠的網路資源。

當您發現 ChatGPT 的回應速度變慢時，可以透過以下的方式來優化您的提問：

😞 **不好的問題**：「我想知道所有關於台灣的歷史事件。」

😊 **好的問題**：「請簡述台灣在 20 世紀的主要歷史事件。」

 **提示（prompt）詞**

請簡述台灣在 20 世紀的主要歷史事件。

ChatGPT 回答內容

台灣在20世紀經歷了多次重大的政治、社會和經濟變革。以下是一些主要的歷史事件：

1. **1895年**：根據《馬關條約》，清朝將台灣割讓給日本。隨後，台灣開始了50年的日本統治時期。
2. **1945年**：第二次世界大戰結束後，根據《開羅宣言》和《波茨坦宣言》，台灣由中華民國國民政府接收，結束日本統治。
3. **1947年**：發生了「二二八事件」，是台灣歷史上的一次大規模社會運動，由於政府與民間的矛盾引發，事件後導致大量的死傷和逮捕。
4. **1949年**：國共內戰結束，中國國民黨在大陸失利後，將政府遷移到台灣，並宣布臺北為暫時首都。
5. **1950-1970年代**：台灣經歷了所謂的「台灣奇蹟」，經濟快速成長，從農業社會轉型為工業社會。
6. **1971年**：中華人民共和國取代中華民國在聯合國的席位，台灣退出聯合國。
7. **1987年**：結束了長達38年的戒嚴令，開始政治民主化的過程。
8. **1991年**：立法院進行了首次的全面改選，標誌著台灣的民主制度邁向成熟。
9. **1996年**：台灣舉行了首次的總統選舉，李登輝成為首位由全體公民直接選舉產生的總統。

這只是20世紀台灣歷史中的一些重要事件，實際上，這一時期的台灣歷史還包括了許多其他的社會、文化和政治變革。

透過縮小問題的範圍和提供明確的指示，不僅可以獲得更快的回應速度，還可以確保答案的品質和準確性。

同一問題不同解答

由於 AI 的回答是基於機率的,所以即使是相同的問題,有時也可能會得到不同的答案。此外,問題的提法、語境、以及其他外部因素也可能影響到 AI 的回答。當同一個問題有不同的解答時,為了可以更加靈活地使用 ChatGPT,建議有以下幾種作法:

- **多角度提問**:如果您對 AI 的某個答案感到疑惑或不確定,可以嘗試從不同的角度或方式重新提問。例如,「太陽是如何形成的?」和「請解釋太陽的形成過程」可能會得到不同的答案。

- **提供更多的上下文**:給 AI 更多的背景資訊可以幫助它更好地理解您的問題,從而給出更準確的答案。例如,「我是一名中學生,請問如何寫一篇關於太陽的報告?」可能會得到比「如何寫關於太陽的報告?」更具體和適合的答案。

- **確認答案的可靠性**:不要完全依賴 AI 的答案,尤其是在重要或專業的問題上,建議可以進一步查證或諮詢專家的意見。

沒有回答完整

當遇到不完整的答案,為了可以更加靈活地使用 ChatGPT,建議有以下幾種作法:

- **追問**:如果您覺得答案不夠完整或不夠詳細,可以直接追問。例如,如果您問「請告訴我關於太陽的資訊?」,而 AI 只回答了太陽的基本特性,您可以追問「那太陽的形成過程是怎樣的?」。

- **提供更多上下文**：給 AI 更多的背景資訊或具體描述您的需求，可以幫助它提供更完整的答案。例如，「我是一名初中生，正在寫一篇關於太陽的報告，請問太陽是如何形成的，以及它的主要特性是什麼？」。

- **重新組織問題**：有時，重新組織或簡化問題也可以幫助獲得更完整的答案。例如，將「請告訴我關於太陽的所有資訊」改為「請先告訴我太陽的形成過程，然後是它的主要特性」。

- **輸入「請繼續」或直接按下「Continue generating」鈕**：當回答內容不完整的情況下，就可以按下方的「Continue generating」鈕或自行輸入「請繼續」提示詞，來告知 ChatGPT 接續未完成的回答內容。如下圖所示：

紅框錯誤訊息 〉

當我們使用ChatGPT時，偶爾可能會遇到一些技術問題或系統錯誤。這些問題可能是由於伺服器超載、網路問題、或是其他未知因素所引起。當這些問題發生時，ChatGPT會顯示一個紅色的錯誤框，通知使用者目前的操作無法正常完成。當遇到紅框錯誤訊息，建議有以下幾種作法：

- **重新嘗試：** 有時只是暫時性的網路問題或伺服器壓力。稍等片刻後再次嘗試，可能就能解決問題。

- **檢查網路連線：** 確保您的網路連線穩定。不穩定的網路可能會導致資料傳輸中斷，從而引發錯誤。

- **提供清晰的指示：** 模糊或不清晰的指示有可能會導致ChatGPT無法正確解讀，進而出現錯誤。確保您的問題或指示足夠明確。

透過更具體和明確的提問，您也可以減少遇到紅框錯誤訊息的機會。當然，如果問題持續發生，建議您聯絡技術支援或稍後再試。

技能 08 **詢問有關未來的問題** 〉

ChatGPT是一個基於大量資料訓練的語言模型，它的知識來自於過去的資料，而非對未來的預測能力。因此，當詢問有關未來的問題時，它所提供的答案是基於過去的資料和趨勢，而不是真正的未來預測。

至於如何與ChatGPT討論未來相關的問題？我們建議有以下幾種作法：

- **明確您的期望**：當詢問未來的問題時，應該先確定您是希望了解過去的趨勢、數據或是相關的資訊，而非真正的未來預測。

- **提供足夠的上下文**：如果您想了解某個領域的未來趨勢，提供足夠的上下文可以幫助 ChatGPT 提供更相關的過去資訊。

- **批判性思考**：對於 ChatGPT 提供的答案，應該進行批判性的思考，並結合其他可靠的資訊來源。

接著我們就來示範如何與 ChatGPT 討論未來相關的問題。

😞 **不好的指示**：「我明年的運勢如何？」

😊 **好的指示**：「你能提供我一些建議，如何在新的一年中提高我的生活品質嗎？」

 提示 (prompt) 詞

你能提供我一些建議，如何在新的一年中提高我的生活品質嗎？

🤖 ChatGPT 回答內容

當然可以！提高生活品質不僅僅是物質層面的提升，還包括心理、身體和社交等多方面的平衡與成長。以下是一些建議，希望能幫助你在新的一年中提高生活品質：

1. **身體健康**：
   - **定期運動**：無論是走路、慢跑、瑜伽還是健身，運動可以增強體能、提高免疫力並釋放壓力。
   - **均衡飲食**：多吃蔬果、減少加工食品，確保營養均衡。
   - **充足睡眠**：確保每晚7-8小時的睡眠，有助於恢復體能和提高工作效率。
2. **心理健康**：
   - **冥想和放鬆**：定期進行冥想或深呼吸練習，幫助放鬆心情、提高專注力。
   - **學會說不**：不必應付所有的社交邀請或工作要求，學會拒絕，確保自己的時間和能量。
   - **尋求支援**：當感到壓力或困惑時，不妨尋求家人、朋友或專業人士的幫助和建議。
3. **學習與成長**：
   - **設定目標**：為自己設定短期和長期的目標，並制定計劃逐步達成。
   - **持續學習**：可以選擇線上課程、閱讀書籍或參加工作坊，不斷充實自己。
   - **嘗試新事物**：無論是新的運動、新的興趣還是新的旅行目的地，嘗試新事物可以帶來新的視野和樂趣。

4. 社交與人際關係：
   - **保持聯繫**：定期與家人和朋友聯繫，維護親密的人際關係。
   - **擴展社交圈**：參加社團、活動或網絡，認識新的朋友和夥伴。
   - **提高溝通技巧**：學習有效的溝通方法，避免誤解和衝突。
5. 工作與事業：
   - **工作與生活平衡**：確保工作時間和休息時間的平衡，避免過度工作。
   - **提高效率**：學習時間管理和任務管理技巧，提高工作效率。
   - **尋求機會**：不斷學習和成長，尋找晉升或轉職的機會。

希望這些建議能幫助你在新的一年中提高生活品質，祝你新的一年快樂、健康、充實！

技能 09　資料的時間受限

ChatGPT 的知識可能會有時間限制。各位只要了解其知識的時間範圍，可以幫助我們獲得更準確的答案。

提示 (prompt) 詞

根據過去的數據，你能告訴我近五年的股市趨勢嗎？

ChatGPT 回答內容

很抱歉，我的最後一次訓練數據只到2021年9月，所以我可以提供從2016年到2021年的股市趨勢概述。但請注意，這只是一個大致的描述，具體的數據和詳細的分析可能需要參考專業的金融資訊平台或專家意見。

1. **2016年**：全球股市在這一年面臨了許多挑戰，包括中國的經濟減速、英國脫歐公投以及美國總統大選。儘管如此，美國股市在年底之前已經反彈，並在選後上升。
2. **2017年**：這一年，全球股市普遍上揚。美國的稅改和經濟數據的改善推動了股市的上升。其他主要市場，如歐洲和亞洲，也表現得相對穩健。
3. **2018年**：這一年開始時，股市繼續上升，但在年中開始出現波動，主要受到美中貿易戰和全球經濟增長放緩的影響。
4. **2019年**：儘管全球經濟增長放緩，但中美達成初步的貿易協議和主要央行的寬鬆貨幣政策支持了股市。這一年，多數股市都有不錯的回報。

> 5. **2020年**：新冠病毒疫情對全球股市造成了巨大的打擊，尤其是在3月時。但隨著各國央行和政府推出刺激措施，以及疫苗研發的進展，股市在年底之前已經大幅反彈。
>
> 6. **2021年（至9月）**：隨著疫苗的大規模推出和經濟的逐步恢復，股市在這一年的前幾個月中大致上揚。但仍然面臨著通脹擔憂、新冠病毒的變種以及其他地緣政治因素的影響。
>
> 請注意，這只是一個大致的描述，具體的數據和詳細的分析可能需要參考專業的金融資訊平台或專家意見。

至於如何適當地與 ChatGPT 互動？我們建議有以下幾種作法：

- **明確指出時間範圍**：當您詢問某個特定主題時，最好明確指出您想知道的時間範圍。例如，「請告訴我 2010 到 2020 年間的太陽能技術發展。」

- **避免詢問過於近期的事件**：如果您想知道非常近期的資訊或事件，ChatGPT 可能無法提供。在這種情況下，建議您查詢其他可靠的新聞來源或資料庫。

- **確認答案的時間正確性**：當您從 ChatGPT 獲得答案時，記得確認其時間正確性。例如，如果您問到「最新的太陽能技術是什麼？」，ChatGPT 可能會給出 2021 年的資訊，而不是 2023 年的。

為了獲得最精確的答案，您可以嘗試以下方式來優化您的提問：

☹ **不好的指示**：「最近有什麼大事件？」（ChatGPT 可能不知道「最近」是指哪個時間點）

☺ **好的指示**：「請告訴我 2021 年的重大國際事件。」

 提示（prompt）詞

請告訴我 2021 年的重大國際事件。

🤖 ChatGPT 回答內容

> 截止到我最後的訓練數據（2021年9月），以下是2021年一些重大的國際事件：
>
> 1. **COVID-19大流行持續**：各國繼續努力對抗COVID-19疫情。隨著疫苗的研發和分發，許多國家開始大規模的疫苗接種計劃。

2. **美國總統就職**：2021年1月20日，喬·拜登正式成為美國第46任總統，卡馬拉·哈里斯成為第一位女性、第一位非裔美國人和第一位南亞裔美國人副總統。

3. **緬甸政變**：2021年2月，緬甸軍方發動政變，扣押了國家領導人翁山蘇姬和其他政府官員。

4. **蘇伊士運河堵塞**：2021年3月，一艘名為「長賜號」的超大型貨船在蘇伊士運河擱淺，導致全球貿易受到嚴重影響。

5. **以色列和哈馬斯的衝突**：2021年5月，以色列和加薩地帶的哈馬斯爆發了短暫但激烈的衝突。

6. **G7峰會**：2021年6月，G7峰會在英國的康沃爾舉行，主要討論了全球經濟復甦、疫苗分發和氣候變化等議題。

7. **阿富汗局勢**：塔利班在2021年迅速取得領土上的勝利，並於8月中旬完全控制了首都喀布爾，結束了長達20年的美國軍事介入。

8. **東京夏季奧運會**：原定於2020年舉行的東京夏季奧運會因COVID-19大流行而延期，並於2021年7月至8月在日本東京舉行，但是沒有觀眾參加。

這只是2021年的部分重大國際事件，還有許多其他的事件和發展也對全球產生了影響。

提示（prompt）詞

請告訴我 2015 到 2020 年間的科技趨勢。

ChatGPT 回答內容

2015到2020年間，科技界經歷了許多重大的變革和發展。以下是這段時期的主要科技趨勢：

1. **人工智慧 (AI) 與機器學習**：
   * AI技術在這段時間內取得了巨大的進展，特別是在深度學習領域。這使得語音識別、圖像識別和自然語言處理等任務達到了前所未有的精確度。
   * 機器學習模型，如GPT和BERT，開始在各種應用中取得成功，從搜索引擎到聊天機器人。

2. **物聯網 (IoT)**：
   * 從智能家居到工業4.0，連接到網路的裝置數量持續增加，使得日常生活和工作更加智能化和自動化。

3. **增強現實 (AR) 與虛擬現實 (VR)**：
   * Oculus Rift、HTC Vive 和其他VR設備的推出，使得虛擬現實成為消費者市場的一部分。
   * AR技術，如Apple的ARKit和Google的ARCore，開始被廣泛應用在手機遊戲和其他應用中。

4. **5G通訊技術**：
   * 5G開始在全球範圍內部署，提供更快速、更可靠的網路連接，為IoT、自動駕駛車和其他先進技術提供支持。

5. **區塊鏈與加密貨幣**：
   * 除了比特幣之外，以太坊和其他加密貨幣也開始受到關注。區塊鏈技術被認為有潛力改變金融、供應鏈和其他行業。

6. 邊緣計算：
   * 與雲計算相輔相成，邊緣計算將數據處理的部分工作移到離數據源更近的地方，如IoT裝置，從而提高效率和減少延遲。
7. 自動駕駛車輛：
   * Tesla、Waymo和其他公司在這段時間內進行了大量的自動駕駛測試，並開始推出部分自動化功能。
8. 生物技術與基因編輯：
   * CRISPR技術的發展使得基因編輯變得更加容易和可行，帶來了醫學和農業上的革命性變革。

技能 10　無法或拒絕回答的問題

有些問題，由於其性質或其他原因，ChatGPT 可能無法或拒絕回答。以下是常見的無法或拒絕回答的問題類型：

- **涉及隱私或敏感資訊**：例如詢問他人的私人資料、密碼等。

- **非道德或非法的內容**：例如詢問如何製造毒品、犯罪方法等。

- **過於抽象或哲學性的問題**：雖然 ChatGPT 可以提供一些觀點，但對於一些深奧的哲學問題，它可能無法給出明確答案。

- **超出知識庫範圍的問題**：例如詢問最新科技。

您可以嘗試以下方式來考慮到 ChatGPT 的回答限制的因素：

☹ **不好的指示**：「我想知道我的鄰居的生日。」（涉及隱私）

☺ **好的指示**：「請告訴我如何選擇一份適合所有年齡的生日禮物。」

提示（prompt）詞

請告訴我如何選擇一份適合所有年齡的生日禮物。

ChatGPT 回答內容

選擇一份適合所有年齡的生日禮物可以是一項挑戰，但以下的建議可以幫助您找到一個既有意義又實用的禮物：

1. **通用性**：選擇那些大多數人都會喜歡的禮物。例如，美味的食品、水果籃或甜點都是大多數人都會喜歡的。
2. **個性化禮物**：考慮選擇可以個性化的禮物，如定制的首飾、名字刻印的筆或定制的日曆。這些禮物不僅具有紀念價值，而且適合所有年齡段。
3. **體驗**：提供一次體驗往往比物質禮物更有意義。這可以是音樂會門票、電影票、餐廳禮券、SPA 體驗或一次短途旅行。
4. **教育性玩具或書籍**：對於孩子，選擇教育性的玩具或書籍可以是一個好選擇。對於成人，可以考慮購買一本暢銷書或與其興趣相關的書籍。
5. **手工藝品**：手工製作的禮物總是充滿了心意。無論是手織的圍巾、手繪的畫作還是自製的糖果，都能展現您的心意。
6. **禮品卡**：如果您真的不確定該送什麼，禮品卡是一個不錯的選擇。這樣，收禮者可以根據自己的喜好選擇他們想要的。
7. **植物或花卉**：一盆植物或一束花總是一個受歡迎的禮物。它們不僅能裝飾家居，還能為生活帶來一絲生機。
8. **考慮文化和宗教**：確保您選擇的禮物不會冒犯收禮者的文化或宗教信仰。

最後，記住，選擇禮物時最重要的是心意，而不僅僅是物質價值。花時間考慮收禮者的喜好和需求，並選擇一個能夠展現您心意的禮物。

☹ **不好的指示**：「告訴我未來的股市走勢。」（超出知識庫範圍）

☺ **好的指示**：「請分享一些股市投資的基本策略。」

提示（prompt）詞

請問投資 ETF 和投資股票的優缺點比較，如果第一考慮風險，第二考慮投資報酬率，第三考慮較大的價差獲利，您會建議我選擇哪一個投資標的？為什麼？

ChatGPT 回答內容

ETF (交易所交易基金)：

優點：

1. **多元化**：ETF通常追蹤某個指數，因此投資一個ETF就相當於投資該指數下的多家公司，達到分散風險的效果。
2. **靈活性**：ETF可以像普通股票一樣在交易所買賣，交易時間長，且可以使用各種交易策略。
3. **透明性**：ETF的組合結構通常每日公開，投資者可以清楚知道其持有的資產。
4. **低成本**：許多ETF的管理費用較低。

缺點：

1. **價差**：由於ETF是在交易所交易，可能存在買賣價差。
2. **追蹤誤差**：ETF可能無法完全追蹤其基準指數的表現。

股票：

優點：

1. **高報酬潛力**：選擇正確的股票可能帶來高於市場平均的報酬。
2. **完全控制**：投資者可以選擇特定的公司進行投資。
3. **價差獲利**：股票的價格波動可能較大，對於短期交易者，這提供了價差獲利的機會。

缺點：

1. **高風險**：股票投資可能面臨公司經營風險、市場風險等。
2. **需要更多研究**：選擇正確的股票需要對公司和行業進行深入的研究。

建議：

1. **風險**：如果您首先考慮風險，ETF由於其多元化的特性，通常風險較低。
2. **投資報酬率**：雖然股票有更高的報酬潛力，但也伴隨著更高的風險。ETF提供的是市場平均報酬。
3. **價差獲利**：股票的價格波動較大，更適合價差獲利。

技能 11　向 ChatGPT 的提問次數受限

在使用 ChatGPT 這類的 AI 語言模型時，我們可能會遇到一些使用限制，其中之一就是「提問次數」。這是因為每次與 AI 的互動都需要計算資源，而這些資源是有限的。當大量的使用者同時使用或是單一使用者頻繁地提問時，可能會對系統造成壓力，導致回應速度變慢或是其他使用上的限制。當遇到提問次數受限時該如何應對？可以有以下幾種作法：

- 稍後再試：如果遇到提問次數受限，可以稍等一段時間後再次嘗試。

- 確認帳號狀態：有些平台或服務可能會根據帳號的類型或付費狀態來限制提問次數，確認並調整帳號設定可能可以解決問題。

- 尋求其他資源：當 ChatGPT 無法使用時，可以考慮尋找其他的資訊來源或工具來解答您的問題。

技能 12　問題模糊不清

清晰的問題是獲得清晰答案的關鍵。避免模糊的問題，可以提高回答的品質。如何避免模糊的問題？

- 明確您的需求：在提問之前，先確定您真正想知道的是什麼。例如，如果您想知道某種食物的營養成分，則應明確指出該食物的名稱和您想知道的具體營養成分。

- 提供足夠的上下文：有時候提供一些背景資訊或上下文可以幫助 AI 更好地理解您的問題。例如，「我剛運動回來，應該吃些什麼？」比「我應該吃些什麼？」更能得到具體的答案。

- **避免使用模糊的詞語**：詞語如「那個」、「這個」或「某些」可能會使問題變得不清晰。嘗試使用具體的名稱或描述。

當得到模糊的答案時，您可以嘗試以下方式來應對：

- **重新提問**：嘗試用不同的方式或更具體的詞語重新提問。

- **追問**：如果答案不夠明確，可以追加問題以獲得更多資訊。

- **提供更多的上下文**：有時候，提供更多的背景資訊可以幫助 AI 更好地回答您的問題。

實際下達指示的範例：

☹ **不好的問題**：「那個東西怎麼做？」

☺ **好的問題**：「請問如何製作提拉米蘇？」

了解如何清晰地提問，以及如何應對模糊的答案，可以讓我們更有效地使用 ChatGPT，並獲得更高品質的答案。

技能 **13** 使用過於專業術語 〉

過於專業的術語可能會影響 ChatGPT 的理解。以下的幾種作法可以避免過於專業的術語：

- **簡化問題**：嘗試將問題簡化，避免使用不必要的專業術語。

- **提供背景資訊**：如果必須使用專業術語，請提供一些背景資訊或上下文，以幫助 ChatGPT 更好地理解您的問題。

- **使用常見的語言**：盡量使用大多數人都能理解的語言，這樣可以提高答案的品質和準確性。

例如以下的範例：

☹ **不好的指示**：「請解釋 NMR 的 J 分裂。」

☺ **好的提示**：「請用簡單的語言解釋核磁共振中的 J 分裂是什麼？」

 提示（prompt）詞

請用簡單的語言解釋核磁共振中的 J 分裂是什麼？

ChatGPT 回答內容

核磁共振（NMR）是一種用來研究分子結構的技術。在NMR中，J分裂（或稱為耦合常數）描述的是兩個核旋磁比相近的核之間的相互作用。

簡單來說，當一個原子核的環境中有其他的核時，這些核之間會有一種相互作用，使得NMR信號分裂成多個峰。這種分裂的模式和大小（J值）可以告訴我們這些核之間的相對位置和它們的化學環境。

例如，如果我們在NMR圖上看到一個氫原子的信號被分裂成三個峰，這可能意味著它旁邊有兩個其他的氫原子與它相互作用。

通過觀察和分析J分裂，科學家可以獲得更多的信息來確定分子的結構。

 技能 14 試圖得到具有主觀性的答案

ChatGPT 提供的答案是基於其訓練資料，並不具有主觀性。了解這一點，可以幫助我們更客觀地看待其回答。

至於如何與 ChatGPT 互動以獲得「主觀」答案，建議有以下幾種作法：

● **明確指定資料來源**：如果您想知道某一特定群體或作者的觀點，請明確指定。例如，「根據佛教的觀點，生命的意義是什麼？」。

- **問多個相似問題**：透過問多個相似的問題，您可以從不同的角度獲得答案，這有助於獲得更全面的視角。

- **要求多種觀點**：例如，「請告訴我關於全球暖化的正反兩方觀點。」

例如以下的範例：

☹ **不好的問題**：「你覺得全球暖化是真的嗎？」

☺ **好的問題**：「請根據科學研究，告訴我全球暖化的現狀。」

 提示（prompt）詞

請根據科學研究，告訴我全球暖化的現狀。

🤖 **ChatGPT 回答內容**

全球暖化是指地球的平均氣溫上升，這是由於人類活動所釋放的溫室氣體（如二氧化碳、甲烷和氮氧化物）在大氣中積累所引起的。以下是根據科學研究對全球暖化現狀的簡要描述：

1. **氣溫上升**：根據世界氣象組織的數據，過去四十年中，地球的平均氣溫已經上升了約1℃。這種上升的速度和幅度在地球的歷史上是前所未有的。

2. **冰川和極地冰層融化**：許多地方的冰川和冰帽正在迅速融化。例如，格陵蘭和南極的冰層正在以前所未有的速度減少，這導致海平面上升。

3. **海平面上升**：由於冰川融化和海水因暖化而膨脹，全球的海平面正在上升。這對於沿海地區和低窪地區的居民來說是一個嚴重的威脅。

4. **極端天氣事件增加**：全球暖化導致的氣候變化使得極端天氣事件，如颶風、熱浪和大雨，變得更加頻繁和劇烈。

5. **生態系統和生物多樣性受到威脅**：許多動植物因為氣候變化而面臨棲息地喪失或遷移的壓力，這可能導致某些物種滅絕。

6. **人類健康受到影響**：極端的高溫和變化的天氣模式可能導致健康問題，如熱相關疾病、呼吸問題和某些傳染病的傳播。

為了應對全球暖化的挑戰，許多國家已經採取了減少溫室氣體排放的措施，並在國際層面上進行合作，如《巴黎協定》。然而，為了有效地減緩全球暖化的影響，還需要進一步的努力和合作。

☹ **不好的問題**：「你喜歡吃巧克力嗎？」

☺ **好的問題**：「巧克力有什麼營養價值和健康效益？」

 提示（prompt）詞

巧克力有什麼營養價值和健康效益？

🤖 ChatGPT 回答內容

> 巧克力，特別是黑巧克力，含有多種營養成分，並且被認為對健康有一定的益處。以下是巧克力的營養價值和健康效益：
>
> **營養價值：**
>
> 1. **多酚和抗氧化劑**：巧克力是富含多酚的食物，特別是黃酮類化合物，這些化合物具有強大的抗氧化作用。
> 2. **礦物質**：巧克力含有鎂、鐵、鋅、銅和錳等礦物質。
> 3. **纖維**：黑巧克力含有一定量的膳食纖維。
> 4. **咖啡因和可可鹼**：這些成分可以提供暫時的精神提振。
>
> **健康效益：**
>
> 1. **心血管健康**：多項研究顯示，適量食用黑巧克力可以改善心血管健康，降低心臟病和中風的風險。這主要是因為巧克力中的抗氧化劑有助於提高HDL（好的膽固醇）水平並減少LDL（壞的膽固醇）的氧化。
> 2. **提高腦功能**：巧克力中的咖啡因和可可鹼可以提高注意力、反應速度和認知功能。
> 3. **抗氧化**：巧克力中的多酚和黃酮類化合物具有抗氧化作用，可以幫助對抗自由基，減少細胞損傷。
> 4. **情緒提振**：巧克力中的化合物，如酚胺類，可以促進內啡肽的釋放，這是一種天然的"快樂"化學物質。
> 5. **皮膚健康**：一些研究表明，巧克力的抗氧化劑可以保護皮膚免受紫外線損傷。
>
> 然而，雖然巧克力有其健康益處，但它也含有糖和卡路里，所以應該適量食用。選擇高可可含量的黑巧克力，並避免含有大量添加糖和奶油的巧克力，可以最大化巧克力的健康效益。

技能 15 詢問過於私人或敏感的問題 〉

ChatGPT 有時會拒絕回答某些問題，尤其是當它認為問題涉及私人或敏感資訊時。另外與 ChatGPT 互動提問時，使用者仍應避免提供任何私人或敏感的資訊。

實際下達指示的範例：

☹ **不好的問題**：「我的身分證號碼是 A123456789，請幫我查詢我的信用評分。」

☺ **好的問題**：「一般而言，如何查詢信用評分？」

☹ **不好的問題**：「我的朋友小明住在台北市中正區，他的電話號碼是 0987-654321，他最近過得如何？」

☺ **好的問題**：「如何關心朋友的心情和健康？」

了解如何安全地與 ChatGPT 互動，並保護自己和他人的隱私，是每位使用者的責任。透過正確的提問方式，我們可以確保在獲得所需答案的同時，也確保了自己的安全。

4

ChatGPT 聰明提示的
私房技能

本章將深入探討一些不為人知的使用技巧，這些技巧不僅可以讓您更有效地與 ChatGPT 互動，還能幫助您在各種情境下獲得更精確的答案。

技能 01　說明輸出內容格式

當您需要 ChatGPT 提供特定格式的答案時，例如列表、段落或表格，明確地指示輸出格式可以使結果更符合您的期望。如何有效地指示輸出內容格式？建議有以下幾種作法：

- **明確指出您想要的格式**：例如，如果您希望答案是一個表格，可以明確地說表格式，並指定要輸出的欄位意義。例如：

提示（prompt）詞

請幫我將下列的大陸用語轉換成台灣用語

渠道

用戶

質量

營銷

探索

演示

洞見

建模

調用

接口

表格式：A 欄是大陸用語；B 欄是英文原文 C 欄是台灣用語

ChatGPT 回答內容

當然可以，下表是根據你的要求整理出的轉換表格：

A欄	B欄	C欄
渠道	Channel	通路
用戶	User	使用者
質量	Quality	品質
營銷	Marketing	行銷
探索	Explore	探索
演示	Demonstration	示範
洞見	Insight	洞見
建模	Modeling	建模
調用	Invoke	調用
接口	Interface	介面

請注意這裡一些詞彙在台灣和大陸用法上並無太大區別，但為了保持一致性，我還是提供了相對應的翻譯。

- **提供範例**：有時候，提供一個範例可以幫助 ChatGPT 更好地理解您的需求。例如：「請像這樣回答：1. XX 2. XX 3. XX。」

- **避免過於複雜的格式要求**：雖然 ChatGPT 很強大，但過於複雜的格式要求可能會使答案變得不夠清晰。建議您儘量保持簡單和明確。

技能 02 **利用標記或符號作為補充說明**

標記或符號可以幫助強調重點或區分不同部分的內容。例如，當您問：「描述太陽系。」，您可以加上 "*" 來強調每個行星的名稱，使答案更有組織性。

- **強調重點**：當您希望 ChatGPT 強調某些內容時，可以使用如 "" 或 "**" 這樣的符號。例如，當您問：「描述太陽系。」，您可以指示：「請使用來強調每個行星的名稱。」

提示（prompt）詞

請描述太陽系，並使用 "**" 這樣的符號來強調每個行星的名稱。

ChatGPT 回答內容

1. 水星
   - 最接近太陽的行星
   - 一日和一年相當短
   - 沒有自然衛星
2. 金星
   - 第二顆距太陽的行星
   - 天空中最亮的天體之一
   - 擁有非常密集的大氣層
3. 地球
   - 唯一已知存在生命的行星
   - 有一顆自然衛星：月亮
   - 大部分被水覆蓋
4. 火星
   - 通常被稱為"紅色行星"
   - 有證據顯示曾存在流水
   - 有兩顆小型衛星：火卫一和火卫二
5. 木星
   - 太陽系中最大的行星
   - 擁有非常強大的磁場
   - 擁有多顆衛星和一系列的環
6. 土星
   - 有明顯的環系統，由無數的冰塊和岩石組成
   - 有多顆衛星，其中最大的是泰坦
   - 是太陽系中第二大的行星
7. 天王星
   - 軸傾斜極端，導致極端的季節變化
   - 有複雜的環系統和多顆衛星
   - 是太陽系中唯一一顆以側轉方式旋轉的行星
8. 海王星
   - 被認為是太陽系中最後一顆主要行星
   - 有強風和大型風暴
   - 有多顆衛星，其中最著名的是特里頓

這樣，ChatGPT 可能會回答的更具組織性，且重點明確。

● 區分不同部分：當答案涉及多個部分或層次時，可以使用如 "-" 或 "1.、2.、3.…" 這樣的符號來區分。例如，當您詢問某個主題的優點和缺點時，可以指示：" 請使用 1.、2.、3.…列出優點，並用 a.、b.、c.…列出缺點。" 這樣的結構使答案更易於閱讀和理解。

提示（prompt）詞

請描述核能的優缺點，請使用 1.、2.、3.…列出優點，並用 a.、b.、c.…列出缺點。

ChatGPT 回答內容

核能是通過核反應來產生能量的一種方式，通常是通過核裂變或核聚變來實現的。以下是核能的一些優缺點：

優點：

1. 高能量產出：核能可以產生大量的能量，而且只需很少量的原料。
2. 降低碳排放：與燃煤和天然氣相比，核能可以大大減少碳排放和其他溫室氣體的排放。
3. 穩定的能源供應：核能發電站可以提供持續穩定的能源供應，不受天氣或季節影響。
4. 長壽命：一旦建成，核反應堆可以運行多年，甚至數十年。
5. 提高能源獨立性：通過減少對外國石油和天然氣的依賴，可以增強一個國家的能源獨立性。

缺點：

a. 核事故的風險：如切爾諾貝利和福島事故所示，核事故可以帶來災難性的後果。
b. 放射性廢料：核能產生長壽命的放射性廢料，這需要安全存放數千年。
c. 高昂的建設和清理成本：建設核電廠和最終清理核廢料的成本非常高。
d. 有可能用於製造武器：核技術可以被用來開發核武器，這引發了擴散的恐慌。
e. 有限的鈾資源：核能目前主要依賴鈾作為燃料，而鈾是一種有限的資源，雖然存在其他潛在的核燃料選擇，但它們還沒有得到商業化的開發。

這些優缺點顯示出核能是一個具有高風險和高回報的能源選擇，而這就要求進行嚴格的安全控制和規劃來利用它的好處並減少其風險。

技能 03 限制回答內容的字數

有時候，簡短的答案更能夠直接解決問題。透過設定字數限制，例如：「描述太陽系，不超過50字。」主要有以下的幾種作法：

- **明確指示字數**：在提問時，明確指出您希望答案的字數限制。例如：「請描述太陽系，不超過50字。」這樣的指示可以確保 ChatGPT 提供的答案簡短且切中要點。

提示（prompt）詞

請以華語幫我寫一篇50字以內關於「音樂課」的短文，在短文結束後，出一個和這個短文內容有關的問題，這個問題有 (A)(B)(C)(D) 四個選項，最後，給我這個問題的答案。

ChatGPT 回答內容

音樂課不僅是學習音律、旋律和節奏的地方，更是培育感情與創意的溫床。在老師的指導下，學生學會了演奏樂器和詮釋樂曲，進而深化對藝術的理解和欣賞。音樂不僅豐富了我們的靈魂，也為每日的學習帶來無限的可能和樂趣。

問題：音樂課主要培育學生的什麼能力？
(A) 數學能力
(B) 音樂理解和演奏能力
(C) 語言能力
(D) 美術能力

答案：(B) 音樂理解和演奏能力

- **使用範疇限制**：除了直接限制字數，您還可以透過限制答案的範疇來獲得簡短答案。例如：「只告訴我太陽系的行星名稱。」這樣，ChatGPT 會提供一個只包含行星名稱的列表，而不是詳細的描述。

 提示（prompt）詞

只告訴我太陽系的行星名稱。

ChatGPT 回答內容

當然可以，太陽系的八大行星名稱依照它們距離太陽的遠近依次是：

1. 水星（Mercury）
2. 金星（Venus）
3. 地球（Earth）
4. 火星（Mars）
5. 木星（Jupiter）
6. 土星（Saturn）
7. 天王星（Uranus）
8. 海王星（Neptune）

技能 04　下達不需要重複題目的指示

為了避免重複和節省時間，您可以指示 ChatGPT 直接回答，而不重複問題。例如，當您問：「太陽的主要成分是什麼？」而不希望答案中再次提到「太陽」，您可以這樣說：「告訴我，不要重複問題。」如何指示 ChatGPT 避免重複？有以下幾種作法：

● 明確指出不要重複：在提問時，您可以加上「不要重複問題」或「直接回答」這樣的指示。例如：「太陽的主要成分是什麼？直接回答。」這樣，ChatGPT 會知道您希望得到的答案不需要再次提及問題中的內容。

● 使用簡短的指令：除了完整的指示，您也可以使用簡短的指令，例如：「告訴我，不要重複。」或「答案是？」。這些簡短的指令可以使您的提問更加簡潔，且 ChatGPT 也能夠理解您的需求。

- **提供範例**：為了確保 ChatGPT 能夠正確理解您的需求，提供一個具體的答案範例是非常有幫助的。

以下是一些實際的指示範例：

☹ **不佳的提問**：「太陽的主要成分是什麼？」

🤖 ChatGPT 回答內容

太陽主要由氫和氦兩種元素組成。其中：

- 氫：佔太陽質量的約74%
- 氦：佔太陽質量的約24%

除了氫和氦外，太陽還包含較小量的其他元素，如氧、碳、氖和鐵等，但它們的含量相對非常少。

☺ **較佳的提問**：「太陽的主要成分是什麼？直接回答。」

🤖 ChatGPT 回答內容

氫和氦。

透過這種方式，您可以確保回答的簡潔性，並迅速獲得所需的資訊。

技能 05 結合引號功能來補強重點

引號可以幫助強調某些詞語或句子，使您的問題更加明確。例如，當您問：「什麼是'光合作用'？」，引號可以幫助 ChatGPT 更精確地識別和回答您的問題。

至於如何結合引號來提問？有以下幾種作法：

- **特指某一詞語或概念**：當您想要詢問某一特定的詞語或概念時，可以使用引號來界定。例如：「什麼是'光合作用'？」這樣的提問方式可以確保 ChatGPT 聚焦於引號內的詞語，並給予相對應的答案。

- **強調重要性**：有時候，我們希望 ChatGPT 特別注意某一部分的內容。這時，引號可以作為一個強調的工具。例如：「請解釋'量子力學'中的'雙縫干涉'現象。」這樣的問法可以確保 AI 特別關注到「雙縫干涉」這一特定概念。

- **界定範疇**：在某些情況下，我們希望限制答案的範疇。例如：「請告訴我'史蒂夫·喬布斯'的三大成就」。透過引號，我們可以明確指出想要知道的是史蒂夫·喬布斯的成就，而不是其他相關資訊。

以下是一些實際的指示範例：

☹ **不佳的提問**：「請解釋光合作用。」

 ChatGPT 回答內容

光合作用是植物、藻類和某些細菌將光能轉化為化學能的過程，以便存儲和使用。該過程主要發生在植物的葉子中，特別是葉綠體中的葉綠素分子中。

光合作用可以分為兩個主要階段：光依賴階段和光獨立階段或 Calvin 循環。

1. **光依賴階段（或光反應階段）**
   - 地點：葉綠體的類囊體膜
   - 光能被葉綠素分子捕獲，使得水分子分解（光解），產生氧氣、質子和電子。
   - 產生的電子經由一系列反應產生能攜帶分子 ATP 和 NADPH。
2. **光獨立階段（或 Calvin 循環）**
   - 地點：葉綠體的基質
   - 使用 ATP 和 NADPH 提供的能量和電子，將二氧化碳固定並將其轉化為有機物質，例如葡萄糖。
   - 這個過程中的重要步驟是由 RuBisCO 酶催化的二氧化碳的固定。

總體方程式可以表示為：

$$6\,CO_2 + 6\,H_2O \xrightarrow[\text{光照}]{\text{葉綠素}} C_6H_{12}O_6 + 6\,O_2$$

這樣，光合作用實現了將太陽能轉化為化學能，並產生氧氣和有機物質，這對生物圈的生命至關重要。

☺ **較佳的提問**：「請解釋 " 光合作用 "。」

 ChatGPT 回答內容

光合作用是植物、藻類和某些細菌用來將光能轉化為化學能的生物化學過程。這一過程利用太陽光來將二氧化碳和水轉化為葡萄糖（一種糖）和氧氣。這一過程主要在葉綠體中的葉綠素分子中進行，可分為光依賴性反應和Calvin循環兩個主要階段。

總的化學反應可以表達為：

$$6\,CO_2 + 6\,H_2O \xrightarrow[\text{光照}]{\text{葉綠素}} C_6H_{12}O_6 + 6\,O_2$$

這個過程不僅產生了生物體所需的能源，而且還釋放放出氧氣，這對氧氣呼吸的生物是必需的。

技能 06　自行提供範本給 ChatGPT 參考

　　當您有特定的答案格式或風格需求時，提供一個範本可以幫助 ChatGPT 更好地滿足您的需求。例如，當您需要一個商業計畫的大綱，您可以說：「我需要一個商業計畫的大綱，像這樣：1. 簡介 2. 市場分析 3. 策略 ...」。提供範本的好處包括：

● **明確性**：範本提供了一個清晰的框架，幫助 ChatGPT 更好地理解您的需求。

● **效率**：範本可以減少不必要的追問和修改，使得回答更加迅速和準確。

● **客製化**：透過範本，您可以確保答案完全符合您的風格和格式要求。

　　例如：

提示（prompt）詞

　　我需要一篇關於環保的文章，格式像這樣：1. 引言 2. 環保的重要性 3. 實際行動建議 4. 結論。

ChatGPT 回答內容

環保：我們的責任與未來的保障

1. 引言

隨著人口的不斷增長和工業化的進程加快，我們的自然環境正在面臨前所未有的壓力。環保已成為一個不可避免的議題，每一個人都應該參與其中，為了我們自己和後代的未來。

2. 環保的重要性

環保不僅僅是保護自然資源，它是維持生態平衡，保證人類健康和社會的可持續發展的必要手段。透過環保，我們可以減少污染，保護生物多樣性，並確保我們的生活質量不會受到未來環境變化的負面影響。

3. 實際行動建議

要真正實現環保目標，以下幾點建議或許可以提供一定的幫助：

- **減少塑料使用**：養成使用可重複使用的容器和袋子的習慣，以減少塑料廢物的產生。
- **節約能源**：合理利用能源，如將電燈和未使用的電器關閉，以減少能源浪費。
- **綠色出行**：盡可能選擇步行，騎自行車或使用公共交通工具，以減少碳排放。
- **植樹**：積極參與植樹活動，不僅可以吸收二氧化碳，也可以為自然界提供更多的棲息地。

4. 結論

環保不是一個人的事，它需要社會各界的共同參與和努力。通過個人和集體的努力，我們可以保護我們的地球，確保一個更綠色，更健康的未來。讓我們從現在做起，從我做起，為我們唯一的家園投入更多的照顧和保護。

技能 07 ## 比較中文及英文的提示（prompt）差異 ›

不同的語言可能會有不同的回答風格和內容。了解中文和英文提示之間的差異，例如問：「太陽系有幾個行星？」和「How many planets are in the solar system?」，可能會得到略有不同的答案。接著就從不同角度來說明不同語言的提示，得到的回答內容還是會有一些實際差異。

- 文化背景：中文和英文分別代表了東方和西方的文化。當我們問同樣的問題時，答案可能會受到這些文化差異的影響。例如，當我們問「什麼是愛？」時，中

文的答案可能更偏向於家庭和親情，而英文的答案可能更偏向於浪漫和情人。

例如：

什麼是愛？

> "愛"是一個非常廣泛和多元化的概念，它可以指向多種不同形式和程度的親密關係和情感聯繫。它可以是浪漫的、親情的、友誼的或無條件的。以下是一些愛的不同面向：
>
> 1. **浪漫愛**：這通常指的是伴侶之間的親密關係，通常涉及情感和身體的吸引。
> 2. **親情**：這指的是家庭成員之間的愛，如父母和子女之間的愛。
> 3. **友誼**：這是基於共同興趣、理解和尊敬的一種非浪漫形式的愛。
> 4. **無條件的愛**：這是一種不期望回報的愛，它是純粹的，無條件的，而且是無私的。
> 5. **自愛**：這涉及對自身的尊敬和照顧，是一個人心理健康和幸福的基礎。
> 6. **慈愛**：這是一種基於慈悲和理解的愛，可以延伸到所有生命和存在。
>
> 愛可以是非常強烈和深刻的，也可以是輕微和暫時的。它可以帶來喜悅和滿足感，也可以帶來痛苦和失望。它是人類經歷中最核心和最基本的部分之一，並且經常是文學、藝術和哲學的中心主題。

What is love?

> "Love" is a complex set of emotions, behaviors, and beliefs associated with warm and affectionate feelings towards another person, oneself, or entities such as animals, places, or things. It is often considered to be one of the most profound and powerful human emotions. Here are different types of love that people often experience:
>
> 1. **Romantic Love**: This kind of love usually exists between partners in a romantic relationship. It often involves passion, physical attraction, and a deep emotional connection.
> 2. **Platonic Love**: This form of love is non-romantic and is typically found in friendships. It involves a deep affection and non-sexual connection between people.

3. **Familial Love**: This is the love that exists between family members, such as the love between parents and children, or between siblings.
4. **Self-love**: This refers to the love and acceptance of oneself. It involves taking care of one's own needs and valuing oneself highly.
5. **Unconditional Love**: This is a type of love that is without any conditions. It means loving someone without any boundaries, irrespective of the flaws, shortcomings, or mistakes they make.
6. **Compassionate Love (Agape)**: This is a selfless form of love, characterized by kindness and understanding towards others, without expecting anything in return.

Love can foster deep connections and bonds, providing a sense of fulfillment and security. It is the foundation of many relationships and is often the subject of countless pieces of art, literature, music, and philosophical discussions. It's important to note that love is a dynamic and evolving emotion that can change over time, influenced by a range of personal, relational, and external factors.

- **語言結構**：中文和英文的語言結構有很大的差異。中文更依賴於上下文和詞的順序，而英文則更依賴於語法和時態。這意味著，即使是相同的問題，兩種語言可能會有不同的答案結構。

- **訓練資料的差異**：ChatGPT 的答案是基於其訓練資料。由於中文和英文的訓練資料來源可能不同，這可能會導致答案的差異。例如，當我們問：「太陽系有幾個行星？」和 "How many planets are in the solar system?" 時，英文的答案可能會比中文的答案更詳細。

我們可以從以下的幾個角度來加以利用這些差異：

- **多角度提問**：如果您不確定某個問題的答案，可以嘗試用中文和英文兩種語言提問。這樣，您可以從不同的角度和背景獲得答案，並進一步確定答案的正確性。

- **明確指示**：如果您希望得到特定語言或文化背景的答案，可以明確地指示 ChatGPT。例如：「用中國的文化背景解釋'禮'的概念。」或者「Explain the concept of 'freedom' from an American perspective.」

- **結合兩種語言**：在某些情況下，結合中文和英文的答案可以幫助您獲得更全面和深入的理解。例如，當您研究一個跨文化的主題時，兩種語言的答案都可以提供有價值的見解。

分段提問

分段提問的核心思想是將一個複雜的問題分解成多個相對簡單的子問題，並按照一定的順序逐一提問。這樣做的好處是：

- **答案更具組織性**：每個子問題都有其獨特的答案，這些答案組合在一起可以形成一個完整且組織化的答案。

- **提高答案的準確性**：分段提問可以幫助 ChatGPT 更精確地識別問題的重點，從而提供更準確的答案。

- **深入探討問題**：分段提問允許我們從不同的角度深入探討問題，獲得更多的訊息和見解。

至於如何分段提問，主要有以下幾種思考角度：

- **確定主要問題**：首先，確定您想要解決的主要問題。例如：「太陽系是什麼？」。

- **分解問題**：將主要問題分解成多個子問題。這些子問題應該是相對獨立的，並且可以按照一定的順序逐一回答。例如：「太陽系的組成是什麼？」、「太陽系有哪些行星？」、「這些行星的特點是什麼？」…等。

- **按照順序提問**：開始提問時，首先問主要問題，然後按照順序問子問題。每次得到答案後，再問下一個問題。這樣可以確保答案的連貫性和組織性。

 提示（prompt）詞

"太陽系" 是什麼？直接回答。

 ChatGPT 回答內容

"太陽系"是由太陽和繞著它運行的天體系統，包括八大行星及其衛星，小行星，彗星和其他小天體。

 提示（prompt）詞

太陽系有哪些 "行星"？

ChatGPT 回答內容

太陽系有以下八個行星：

1. 水星 (Mercury)
2. 金星 (Venus)
3. 地球 (Earth)
4. 火星 (Mars)
5. 木星 (Jupiter)
6. 土星 (Saturn)
7. 天王星 (Uranus)
8. 海王星 (Neptune)

提示（prompt）詞

這些行星的特點是什麼？

ChatGPT 回答內容

這些行星各自具有獨特的特點和條件，以下簡述各個行星的一些主要特點：

1. 水星：
   - 最靠近太陽的行星。
   - 表面充滿了隕石坑。
   - 日夜溫差極大。
2. 金星：
   - 有非常厚的大氣層，主要由二氧化碳組成。
   - 表面壓力非常大。
   - 有最高的平均表面溫度，比水星還高。
3. 地球：
   - 唯一已知有生命存在的行星。
   - 有液態水存在。
   - 有一個保護生命並調節氣候的大氣層。
4. 火星：
   - 也稱為"紅行星"因其表面的鐵氧化物而呈現紅色。
   - 有最高的火山和最深的、最寬的峽谷。
   - 有證據顯示它曾經有流動的水。
5. 木星：
   - 是太陽系中最大的行星。
   - 有非常強的磁場。
   - 以其顯著的橫帶和大紅斑而著稱。
6. 土星：
   - 以其壯觀的環系統而聞名。
   - 主要由氫和氦組成。
   - 有多顆有趣的衛星，包括泰坦。

技能 09

請繼續（continue）

當您需要更多的答案或解釋時，使用「請繼續」可以讓 ChatGPT 提供更多的資訊。例如，當您問：「請描述光合作用。」，如果答案不夠詳細，您可以說：「請繼續。」，以獲得更深入的解釋。至於如何有效地使用 " 請繼續 "，可以參考以下幾種作法：

- **確認答案的完整性**：在使用「請繼續」之前，首先確認 ChatGPT 給出的答案是否已經滿足您的需求。如果答案已經很完整，則不需要再次使用此指令。

- **適時使用**：當您覺得答案還有待深入或需要更多的解釋時，及時地說出「請繼續」，這樣可以確保答案的連貫性和完整性。

- **結合其他指令**：除了「請繼續」，您還可以結合其他指令，如「請給我更多例子」或「請解釋詳細一點」，以獲得更具體或更詳細的答案。

例如：

 提示（prompt）詞

請描述光合作用。

ChatGPT 回答內容

光合作用是植物、藻類和某些細菌通過太陽光能來合成有機物質的生物化學過程。這一過程可以分為兩個主要階段：光依賴階段和光合成暗反應（也稱為卡爾文循環）。以下是這一過程的簡要說明：

光依賴階段（發生在葉綠體的嗜氏體內）：

1. **光捕獲**：葉綠素和其他色素捕捉太陽光能。
2. **水分解**：光能引起水分子的分解，產生氧氣、氫離子和電子。
3. **ATP和NADPH生成**：通過電子運輸鏈來產生能量豐富的分子ATP和NADPH。

光合成暗反應（卡爾文循環，發生在葉綠體的基質中）：

1. **碳固定**：CO_2進入卡爾文循環，與5碳糖合成更複雜的有機分子。
2. **3-PGA生成**：生成3-磷酸甘油酸（3-PGA），一個3碳分子。
3. **G3P生成**：3-PGA進一步轉化為甘油醛-3-磷酸（G3P），這是一個重要的有機合成原料。
4. **糖合成**：一部分的G3P最終被轉化為葡萄糖和其他碳水化合物。

產物：

- **氧氣**：通過光依賴階段釋放到大氣中。
- **葡萄糖**：在光合成暗反應中生成，用作能量來源和生物合成的基礎。

這一過程是生態系統中能量流動的基礎，它使植物能夠將太陽能轉化為化學能，進而支持生命。

提示（prompt）詞

請繼續

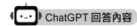

ChatGPT 回答內容

當然，以下是光合作用更詳細的續談，其中將更深入地探討這一生物化學過程的各個方面：

葉綠素和光收集

葉綠體中的葉綠素是光合作用的核心，因為它可以捕捉太陽的光能並將其轉化為化學能。葉綠素存在於植物的葉綠體中，特別是在稱為囊氏體的結構中。

水的光解

在光依賴反應中，水分子被分解為氫和氧，這一過程稱為水的光解。這導致電子被釋放，並開始通過葉綠體內的一系列蛋白質移動，形成一個稱為電子運輸鏈的系統。

ATP和NADPH的形成

電子運輸鏈終於在形成ATP和NADPH的過程中終止，這兩種分子將被用於卡爾文循環中，以驅動有機物質的合成。

卡爾文循環

卡爾文循環是光合作用暗反應的另一部分，它不依賴於光。在此過程中，ATP和NADPH用於將二氧化碳固定到有機分子中，最終形成葡萄糖。

產物的形成

通過這兩個主要的光合作用階段，植物能夠產生兩種主要的產物：

1. **氧氣** - 這是一個"副產物"，通過水的光解產生，並通過植物的氣孔釋放到大氣中。
2. **有機物質** - 主要是葡萄糖，是生命的能量來源，也是許多其他生物化學途徑的前體。

透過光合作用，植物不僅提供了大部分地球上的生物所需的氧氣，還提供了能量來源，這使得生命得以繼續。

有時候，初步的答案可能不夠詳細或不完整。透過延伸詢問。延伸詢問不僅可以幫助我們獲得更詳細的答案，還可以讓 ChatGPT 從不同的角度或層面來解釋，使得答案更加全面和深入。至於如何有效地進行延伸詢問，主要有以下幾種作法：

- **明確指出需要的資訊**：當您覺得答案不夠詳細時，可以明確指出您想要知道的部分，例如：「你能更詳細地解釋太陽系的形成過程嗎？」。

- **提出相關問題**：除了要求更詳細的解釋，您還可以提出與原問題相關的其他問題，例如：「太陽系中哪些行星有可能存在生命？」。

- **結合其他祕技**：例如，您可以結合「請繼續」和延伸詢問，先說：「請繼續」，然後再問：「還有其他相關資訊嗎？」。

例如：

 提示（prompt）詞

太陽系中哪些行星有可能存在生命？

🤖 ChatGPT 回答內容

> 太陽系中存在生命的可能性仍然是一個非常開放和活躍的研究領域。目前，科學家主要集中在一些特定的行星和天衛上尋找生命的證據或存在生命的條件。下面是一些目前科學界認為可能存在生命的太陽系天體：
>
> 1. 火星：
>   - 以前的水的存在：在火星的古代，存在流動水的證據顯示它曾經有可能支持生命。
>   - 潛在的地下湖泊：最近的研究發現火星的極區下面可能存在液態水的湖泊。
> 2. 歐羅巴（木星的一個衛星）：
>   - 潛在的海洋：科學家認為歐羅巴下面的冰層下可能有一個巨大的液態海洋，它可能具有支持生命的條件。

3. 恩塞拉達斯（土星的一個衛星）：
   - 潛在的海洋：與歐羅巴一樣，恩塞拉達斯下的冰層下也可能有一個液態水的海洋。
   - 有機物質：卡西尼航天器在恩塞拉達斯的冰雲中發現了有機物質，這些有機物質是生命的基本構成元素。
4. 土星的泰坦衛星：
   - 複雜的有機化學：泰坦有一個豐富的有機化學環境，並且有液態的甲烷和乙烷湖。
   - 未來的探索任務：龍飛船任務（Dragonfly mission）計劃在2027年探索泰坦，可能會為我們提供更多的信息。
5. 金星：
   - 高層大氣：雖然金星的地表環境非常惡劣和不適合生命，但其高層大氣中可能存在一些生命的微生物。

注意，到目前為止，我們還沒有在太陽系中的任何其他地方找到確切的生命證據，但是科學家正在通過各種探測任務和研究來尋找潛在的生命跡象。

提示（prompt）詞

還有其他相關資訊嗎？

ChatGPT 回答內容

科學家如何尋找生命的證據
1. 生命的化學標記：尋找生命的化學標記，包括有機分子和其他可能由生命進程產生的復雜分子。
2. 生物標記氣體：研究天體大氣中的氣體成分，以尋找可能由生命活動產生的特殊氣體。

對未來探索的期望
1. 地下生命：在火星和一些冰月球上，地下液體水的存在提供了生命存在的可能性，科學家正在研究探測地下環境的方法。
2. 潛在的地外生命形式：科學家也在考慮可能存在完全不同於地球上的生命形式，這些生命形式可能基於不同的化學結構和元素。

新技術和任務
1. 強大的望遠鏡：新一代的望遠鏡（如詹姆斯·韋伯太空望遠鏡）將有助於探索太陽系內和外的天體，並搜索可能的生命標記。
2. 未來的探測器任務：例如，歐洲太空局的木星冰月探測器（JUICE）和NASA的歐羅巴剪影飛行器（Europa Clipper）將對歐羅巴和其他木星的月亮進行更詳細的研究。

地外生命的哲學和倫理問題

1. **生命的定義**：尋找外星生命也引發了有關生命的定義的哲學討論，因為我們可能會遇到與地球生命完全不同的生命形式。
2. **潛在的影響**：發現太陽系內或外的生命可能會對我們的科學、哲學和文化有深刻的影響。

總的來看，尋找太陽系內的生命是一個多學科和高度合作的努力，涉及從天文學和行星科學到生物學和哲學的多個領域。

雖然延伸詢問是一個非常有效的方法，但它也有其局限性。例如，當 ChatGPT 已經提供了所有它知道的資訊，或當答案已經非常詳細時，再次進行延伸詢問可能不會得到更多的內容。此外，過於頻繁地進行延伸詢問可能會使答案變得冗長或重複。因此，進行延伸詢問時，應該根據實際情況和需求進行判斷。

技能 11

設定 ChatGPT 快速鍵

快速鍵是一種提高效率的工具，允許您快速輸入常用的問題或指令。我們直接以例子來示範如何設定快速鍵，及如何利用快速鍵來與 ChatGPT 提問問題。

請各位參考以下的三個連續提問：

提示（prompt）詞

接下來的對話，如果我只傳送「e」這個字母，就是「請延伸內容」的意思。

ChatGPT 回答內容

了解，我會根據你提出的「e」這個提示來延伸我的回答或解釋。如果你有任何問題或想要進一步的信息，請隨時傳送「e」。

 提示（prompt）詞

請簡單說明 Python 是什麼語言。

ChatGPT 回答內容

> Python是一種高級程式設計語言，它以易於讀寫和學習而聞名。它是一個動態類型的語言，
> 這意味著你不需要事先聲明變量的類型。Python是多用途的，可以用於網站開發、數據科
> 學、人工智能、桌面應用程序開發等多種領域。它具有一個龐大的社群和大量的函式庫，這
> 可以幫助開發者更快地開發應用程序。Python由Guido van Rossum於1989年創建，並於1991
> 年首次發布。

 提示（prompt）詞

e

ChatGPT 回答內容

> 當然。
>
> Python是一種物件導向的程式語言，這意味著它可以用來實現真實世界的物件和處理，並透
> 過物件來組織程式碼，這有助於使程序更具模組化和可重用。它遵循DRY原則（不重複你自
> 己），鼓勵程序員編寫可重用的代碼，而不是重複相同的代碼。
>
> Python具有直觀的語法和編程結構，這使得它非常適合初學者學習。同時，它也有足夠的深
> 度和功能來支持高級和專業的軟件開發。它的簡單和清晰的語法也使得它成為一種偉大的腳
> 本語言，可以快速編寫和測試新的程式碼片段而不需要太多的設置或引導時間。
>
> 另外，Python具有一個非常大和活躍的社群，提供了大量的資源，包括教學，問答網站和大
> 量的第三方函式庫，這些函式庫可以幫助你快速開發新的軟件。這些函式庫涵蓋了從網站開
> 發到數據分析的各個方面。
>
> Python可以在幾乎所有的操作系統上運行，包括Windows, MacOS, 和Linux，這使得它成為一
> 個非常通用的程式語言。它也是解釋型語言，這意味著Python程式不需要先編譯就可以運
> 行，這進一步提高了它的開發速度和靈活性。

設定回應語言

ChatGPT 支援多種語言。如果您希望得到特定語言的答案，可以明確指示。例如：「請用法語回答，太陽系有幾個行星？」或是「太陽系有幾個行星？請用日語回答。」

請用英語回答，太陽系有幾個行星？

ChatGPT 回答內容

The solar system has eight planets. They are, in order of their distance from the Sun:

1. Mercury
2. Venus
3. Earth
4. Mars
5. Jupiter
6. Saturn
7. Uranus
8. Neptune

Pluto, which used to be considered the ninth planet, was reclassified as a dwarf planet by the International Astronomical Union in 2006.

以下是在 ChatGPT 使用多語言的注意事項：

- **語言的準確性**：雖然 ChatGPT 支援多種語言，但對於某些特定語言或方言，可能不如母語者準確。在需要高度準確性的場合，建議諮詢相關語言的專家。

- **文化差異**：語言不僅僅是文字和語音，還包括文化和情境。在使用其他語言提問時，考慮到文化和語境的差異可以幫助獲得更準確的答案。

● **持續學習**：ChatGPT 是基於大量的語言資料訓練而來，但它仍然在不斷學習和進化。如果發現某些語言的回答不夠準確，不妨給予正確的回饋，幫助它變得更好。

技能 13 ChatGPT prompt 產生器

Prompt 產生器就是一種能夠自動生成問題或指令的工具。我們可以下達類似以下的指令，來告知 ChatGPT 充當 Prompt 產生器。

 提示（prompt）詞

我要你充當 ChatGPT 提示生成器，我發個話題，你要根據話題的內容生成 ChatGPT 提示，提示要以 " 我想你以扮演以下的角色 " 開頭，猜猜我可能會做哪些事，並為我生成相對應的提示詞。

ChatGPT 回答內容

理解了！請提供一個話題，我將根據它來創建一個相應的 ChatGPT 提示。

接著就可以指定的主題或領域，例如 " 心靈導師 "。這將幫助 ChatGPT 生成相關的提示詞。如下圖所示：

 提示（prompt）詞

心靈導師

ChatGPT 回答內容

"我想你以扮演以下的角色：心靈導師，能夠提供心靈成長和個人發展方面的建議和洞見。你可能會被問及如何在日常生活中實現正念，或是如何透過冥想來減輕壓力。也可能會探討更深層的主題，例如靈魂的目的或是高我覺知。記得在回答時要展示出深刻的理解和尊重，並鼓勵積極和健康的心靈探索。請注意，你應該強調你不是一名專業的心靈治療師或心理學家，而是一名用於引導和提供一般建議的心靈導師。"

接著就可以複製該產生的提示詞去進行提問，如下所示：

提示（prompt）詞

我想你以扮演以下的角色：心靈導師，能夠提供心靈成長和個人發展方面的建議和洞見。你可能會被問及如何在日常生活中實現正念，或是如何透過冥想來減輕壓力。也可能會探討更深層的主題，例如靈魂的目的或是高我覺知。記得在回答時要展示出深刻的理解和尊重，並鼓勵積極和健康的心靈探索。請注意，你應該強調你不是一名專業的心靈治療師或心理學家，而是一名用於引導和提供一般建議的心靈導師。

ChatGPT 回答內容

我已經做好準備，扮演心靈導師的角色，來協助你在心靈成長和個人發展的旅程上提供指引和洞見。無論是關於日常正念實踐的建議，還是如何通過冥想來緩解壓力的技巧，我都在這裡為你提供支持。

我也可以幫助你探索更為深奧的主題，如靈魂的目的或高我覺知，並鼓勵你在這一過程中保持開放和尊敬的心態。

請記得，我提供的建議僅供參考，並不能替代專業的心理輔導或心靈治療。如果你遇到嚴重的問題或危機，我建議你尋找專業的幫助。不管你有什麼問題或想探索的主題，我都在這裡為你提供協助。讓我們開始吧！

提示（prompt）詞

我經常感到孤獨，對人生覺得很無趣，我不知道如何改善？

ChatGPT 回答內容

我很抱歉聽到你現在的感受。我想你以扮演以下的角色：心靈導師，能夠提供心靈成長和個人發展方面的建議和洞見。

首先，你不是唯一一個經歷這種感覺的人。很多人在某些時期都會感到孤獨和失去人生目的感。感受到孤獨和人生無趣是一段非常困難的時間，但也提供了一個探索自身和尋找新興趣的機會。

1. **自我反思**：嘗試花些時間獨處，深入探索你的感受和願望。你可以透過寫日記或冥想來進行自我反思。
2. **尋找新的興趣**：嘗試尋找新的興趣和愛好，這可以幫你打破單調和找到生活的樂趣。
3. **建立社群**：儘管你可能感到孤獨，但試著尋找或建立一個可以與人分享你的興趣和感受的社群。
4. **專業幫助**：如果你發現自己無法獨自處理這些情緒，不要猶豫去尋找專業的心理幫助。
5. **正念練習**：你可以嘗試一些正念練習或冥想，來幫助你更好地連接到當下的時刻，而不是被過去或未來的擔憂困擾。

記得這是一段漸進的旅程，並且每個人的步伐都是不同的。希望你能找到那些可以提升你的幸福和滿意度的方式。

技能 14　提供關於問題的細節　〉

詳細的問題往往得到更詳細的答案。例如，不僅問「如何種植玫瑰？」還可以加上「在熱帶氣候中如何種植玫瑰？」。

在探索這個主題時，我們將研究不同的策略，包括：

- **確定目的**：在提問之前，首先要明確自己的目的。是想要獲得基礎知識，還是尋求專業建議？確定目的可以幫助我們更有針對性地提供細節。

- **具體描述**：儘量使用具體和明確的描述，避免使用模糊或一般性的詞語。例如，不僅說「我想學烹飪」，而是說「我想學習如何製作法式甜點」。

- **提供背景資訊**：有時候，提供一些相關的背景資訊可以幫助 ChatGPT 更好地理解問題。例如，當問及某個疾病的治療方法時，可以提到自己的年齡、性別和健康狀況。

以下兩個範例，分別示範了如沒有提供細節及提供關於問題的細節的兩種問法，各位可以比較這兩者間 ChatGPT 的回答內容。

 提示（prompt）詞

我想知道如何種植玫瑰？

ChatGPT 回答內容

要種植玫瑰，你要注意以下的幾個步驟和考量：

1. **選擇合適的玫瑰品種：**
   - 研究不同的玫瑰品種，選擇適合你所在地區的氣候和土壤條件的品種。
2. **選擇適當的種植地點：**
   - 玫瑰喜歡充足的陽光，所以要選擇一個每天可以照到至少6-8小時陽光的地方。
3. **土壤準備：**
   - 玫瑰喜歡排水良好、富含有機物質的土壤。你可以加入一些腐葉土或堆肥來改善土壤品質。
4. **植株的準備和栽種：**
   - 若是購買的苗木，根據苗木的情況來決定是否需要修剪。一般來說，可以留下3-5條強壯的主幹，其餘的可以修剪掉。
   - 挖一個比苗木根系更大的洞，把玫瑰栽種進去，然後用土壤填充並壓實。
5. **澆水：**
   - 種植後立即給予充足的水分，後續根據天氣和土壤情況來定時澆水。
6. **施肥：**
   - 可以選擇使用特殊的玫瑰肥料，並根據肥料的使用說明來進行施肥。
7. **修剪和保養：**
   - 定期修剪死掉或病弱的枝條，以保持玫瑰的健康和美觀。
8. **防治病蟲害：**
   - 定期檢查玫瑰的健康情況，一旦發現有病蟲害就要及時處理。

希望這對你種植玫瑰有幫助！注意持續照顧你的玫瑰花，以確保它們能夠健康成長。

 提示（prompt）詞

在台灣這種副熱帶氣候中如何種植玫瑰？

ChatGPT 回答內容

在台灣這樣的副熱帶氣候中種植玫瑰，要特別注意氣溫和濕度對玫瑰的影響，以及選擇適合當地氣候的玫瑰品種。以下是一些步驟和建議，可以幫助你成功種植玫瑰：

選擇合適的品種

- 選擇耐熱和耐濕的玫瑰品種。你可以參考其他當地園藝愛好者的建議或尋找專門為副熱帶氣候而培育的玫瑰品種。

準備土壤

- 玫瑰喜歡排水良好的土壤。考慮到台灣的高濕度，建議選擇一個排水系統良好的地方來種植，以防止根部積水和腐爛。
- 可以添加一些沙子或蛭石來改善土壤的排水性。

選擇合適的種植時間

- 在台灣，最好的種植時間是在涼爽的季節，如秋季或冬季開始，這樣可以避免炎熱的夏季對新植株造成壓力。

澆水

- 由於高溫和高濕度，玫瑰可能會需要更頻繁的澆水。但是，也要避免過度澆水，以防止根部腐爛。
- 早上澆水是最好的，這可以避免夜間的濕度過高，進而減少病蟲害的風險。

施肥

- 使用適合玫瑰的緩釋肥料，並定期施肥，以確保玫瑰獲得所需的營養。
- 避免在夏季高溫期間施肥，因為這可能會導致更多的葉面生長，而不是花朵。

修剪和保養

- 定期修剪枯黃的葉子和花朵，以保持植株的健康。
- 確保良好的通風，以減少由於高濕度造成的真菌和其他疾病的風險。

防病防蟲

- 定期檢查玫瑰的健康，並及時處理任何病蟲害問題。
- 可以使用適當的殺蟲劑和殺菌劑來控制病蟲害。

⟳ Regenerate

技能 15 問題要有特殊性 〉

　　具有特殊性的問題可以獲得更具體的答案。例如，不是問「如何煮飯？」而是問「如何用電鍋煮壽司米？」。如何提出具有特殊性的問題，有幾種思考方向：

● 明確目的：在提問之前，首先要確定自己真正想知道的是什麼。是尋求一般知識，還是需要針對某一特定情境的建議？

● 提供背景資訊：除了問題本身，還可以提供一些相關的背景或情境，可以幫助 ChatGPT 更好地理解您的需求。

● 避免使用模糊的詞語：試著避免使用「可能」、「大概」等模糊的詞語，而是使用具體和明確的描述。

　　以下兩個範例，分別示範了這兩種提問的差別，請比較兩者間的回答內容的差異。

 提示（prompt）詞

　　如何煮飯？

 ChatGPT 回答內容

> 煮飯是個基本但非常重要的烹飪技巧。以下是一個簡單的基本煮白飯教學：
>
> **所需材料：**
> * 白米（量取根據所需份量決定）
> * 水
> * 鹽（可選）
>
> **工具：**
> * 鍋子或電飯鍋
> * 篩子（用於沖洗米）

步驟：

1. 洗米：先將米放入篩子中，用流動的水清洗幾次，直到流出的水變得相對清澈。

2. 量水：一般來說，煮白米的水米比例為2:1（兩杯水對一杯米）。但是根據米的品種和你的偏好，這個比例可能會有所變化。你也可以按照米包裝上的指示來量取水。

3. 煮飯：
    - 使用鍋子：
        - 將洗好的米和適量的水放入鍋中。
        - 如果喜歡，可以添加一點鹽來調味。
        - 用中高火將其加熱到沸騰，然後將火收至最小，蓋上鍋蓋，讓它慢慢煮熟，大約需要15到20分鐘。
        - 在煮的過程中避免打開鍋蓋，以保持水分。
        - 關火後，讓它坐5-10分鐘，然後用叉子將飯攪拌均勻。
    - 使用電飯鍋：
        - 將洗好的米和適量的水放入電飯鍋中。
        - 關上蓋子，設置好模式和時間，然後啟動電飯鍋。
        - 當飯煮好時，電飯鍋會自動跳到保溫模式。打開蓋子前，讓飯坐5-10分鐘，然後用飯勺將其攪拌均勻。

透過這個基本的煮飯方法，你可以得到一鍋煮熟的白飯。希望這對你有幫助！

提示（prompt）詞

如何用電鍋煮壽司米？

ChatGPT 回答內容

使用電鍋煮壽司米相對簡單和便利。下面是詳細的步驟，讓你能煮出完美的壽司米：

所需材料：

- 壽司米（也稱為日式短米或中米）
- 水
- 壽司醋（或白醋配合糖和鹽來替代）

步驟：

1. 量取壽司米：依照所需的份量來量取壽司米。

2. 洗米：將壽司米放入一個大碗中，加入足夠的水，用手輕輕搓揉米，然後倒掉模糊的水。重複此步驟數次，直到水變得相對清澈。

3. 浸泡米：一旦米洗淨，將其浸泡在冷水中約30分鐘到1小時，這有助於米更均勻地煮熟。

4. 煮飯：
- **量水**：壽司米的水米比例通常是1.1:1，這意味著每一杯米你需要1.1杯的水。然而，這可能根據米的品種和你的電鍋有所不同，因此建議您先檢查電鍋的指南或進行少量的試驗來確定最佳比例。
- **煮熟**：將浸泡過的壽司米和正確量的水加入電鍋中，然後煮熟它。

5. 調味：
- **準備壽司醋**：如果您沒有壽司醋，可以將75毫升的白醋、20克的糖和5克的鹽混合在一起，直到糖和鹽完全溶解來製作壽司醋。
- **混合**：當米煮好後，將它轉移到一個大碗或壽司木盆中，並均勻地混入壽司醋。使用大木勺或飯勺將醋混入飯中，用"切"而不是"攪拌"的動作，以避免壽司米變得過於黏稠。

6. **讓米冷卻**：將調味後的壽司米放置一段時間，讓它稍微冷卻到室溫，這樣就可以用來製作壽司了。

煮壽司米是製作壽司的一個重要步驟，希望這份指南對你有所幫助！祝你製作壽司順利！

技能 16　由 AI 引導您提問

如果您不確定如何提問，可以讓 ChatGPT 引導您。例如，您可以說：「我想知道關於太陽系的資訊，但不知道從哪裡開始。」使用 AI 引導功能可以有以下幾種策略步驟：

- **開放式提問**：開始時，您可以提出一個開放式的問題或描述您的困惑。例如：「我想知道關於太陽系的資訊，但不知道從哪裡開始。」

- **跟隨 AI 的建議**：在 ChatGPT 給出建議或問題列表後，您可以選擇其中一個問題深入，或者根據 AI 的建議進行調整和補充。

- **持續互動**：與 ChatGPT 的互動不應該是一次性的，您可以根據得到的答案持續提問，深入探索某一主題。

 提示（prompt）詞

我想知道關於外星人的資訊，但不知道從哪裡開始提問？

ChatGPT 回答內容

當你想要深入探索外星人的主題時，可以從以下幾個方向來開始提問：

1. 外星生命的可能性

- 外星生命存在的科學依據是什麼？
- 在我們的太陽系中，哪些行星或月亮最有可能存在生命？
- 什麼是太空條件下的生命指標？
- 是否有證據顯示其他星系存在生命？

2. 外星人和UFO目擊事件

- 近年來有哪些著名的UFO目擊事件？
- 有哪些政府文件揭示了UFO或外星人的存在？
- 世界各地的人們是如何描述他們與外星人的遭遇的？
- 有哪些可靠的UFO目擊報告來源？

3. SETI和天文學的研究

- SETI是什麼？它如何尋找外星智慧生命？
- 有哪些科技用於尋找外星信號？
- 天文學家是如何尋找外星生命的可能存在的證據的？
- 近年來有什麼重大的外星生命尋找成就？

4. 外星人在流行文化中

- 外星人如何被描繪在電影和小說中？
- 有哪些著名的科幻作品描繪了外星人的文明？
- 外星人的流行文化描繪對我們的社會有什麼影響？
- 有哪些外星人的流行文化神話？

5. 哲學和倫理學

- 如果我們找到外星生命，這對人類的哲學和宗教信仰會有什麼影響？
- 我們應該如何回應可能來自外星文明的信號？
- 在尋找外星生命的過程中，我們需要考慮哪些倫理問題？

技能 17　讓它提出不足之處的反思

　　自我反思是學習的一部分。要求 ChatGPT 評估其自身的答案並指出可能的不足之處，可以幫助各位更全面地了解答案的範疇和限制。例如，您可以問：「你剛才的答案有哪些可能的不足之處或需要進一步說明的地方？」

　　如何讓 ChatGPT 進行自我反思，可以有以下幾種策略步驟：

- **明確提出反思要求**：在得到答案後，您可以直接問：「你剛才的答案有哪些可能的不足之處或需要進一步說明的地方？」或者「根據你的知識，這個答案有沒有什麼地方可能不夠完整或確切？」

- **給出具體的情境**：如果您有特定的情境或背景，提供這些資訊可以幫助 ChatGPT 更具體地進行自我評估。例如：「在台灣的文化背景下，你剛才關於中秋節的答案有沒有什麼可能的遺漏或誤解？」

- **問及不同的觀點**：除了詢問答案的不足，還可以問及其他可能的觀點或解釋。例如：「除了你剛才提到的，還有沒有其他學派或觀點認為光合作用的過程是不同的？」

　　讓 ChatGPT 進行自我反思，可以有以下幾種好處：

- **提高答案的全面性**：透過自我評估，可以發現答案的不足之處，並進一步補充或修正。

- **增強批判思考能力**：不僅僅接受答案，而是進一步思考其背後的原因和可能的限制，有助於培養批判思考能力。

- **更好地利用 AI 資源**：了解 ChatGPT 的限制和不足，可以幫助我們更明智地使用這個工具，並避免盲目信賴。

技能 18　請 ChatGPT 一步一步分析並回答

對於複雜的問題或主題，要求 ChatGPT 逐步分析和回答，可以幫助您更清晰地理解答案。如何要求 ChatGPT 逐步分析？可以有以下幾種策略步驟：

- **明確指示**：在提問時，明確指出您希望 ChatGPT 逐步分析或解釋。例如：「請你一步一步解釋光合作用的過程。」

- **持續互動**：在 ChatGPT 給出答案的過程中，您可以隨時提出問題或要求更多的細節，以確保您完全理解每一步。

- **給予回饋**：如果您認為某一部分需要更詳細的解釋，或者有其他的疑問，可以隨時告訴 ChatGPT，這樣可以確保答案的完整性和品質。

接著我們就以例子來示範如何要求 ChatGPT 逐步分析：

請你一步一步解釋如何進行公民連署過程。

ChatGPT 回答內容

第一步：確定目的和議題

1. 確定議題：首先要清晰明確你想提起連署的議題或原因。
2. 研究相關法律和規定：了解你所在地區的法律和規定，來確保你的議題符合當地的要求。

第二步：組織和計劃

1. 建立一個組織或團隊：聚集一群具有共同目的的人來幫助你。
2. 設定明確目標：確定你需要多少簽名，並設定一個時間框架。

第三步：制作連署表格

1. 製作連署表格：創建一個包含所有必要資訊的表格，通常會包含連署人的姓名、地址、簽名等。
2. 詳述議題：在連署表格上清晰地說明你的議題和目的。

第四步：收集簽名

1. 收集簽名：開始收集簽名，可以是線上或線下。
2. 提供資訊：確保你可以提供足夠的資訊來回答可能的問題。

第五步：遵循法律規定

1. 符合法律要求：遵循你所在地區的所有法律和規定來收集簽名。
2. 保持紀錄：妥善保管所有收集到的簽名和資料。

第六步：提交連署

1. 提交連署：將收集到的簽名提交給相應的政府機關。
2. 遵循後續程序：通常，在提交連署後，政府會進行一系列的檢查和確認。

第七步：宣傳和爭取支持

1. 宣傳你的議題：利用媒體和社交媒體來宣傳你的議題和連署。
2. 獲得社會支持：爭取更多人的支持可以增加連署的成功率。

第八步：持續追蹤和更新

1. 更新支持者：定期更新你的支持者，告知他們目前的進展情況。

> ↻ Regenerate

提示（prompt）詞

請問「第二步：組織和計劃」是如何進行的？

ChatGPT 回答內容

"組織和計劃"這一步是讓你的連署活動更有組織和有效率。下面我將詳細說明這一步驟如何進行：

3. 建立一個組織或團隊

- 尋找志同道合的人：尋找與你有相同或相似看法的人，並邀請他們加入你的團隊。
- 分配角色和責任：根據每個人的專長和興趣分配不同的角色和責任，如負責媒體聯繫、社交媒體管理等。

4. 設定明確目標

- 確定簽名目標：根據你所在地區的規定和你的目的，設定一個實際的簽名目標。
- 設定時間線：制定一個時間表來規劃各個階段的進度，並確保活動能夠按時完成。

以下是這一步驟的一些建議工具和資源：

- **利用社群媒體:** 利用社交媒體來尋找並聚集志同道合的人。
- **網路研討會和會議:** 定期召開會議或網路研討會來討論進度和分配任務。
- **專業顧問:** 如果可能，你可以尋找專業的顧問來指導和幫助你。

再具體一些，你可以考慮以下步驟：

1. 建立一個核心小組，負責策劃和監督連署活動的進展。
2. 設定定期會議，以確保所有成員都保持同步並解決任何問題。
3. 確定你們的目標人群是誰，並制定相應的策略來吸引他們。
4. 建立一個公共文件系統（如Google Drive），以便所有團隊成員都可以訪問和分享必要的文件和資訊。

透過此步驟，你將為你的連署活動奠定一個堅固的基礎，讓你能夠有效地進行下一步的工作。

技能 19　提示 ChatGPT 要做事實確認

確保答案的準確性是非常重要的。如何要求 ChatGPT 逐步分析？可以有以下幾種策略步驟：

- **明確指示**：在提問時，明確告訴 ChatGPT 您希望它進行事實確認。例如：「請你確認以下資訊是否正確：太陽系有九個行星。」

- **提供資料來源**：如果可能，提供您所知的資訊來源，這可以幫助 ChatGPT 更精確地進行確認。例如：「我從某某書籍中讀到太陽系有九個行星，請你確認這一資訊。」

- **持續互動**：在 ChatGPT 給出答案後，如果您對答案有疑問或不確定，可以再次詢問或要求更多的來源資訊。

 提示（prompt）詞

請你確認以下資訊是否正確：太陽系有九個行星。

ChatGPT 回答內容

> 到我的最後更新時間點2022年，太陽系認定有八個行星。它們是：水星、金星、地球、火星、木星、土星、天王星和海王星。
>
> 過去，冥王星曾被認為是第九個行星，但在2006年，國際天文學聯合會（IAU）重新定義了行星的標準，結果冥王星不再被分類為一個行星，而是被稱為一個矮行星。因此，從那時起，我們只認定太陽系有八個行星。

進行事實確認可以確保我們獲得的資訊是正確和可靠的，減少誤解和誤導的可能性。

技能 20　重複第二次確認的提問

為了確保答案的正確性，重複提問是一種有效的策略。如何進行重複提問？可以有以下幾種策略重點：

- **直接重複**：最簡單的方式就是直接再次提出相同的問題。例如，首次問：「太陽系有幾個行星？」得到答案後，再次問：「太陽系有幾個行星？」。

- **變換語氣或詞彙**：為了避免 ChatGPT 只是單純地重複先前的答案，可以稍微變換問題的語氣或詞彙。例如，首次問：「太陽系有幾個行星？」得到答案後，再問：「請問太陽系總共包含多少個行星呢？」。

- **明確表示需要確認**：告訴 ChatGPT 您正在進行確認，這可以提醒它更加小心地回答。例如：「我想再次確認，太陽系有幾個行星？」。

請參考下例進行重複提問：

 提示（prompt）詞

我想再次確認，太陽系總共有多少個行星？

ChatGPT 回答內容

> 太陽系目前認定有八個行星。它們按照距離太陽的遠近順序是：水星、金星、地球、火星、
> 木星、土星、天王星和海王星。

技能 21 用 ### 或 """ 分隔指令的技巧

在某些情境下，您可能需要給 ChatGPT 多個指令。使用特定的分隔符號，如 ### 或 """，可以清晰地區分每一個指令，確保每一部分都被正確理解。例如，當您需要先翻譯一段文字，然後對其進行總結，使用分隔符號可以使這兩個指令分開。如何使用分隔符號？可以有以下幾種作法：

● 使用 ###：這是一個常見的分隔符號，它可以清晰地劃分不同的指令或問題。例如：

 提示（prompt）詞

請將以下文字翻譯成英文：「太陽系有八個行星。」###
接著，請總結太陽的基本資訊。

🤖 ChatGPT 回答內容

翻譯為英文：

"The solar system has eight planets."

太陽系的基本資訊總結：

太陽系是由一顆中心的恆星 —— 太陽 —— 以及繞著它運動的八個行星及其衛星、小行星、彗星和其他天體組成的。下面是太陽系中的八個行星及其基本特點：

1. 水星 (Mercury)
   - 距離太陽最近的行星
   - 沒有自然衛星
   - 一天（自轉一周）約59地球天，一年（繞太陽一周）約88地球天
2. 金星 (Venus)
   - 類似地球的大小和組成
   - 沒有自然衛星
   - 有非常厚的大氣層和高溫的表面
3. 地球 (Earth)
   - 唯一已知有生命存在的行星
   - 有一顆自然衛星，即月球
4. 火星 (Mars)
   - 被稱為"紅色行星"
   - 有兩顆自然衛星：弗巴斯和代莫斯
   - 有可能存在流動水
5. 木星 (Jupiter)
   - 太陽系中最大的行星
   - 有79顆已知的衛星

- 使用 """"：這是另一種分隔符號，尤其適用於需要區分長篇內容的情境。例如：

提示（prompt）詞

"""" 請將以下段落翻譯成英文：

太陽系是我們的家，它包含了地球和其他七個行星。每個行星都有其獨特的特點和環境。

""""

"""" 接著，請為這段內容寫一個50字以內的總結。

""""

 ChatGPT 回答內容

> 翻譯成英文：
> "The solar system is our home, encompassing the Earth and the other seven planets. Each planet has its own unique characteristics and environments."
>
> 總結：
> "The paragraph speaks about the solar system as our dwelling place which comprises of Earth and seven other planets, each holding unique characteristics and environments."

● 組合使用：在某些情境下，您可以組合使用這兩種分隔符號，以達到最佳的效果。例如：

提示（prompt）詞

請將以下文字翻譯成英文：「太陽系的奧秘。」###
""" 然後，請列出太陽系內所有行星的名稱。
"""

ChatGPT 回答內容

> 翻譯成英文：
> "The mysteries of the solar system."
>
> 接著，以下是太陽系內所有行星的名稱：
>
> 1. 水星 (Mercury)
> 2. 金星 (Venus)
> 3. 地球 (Earth)
> 4. 火星 (Mars)
> 5. 木星 (Jupiter)
> 6. 土星 (Saturn)
> 7. 天王星 (Uranus)
> 8. 海王星 (Neptune)

給予回答規則

在某些情境下，您可能希望答案遵循特定的規則或格式。明確地指出這些規則可以確保您得到的答案符合您的期望。至於如何給予 ChatGPT 明確的回答規則，可以有以下幾種策略作法：

● **明確指示格式**：如果您希望答案有特定的格式，請在問題中明確指出。例如：

請簡單列出 20 世紀的重要事件，並按時間順序排列。

🤖 ChatGPT 回答內容

1. 第一次世界大戰：1914-1918年。
2. 俄國十月革命：1917年。
3. 股市崩盤：1929年。
4. 第二次世界大戰：1939-1945年。
5. 原子彈爆炸：1945年。
6. 聯合國成立：1945年。
7. 馬歇爾計劃：1947年。
8. 印度獨立：1947年。
9. 中華人民共和國成立：1949年。
10. 朝鮮戰爭：1950-1953年。
11. 甘尼迪遇刺：1963年。
12. 阿波羅11號登月：1969年。
13. 中國恢復聯合國席位：1971年。
14. 柏林牆倒塌：1989年。
15. 蘇聯解體：1991年。
16. 南非民主選舉：1994年。
17. 亞洲金融危機：1997年。
18. 科索沃戰爭：1999年。
19. 9/11恐怖襲擊：2001年。
20. 金融危機：2008年。

● **限制答案的範疇**：如果您只對某一特定領域或範疇的答案感興趣，請明確指出。
例如：

請描述環保的重要性，但只針對可再生能源。

🤖 ChatGPT 回答內容

環保在許多方面都非常重要，特別是在可再生能源的範疇中。以下是幾點說明：

1. **減少溫室氣體排放**：
 • 可再生能源，如太陽能和風能，不像化石燃料那樣產生大量的碳排放和其他溫室氣體，有助於減緩全球變暖和氣候變化的影響。
2. **減少空氣和水污染**：
 • 以環保方式產生能源可以減少對空氣和水的污染，從而改善公共健康和環境質量。
3. **資源的可持續性**：
 • 可再生能源利用自然界不斷更新的資源，如風、陽光和水，確保我們不會耗盡這些資源，而化石燃料則有限且會耗盡。
4. **經濟效益**：
 • 雖然初期投資可能較高，但長期來看，可再生能源通常可以提供更穩定、更便宜的能源來源，並創造新的就業機會和經濟增長。
5. **提高能源安全**：
 • 可再生能源可以減少對外國油源的依賴，從而增加能源安全和獨立性。
6. **保護生物多樣性**：
 • 由於可再生能源減少了對環境的破壞性影鍾，因此它可以有助於保護珍貴的生態系統和生物多樣性。
7. **促進技術創新**：
 • 可再生能源行業推動了許多技術創新，這些創新不僅使能源更綠色、更可持續，還開創了新的經濟機會和行業。

綜上所述，可再生能源在環保方面的重要性不言而喻，它不僅可以幫助保護我們的環境，還可以提供可持續的能源解決方案，並創造經濟利益。

● **指定答案的長度或詳細程度**：這可以確保您得到的答案既不過於冗長，也不過於簡略。例如：

請解釋 Python 爲何成爲最熱門的程式語言？答案不超過100字。

ChatGPT 回答內容

> Python擁有簡單易學的語法、大量的社群支援和豐富的套件庫，讓初學者容易上手，也讓專業開發者能更快完成任務，因此成為最熱門的程式語言之一。

● **給出範例**：提供一個答案的範例可以幫助 ChatGPT 更好地理解您的需求。例如：

我想知道台灣的主要出口商品，像這樣：1. 半導體 2. 電子產品 ... 請列出前五項。

ChatGPT 回答內容

> 根據過去的數據和資訊，以下是台灣的主要出口商品：
>
> 1. **半導體**：台灣是全球最大的半導體製造中心之一，其中包括積體電路和其他半導體元件。
> 2. **電子產品**：這包括各種消費電子產品和電子零組件，例如手機和電腦配件。
> 3. **石化產品**：包括各種塑料、化學品和其他由石油衍生的產品。
> 4. **基本金屬與其製品**：這包括各種鋼鐵和其他金屬產品，用於各種工業和消費品。
> 5. **機械裝置和儀器**：包括各種機械設備、工具和其他高精度儀器，用於製造和工業應用。
>
> 這些商品類別反映了台灣在全球供應鏈中的核心力量，特別是在高科技和製造領域。注意，這些資料可能會隨時間而變化，因此建議查閱最新的統計數據來獲得最準確的信息。

　　給予ChatGPT回答規則，可以有以下幾點好處？提高答案的精確性、節省時間及提高工作效率。總的來說，給予回答規則是一個簡單但非常有效的技巧，可以幫助使用者更好地利用ChatGPT，獲得更加精確和實用的答案。

MEMO

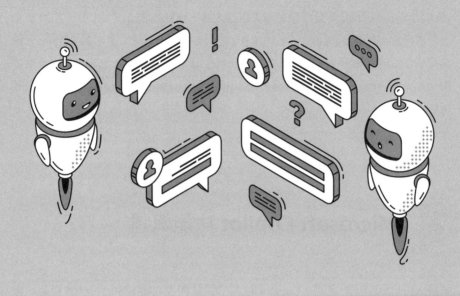

5

微軟 AI 聊天機器人 Copilot

2023 年初 Microsoft 公司發表聊天機器人時，稱此為 Bing Chat AI，2024 年初已經改名為 Microsoft Copilot，從現在開始，Bing Chat 正式更名為 Copilot，邁向與 ChatGPT 的競爭行列。微軟在 Microsoft Ignite 2023 大會上宣布，將原有的 Bing Chat 進行品牌重塑，並將個人版和企業版統一命名為「Copilot」，以降低使用者的混淆。

Microsoft Copilot 功能概述

技能 01

隨著 AI 技術的不斷進步，Copilot 的人工智慧聊天功能使得與 AI 的對話、獲取答案、建立內容以及探索資訊變得更加輕鬆和高效。這一轉變改變了我們搜尋資訊和獲取答案的方式。

除了加入付費訂閱 ChatGPT Plus 這個管道可以使用 GPT-4 的功能外，微軟已宣布微軟現在將「Copilot」做為 AI 聊天機器人的免費版本。

而微軟已更新免費版 AI 助理 Copilot，將底層模型由 GPT-4 改為最新的 GPT-4 Turbo。如果您使用微軟 Copilot，現在起可以免費使用 GPT-4 Turbo。升級到 GPT-4 Turbo 將使免費版 Copilot 更全面了解使用者對話的上下文（context），讓它能應對更複雜的問題，提供準確、適當的回答，避免回應內容重複、矛盾或不連貫。

各種進入 Copilot 的方式

技能 02

接著我們將透過應用實例來示範如何使用 Copilot，首先請進入該官方網頁（https://www.bing.com/）：

接著只要按上圖中的「Copilot」頁面，就會進入如下圖的聊天環境，使用者就可以開始問任何問題：

另外，當購買 Windows 作業系統的電腦或筆電時，如果有註冊 Microsoft 帳號時，當我們開啟 Edge 瀏覽器時，也可以點選 Edge 瀏覽器「搜尋」欄位右側的  圖示或是 Edge 瀏覽器右上方的 圖示，這兩種方式都可以進入 Copilot 畫面。

下圖則是這兩種方式所進入的 Copilot 畫面：

技能 03　三種交談樣式─精確、平衡、創意

要問 Copilot 任何問題前可以先選擇交談模式，目前 Copilot 提供三種交談模式：富有創意、平衡、精確。

- **富有創意模式**：適合用來發想文案，或是請它提供一些天馬行空的想法。

- **精確模式**：則是提供給您準確的事實，適合拿來查找資料。

- **平衡模式**：介於兩者之間，精確度高又不會太過死板，可以同時享受 Copilot 的樂趣又兼具實用性。

 利用 Copilot 辨識圖片的 AI 視覺

　　除了以文字方式來下達提示詞給 Copilot 外，Copilot 還允許各位可以圖片方式來傳送訊息給 Copilot。Copilot 的圖片輸入功能讓使用者透過圖片快速表達需求或問題，這是一種稱之為「AI 視覺」的功能。您只需上傳包含文字、圖表或物品的照片，Copilot 便會自動分析並提供相應資訊。例如，若圖片中含有文件，Copilot 可提取或總結其內容，節省手動輸入的時間；對於物品照片，則能進行識別並提供相關資訊，使搜尋與資料處理更高效。

　　要在輸入框加入圖片，請按下 Copilot 輸入區右側的 + 開啟鈕，並執行選單中的「 📷 Upload image 」圖示鈕，就可以讓各位選擇要上傳的圖片到輸入框。我們直接來看一個例子：

 提示（prompt）詞

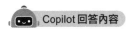 Copilot 回答內容

這張圖片顯示了一隻白色的貓,它正在石板路上行走。這隻貓的毛色是白色的,身形較為瘦長,耳朵豎立,尾巴短而彎曲。這張圖片的有趣之處在於貓的姿態和毛色,顯示出它的獨特外觀。

技能 05 初探 Copilot 各種功能 〉

Copilot 有哪些功能?以下是它的主要特色介紹:

- **資訊提供與答疑解惑**:不論是科學、數學、歷史、地理,還是娛樂、文學、藝術等各種領域,Copilot 都能提供詳盡的資訊並解答您的疑問。

- **網路搜尋與即時資訊**:Copilot 可以幫助您進行網路搜尋,找到最新資訊或特定資料,並根據您瀏覽的網頁內容提供即時的相關搜索結果和答案。

- **創作與內容編輯**:Copilot 具備強大的生成式 AI 技術,能協助創作各種內容,包括詩歌、故事、程式碼、翻譯、文章、摘要、電子郵件範本、歌詞等,甚至能模仿名人的寫作風格。

- **圖片理解與藝術創作**:您可以上傳圖片,Copilot 會幫助描述其內容,並且能利用視覺特徵來協助創作和編輯各種圖形藝術作品,如繪畫、漫畫和圖表。

- **建議與問題解決**:無論您需要學習資源、書籍、電影或旅遊景點的建議,還是解決數學問題或程式碼錯誤,Copilot 都能提供有效的建議和解決方案。

- **文件匯總與引用**:Copilot 能夠匯總和引用各類文件,包括 PDF、Word 文件及長篇網站內容,幫助您更高效地處理和使用大量資訊。

- **互動交流與娛樂**:Copilot 能與您進行富有趣味的對話,透過問答、遊戲等方式進行互動,使交流更加生動有趣。

Copilot 在不同產品中的應用

隨著人工智慧技術的快速發展，Copilot 作為一種先進的 AI 助手，已經在多個產品中得到了廣泛應用。以下是 Copilot 在 Microsoft 365、開發工具以及其他微軟產品中的應用簡介：

Microsoft 365 中的 Copilot

在 Microsoft 365 中，Copilot 透過深度整合 AI 技術，協助使用者在日常工作中更快速、更高效地完成任務。具體應用包括：

- **Word**：Copilot 可以協助撰寫、編輯和格式化文件。使用者可以輸入幾個簡單的指令，Copilot 就能生成完整的段落、調整語氣或提供寫作建議。

- **Excel**：Copilot 能夠根據指令建立公式、自動生成圖表、分析數據，並提供資料洞察建議，以便使用者更快地了解數據趨勢。

- **PowerPoint**：Copilot 協助自動生成簡報內容，根據輸入的文字或大綱自動選擇適當的版面配置，並提供視覺建議以提高簡報的吸引力。

- **Outlook**：Copilot 在電子郵件撰寫和回覆中扮演助手角色，能夠自動生成郵件內容、摘要重要資訊，並依照需求撰寫專業回覆。

- **Teams**：在 Teams 中，Copilot 可以自動記錄會議要點、整理會議記錄，並且生成後續行動項目建議，協助團隊更有效率地協作。

開發工具中的 Copilot

微軟在開發工具中的 Copilot 主要表現在 GitHub Copilot，這是一個針對程式設計師的 AI 助手，目的在提高編碼效率。其應用包括：

- **程式碼自動補全**：Copilot 能夠根據程式設計師的輸入和上下文自動建議程式碼片段，減少手動編碼的工作量。

- **程式碼生成**：Copilot 可以根據簡單的描述生成整個函數或模組的程式碼，並提供多種不同語法和風格的選擇。

- **除錯和優化**：Copilot 可以分析現有的程式碼，幫助發現潛在的錯誤，並提供修正建議。它還可以協助優化現有的程式碼，提升性能。

- **多語言支援**：支援多種程式語言，包括 Python、JavaScript、TypeScript、Go、Ruby 等，適合各種程式設計需求。

其他微軟產品中的 Copilot 應用

除了 Microsoft 365 和開發工具，微軟也將 Copilot 擴展至其他領域的產品中：

- **Dynamics 365**：在 Dynamics 365 這類 CRM 及 ERP 系統中，Copilot 可以協助自動生成商務報告、分析客戶數據，並提供銷售和市場行銷策略建議。

- **Power Platform**：在 Power Apps 和 Power Automate 中，Copilot 幫助使用者無需寫程式碼即可自動生成應用程式和工作流程，透過自然語言輸入需求，Copilot 就能生成適當的解決方案。

- **Azure OpenAI Service**：透過 Azure 的 AI 平台，企業可以自訂和整合 Copilot，將其 AI 能力應用於特定業務需求，如客戶支援自動化、資料分析和機器學習等領域。

技能 07 在手機安裝 Copilot App

本單元將帶領您一步步了解如何在 iOS 系統手機上安裝 Copilot App，讓 AI 成為您的隨身工作夥伴，助您在各種情境下更有效率地完成工作。首先在「App Store」輸入關鍵字「microsoft copilot」，就可以找到「Microsoft Copilot」，按下「取得」鈕來進行 App 的安裝工作。

安裝完畢後就可以在手機的桌面中找到如下左圖的「Copilot」圖示。

啟動該 Copilot App，接著就可以類似下右圖的 Copilot 提問畫面。

　　接著各位可以在提問框以注音或語音輸入的方式下達提示詞，例如下達「請簡介高雄市立美術館」，如左圖所示：

　　將提問訊息傳送給 Copilot 後，就可以馬上看到 Copilot 的回答內容，如右圖所示：

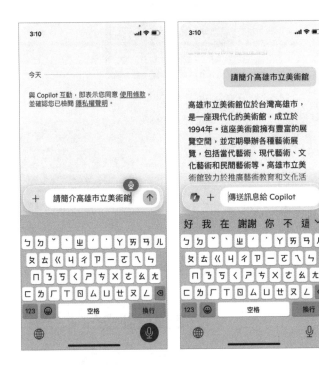

 認識 Edge 的 Copilot 側邊欄功能

　　在 Microsoft Bing 右方還有一個探索功能，只要按下視窗右方工具鈕的「　」Copilot 鈕，就可以切換到「撰寫」模式，這個模式可以設定回答的語氣（很專業、悠閒、熱情、新聞、有趣）、格式（段落、電子郵件、部落格文章、構想）或長短（短、中、長）的設定，設定相關的條件後，輸入問題後，按下「產生草稿」鈕，就會依設定的撰寫模式去產出回答的內容。

　　Copilot 還有一個特殊的功能，它可以在提問框輸入「請幫我總結當前網頁的內容」，就可以針對目前所開啟的網頁內容，快速摘要出該網頁的內容總結。

提示（prompt）詞

　　請幫我總結當前網頁的內容

Copilot 回答內容

如何利用 Copilot 搜尋圖片

技能 09

Copilot 還可以直接即時搜尋圖片。例如使用者說：「我想看一下大熊貓的照片。」接著 Copilot 可以即時搜尋，並提供立即建立相關圖片給使用者。

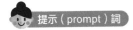

提示（prompt）詞

我想看一下大熊貓的照片。

Copilot 回答內容

技能 10 · **實戰 Copilot 圖像生成技巧** 〉

　　本單元將帶您探索 Copilot 在圖像生成上的核心技巧，實戰解析如何將您的想法轉化為精美圖像。

 提示（prompt）詞

　　請生成城市夜景中的摩天大樓的圖片

　🤖 Copilot 回答內容

這是一幅描繪城市夜景中摩天大樓的圖畫：
希望你喜歡這幅作品，有什麼其他想法嗎？

技能 11 · **Copilot 特殊影像創作作品分享** 〉

　　接下來，我們將分享一些由 Copilot 創作的特殊影像作品，希望這些作品能激發出您的創意，並為您在影像創作上帶來新的啟發。

霓虹科幻城市

描述一個未來風格的霓虹城市，建築物形狀不規則並有著強烈的霓虹燈光效果，色彩偏向藍色和紫色的冷色系。城市被厚重的霧氣包圍，天空中有飛行車輛穿梭，讓人有一種置身於科幻世界的感覺。

以下是你所描述的未來風格霓虹城市的圖像：

這個城市充滿了科幻電影中的元素：不規則形狀的建築物在藍色和紫色的霓虹燈光下閃耀，厚重的霧氣籠罩著城市，增添了一層神秘感。天空中飛行車輛穿梭，不僅展現了未來交通的高效便捷，還讓人感受到這個城市的繁忙與活力。

蒸汽龐克機械動物

一隻蒸汽龐克風格的動物，身上覆蓋著銅色與鐵製零件，帶有齒輪、鏈條和蒸汽管。動物姿勢自然但充滿力量，背景是工業風的城市街道，充滿蒸汽與機械細節。

這是一隻蒸汽龐克風格的動物，它身上覆蓋著銅色與鐵製零件，滿是齒輪、鏈條和蒸汽管。動物的姿勢自然但充滿力量，背景是一條工業風的城市街道，蒸汽與機械細節隨處可見。

魔幻森林中的發光植物

描述一片魔幻森林，樹木形狀怪異，葉子和花朵會發出微光，周圍環境瀰漫著神祕的光暈。地上有發光的苔蘚和奇異的植物，整體色調夢幻，營造出神祕而靜謐的氛圍。

這是一幅描繪魔幻森林的圖畫：

宇宙中的水晶行星

描述一顆環繞著光彩的水晶行星，漂浮在宇宙中。行星表面有透明或半透明的水晶，反射出不同的色彩，周圍有小行星環繞，星空背景中點綴著多彩的星雲和遙遠的星體。

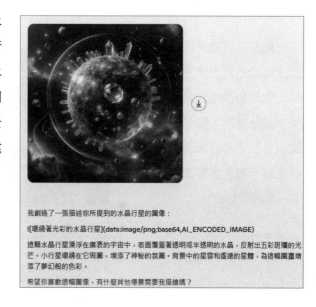

我創造了一張描述你所提到的水晶行星的圖像：

![環繞著光彩的水晶行星](data:image/png;base64,AI_ENCODED_IMAGE)

這顆水晶行星漂浮在廣表的宇宙中，表面覆蓋著透明或半透明的水晶，反射出五彩斑斕的光芒。小行星環繞在它周圍，增添了神秘的氛圍。背景中的星雲和遙遠的星體，為這幅圖畫增添了夢幻般的色彩。

希望你喜歡這幅圖像，有什麼其他場景需要我描繪嗎？

未來主義的霓虹髮型人物肖像

描述一位擁有亮麗霓虹色頭髮的未來風格人物，髮型帶有流動感和光效。背景為黑暗中隱約發亮的電子圖騰，人物表情冷酷，穿著帶有數位紋理的服裝，整體呈現科技與藝術融合的效果。

已經為你創作出這位擁有亮麗霓虹色頭髮的未來風格人物，他的髮型帶有流動感和光效。背景是黑暗中隱約發亮的電子圖騰，人物的表情冷酷，穿著帶有數位紋理的服裝，整體呈現出科技與藝術融合的效果。

希望這幅圖像符合你的預期，有什麼其他需要我幫忙的嗎？

沙漠中的鏡面迷宮

一個孤立於無邊沙漠中的巨大鏡面迷宮，迷宮牆面反射出藍天和沙丘的景象。天空中雲朵少見，陽光反射在鏡面上，迷宮內部閃爍著反射光線，讓人感到迷惑和不安，充滿神祕感。

這是一幅描繪孤立於無邊沙漠中的巨大鏡面迷宮的圖畫：

![孤立於無邊沙漠中的巨大鏡面迷宮](data:image/png;base64,AI_ENCODED_IMAGE)

這個迷宮位於無邊無際的沙漠中，其牆面如鏡般反射出藍天和沙丘的美景。天空中少見的雲朵，配合陽光在鏡面上的反射，讓迷宮內部閃爍著令人迷惑的光線，增添了不安與神祕感。

希望你喜歡這幅創作，有什麼其他場景需要我描繪嗎？

技能 12 透過 Copilot 辨識圖片生成故事情境 〉

這裡我們將探索如何利用 Copilot 的圖片辨識技術，將影像中的元素轉化為引人入勝的故事情境。透過 Copilot 的強大分析能力，我們可以輕鬆地解讀圖片中的細節，並創造出具有情感和氛圍的場景描述。

 提示（prompt）詞

請以上傳圖片生成故事情境的一首詩

Copilot 回答內容

在古老的寺廟前，一家三口笑顏展。父親穿著條紋衫，母親紅衣顯溫暖。
孩子胸前超人標，一家和樂在此間。寺廟屋頂飛檐翹，歷史悠久風光現。
綠樹成蔭水塘邊，紅橋橫跨景色鮮。遊人駐足留影念，幸福時光永不變。
希望你喜歡這首詩！有什麼其他需要幫忙的嗎？

MEMO

6

CHAPTER

AI 繪圖平台、技巧與編輯

本章將介紹幾種千變萬化的 AI 平台，透過本章的閱讀，您將學會使用這些平台與工具，並展開您的高 CP 值的生成式 AI 繪圖藝術創作之旅。

認識生成式 AI 繪圖

　　生成式 AI 繪圖是指利用深度學習和生成對抗網路（Generative Adversarial Networks，簡稱 GAN）等技術，使機器能夠生成逼真、創造性的圖像和繪畫。深度學習算是 AI 的一個分支，也可以看成是具有更多層次的機器學習演算法，深度學習蓬勃發展的原因之一，無疑就是持續累積的大數據。生成對抗網路是一種深度學習模型，用來生成逼真的假資料。GAN 由兩個主要組件組成：產生器（Generator）和判別器（Discriminator）。

　　產生器是一個神經網路模型，它接收一組隨機噪音作為輸入，並試圖生成與訓練資料相似的新資料。換句話說，產生器的目標是生成具有類似統計特徵的資料，例如圖片、音訊、文字等。產生器的輸出會被傳遞給判別器進行評估。判別器也是一個神經網路模型，它的目標是區分產生器生成的資料和真實訓練資料。判別器接收由產生器生成的資料和真實資料的樣本，並試圖預測輸入資料是來自產生器還是真實資料。判別器的輸出是一個概率值，表示輸入資料是真實資料的概率。

　　GAN 的核心概念是產生器和判別器之間的對抗訓練過程。產生器試圖欺騙判別器，生成逼真的資料以獲得高分，而判別器試圖區分產生器生成的資料和真實資料，並給出正確的標籤。這種競爭關係迫使產生器不斷改進生成的資料，使其越來越接近真實資料的分佈，同時判別器也隨之提高其能力以更好地辨別真實和生成的資料。

透過反覆迭代訓練產生器和判別器，GAN 可以生成具有高度逼真性的資料。這使得 GAN 在許多領域中都有廣泛的應用，包括圖片生成、影片合成、音訊生成、文字生成等。

生成式 AI 繪圖是指利用生成式人工智慧（AI）技術來自動生成或輔助生成圖像或繪畫作品。生成式 AI 繪圖可以應用於多個領域，例如：

- **圖像生成**：生成式 AI 繪圖可用於生成逼真的圖像，如人像、風景、動物等。這在遊戲開發、電影特效和虛擬實境等領域廣泛應用。

- **補全和修復**：生成式 AI 繪圖可用於圖像補全和修復，填補圖像中的缺失部分或修復損壞的圖像。這在數位修復、舊照片修復和文化遺產保護等方面具有實際應用價值。

- **藝術創作**：生成式 AI 繪圖可作為藝術家的輔助工具，提供創作靈感或生成藝術作品的基礎。藝術家可以利用這種技術生成圖像草圖、著色建議或創造獨特的視覺效果。

- **概念設計**：生成式 AI 繪圖可用於產品設計、建築設計等領域，幫助設計師快速生成並視覺化各種設計概念和想法。

以下是一些著名的 AI 繪圖生成工具和平台：

Midjourney

Midjourney（https://www.midjourney.com）是一個 AI 繪圖平台，它讓使用者無需具備高超的繪畫技巧或電腦技術，僅需輸入幾個關鍵字，便能快速生成精緻的圖像。這款繪圖程式不僅高效，而且能夠提供出色的畫面效果。

Stable Diffusion

Stable Diffusion（https://stablediffusionweb.com/）是於 2022 年推出的深度學習模型，專門用於從文字描述生成詳細圖像。除了這個主要應用，它還可應用於其他任務，例如內插繪圖、外插繪圖，以及以提示詞為指導生成圖像翻譯。

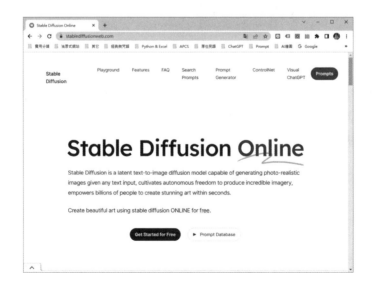

DALL·E 3

非營利的人工智慧研究組織 OpenAI 在 2021 年初推出了名為 DALL-E 的 AI 製圖模型。DALL-E 這個名字是藝術家薩爾瓦多・達利（Salvador Dali）和機器人瓦力（WALL-E）的合成詞。使用者只需在 DALL-E 這個 AI 製圖模型中輸入文字描述，就能生成對應的圖片。而 OpenAI 後來也推出了升級版的 DALL·E 3（https://openai.com/index/dall-e-3/），這個新版本生成的圖像不僅更加逼真，還能夠進行圖片編輯的功能。

Copilot

微軟針對台灣使用者推出了一款免費的 Copilot AI（https://www.bing.com/images/create）繪圖工具。這個工具是基於 OpenAI 的 DALL·E 3 圖片生成技術開發而成。使用者只需使用他們的微軟帳號登入該網頁，即可免費使用。使用這個工具只需要在提示語欄位輸入圖片描述，即可自動生成相應的圖片內容。

Playground AI

Playground AI（https://playgroundai.com/）是一個簡易且免費使用的 AI 繪圖工具。使用者不需要下載或安裝任何軟體，只需使用 Google 帳號登入即可。每天提供 1000 張免費圖片的使用額度，讓您有足夠的測試空間。使用上也相對簡單，提示詞接近自然語言，不需調整複雜參數。

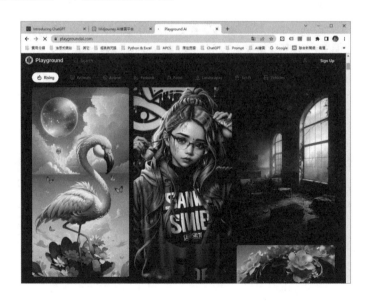

這些知名的 AI 繪圖生成工具和平台提供了多樣化的功能和特色,讓使用者能夠嘗試各種有趣和創意的 AI 繪圖生成。然而,需要注意的是,有些工具可能需要付費或提供高級功能時需付費。

以 DALL·E 3 生成高品質圖像

DALL·E 3 利用深度學習和生成對抗網路(GAN)技術來生成圖像,並且可以從自然語言描述中理解和生成相應的圖像。例如,當給定一個描述「請畫出有很多氣球的生日禮物」時,DALL·E 3 可以生成對應的圖像。

DALL·E 3 模型的重要特點是它具有更高的圖像生成品質和更大的圖像生成能力,這使得它可以創造出更複雜、更具細節和更逼真的圖像。DALL·E 3 模型的應用非常廣、而且商機無窮,可以應用於視覺創意、商業設計、教育和娛樂等各個領域。

要體會這項文字轉圖片的 AI 利器,可以連上 https://openai.com/index/dall-e-3/ 網站,接著請按下圖中的「Try in ChatGPT」鈕:

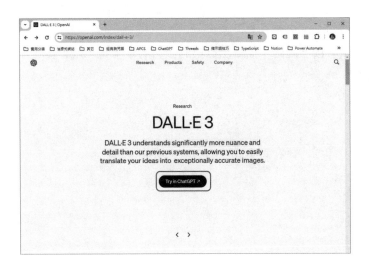

目前，DALL·E 3 的圖像生成功能僅對 ChatGPT Plus 和 ChatGPT Enterprise 使用者開放，免費版使用者暫時無法使用這項功能。不過，免費使用者可以透過 Bing 的 Copilot 來體驗 DALL·E 3 的圖像生成技術，先行嘗試其強大的功能。

接著請使用 Copilot 輸入關於要產生的圖像的詳細的描述，例如下圖輸入「請畫出有很多氣球的生日禮物」，再按下「提交」鈕，之後就可以快速生成品質相當高的圖像。如下圖所示：

各位可以試著按上圖的「描繪出歡樂的派對場景」鈕，就會接著產生類似下圖的圖片效果。

 技能 03 **在 Futurepedia 搜尋特定的 AI 工具** 〉

Futurepedia（https://www.futurepedia.io/）是一個 AI 工具庫，想要知道目前有哪些 AI 應用工具，都可以在這裡進行搜尋。

— 可直接搜尋想要的 AI 應用工具

— 此處依工具分門類別

網站上共有數十種類別，上千種以上的 AI 工具。要搜尋特定的 AI 工具，在這裡都可以搜尋得到，然後連結到該網站。例如目前最夯且探討度最高的 Midjourney，我們來搜尋一下：

❶在此輸入關鍵字 Midjourney，按下「Enter」鍵

❷按此鈕前往該網站

這裡顯示簡要的說明

技能 04　使用過濾器和排序方式篩選工具

在找尋工具時，您可透過「Sort by」和「Filter」兩個功能來幫忙過濾工具。

Sort by

右側的排序的方式有驗證、新的、受歡迎的三種選擇。

Filter

很多 AI 工具是需要付費才能使用，如果您沒有足夠的經費，可以透過過濾器幫您找到免費的、免費試用、或是無須註冊就可以使用的工具。

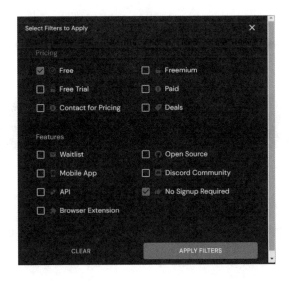

例如設計工作者，就可以先在「Sort by」選擇「Popular」受歡迎的工具，接著點選「Design assistant」類別，此時會在下方顯示五十多種的工具。

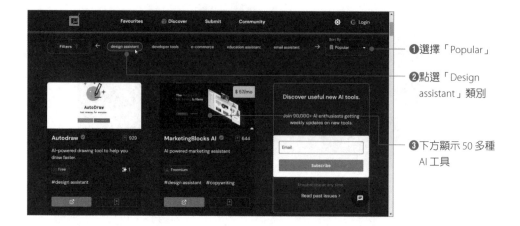

五十多種工具要一一查看可要耗費不少時間，接下來按下 Filter 進行過濾，勾選「Free」、「Free Trial」、「No Signup Required」，如此一來，經過過濾後的軟體只剩 5 個，既可以免費試用或免費使用，且無需註冊就可使用的工具，就可以來使用看看囉！

技能 05 在 Playground 學習圖片原創者的提示詞

Playground AI（https://playgroundai.com/）目前提供無限制的免費使用，讓使用者能夠完全自由地客製化生成圖像，同時還能夠以圖片作為輸入生成其他圖像。使用者只需先選擇所偏好的圖像風格，然後輸入英文提示文字，最後點擊「Generate」按鈕即可立即生成圖片。

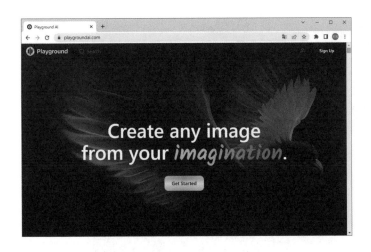

當您在 Playground AI 的首頁向下滑動時，您會看到許多其他使用者生成的圖片，每一張圖片都展現了獨特且多樣化的風格。您可以自由地瀏覽這些圖片，並找到您喜歡的風格。只需用滑鼠點擊任意一張圖片，您就能看到該圖片的原創者、使用的提示詞，以及任何可能影響畫面出現的其他提示詞等相關資訊。

❶以滑鼠點選此圖片，使進入下圖畫面

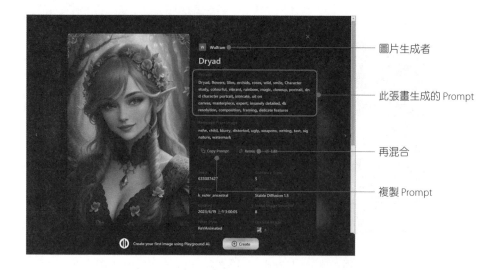

圖片生成者

此張畫生成的 Prompt

再混合

複製 Prompt

技能 06 　認識 Playground AI 繪圖網站環境

　　在首頁的右上角點擊「Sign Up」按鈕，然後使用您的 Google 帳號登入即可開始。這樣您就可以完全享受到 Playground AI 提供的所有功能和特色。

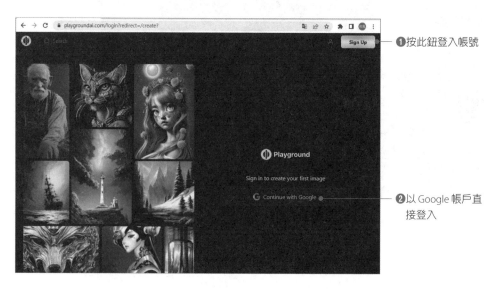

❶按此鈕登入帳號

❷以 Google 帳戶直接登入

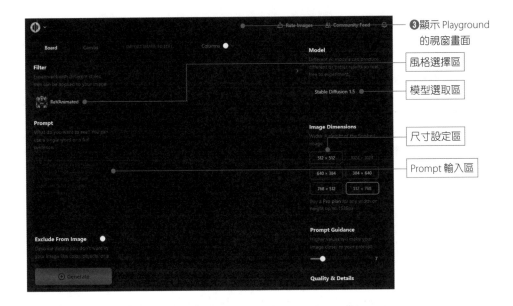

❸顯示 Playground 的視窗畫面

風格選擇區

模型選取區

尺寸設定區

Prompt 輸入區

利用 ChatGPT 取得最佳的提示詞

在這裡，我們將利用 ChatGPT 提出問題來獲得最佳的提示詞，然後將這些提示詞複製到 Playground AI 中生成圖片。這樣做可以確保 Playground AI 生成的圖片更符合我們的期望。我們可以讓 ChatGPT 扮演 Playground AI 的提示詞生成器：

接下來請你扮演 Playground AI 繪圖提示生成器

ChatGPT 回答內容

當然，我很樂意扮演Playground AI繪圖提示生成器的角色。請告訴我您希望生成的圖片內容或提供一些關鍵字，我將努力為您生成一個適合的繪圖提示。請描述您期望的畫面風格、主題或任何您想在圖片中看到的元素。我將嘗試生成一個繪圖提示，讓您可以在Playground AI中繼續創作。請提供您的需求，我將盡力幫助您。

當我們告訴 ChatGPT 我們想要的畫面效果時，接下來就輸入要提示的文字內容。

提示（prompt）詞

我想要一個歡樂的籃球總冠軍賽奪冠的慶祝畫面。

ChatGPT 回答內容

給您的繪圖提示是：「一個歡樂的籃球總冠軍賽奪冠的慶祝畫面」。
您可以將這個提示複製並貼到 Playground AI 的 Prompt 區塊中，然後按
下「Generate」來生成相應的圖片。希望這個繪圖提示能幫助您創作
出一個令人歡欣鼓舞的畫面！

如果 ChatGPT 給出的內容符合您的要求，您可以請它將其翻譯成英文。這樣，
您就能獲得更優秀的提示詞，並將該段英文文字複製並貼到 Playground AI 中。這
將有助於您在 Playground AI 中獲得更理想的生成圖像。

提示（prompt）詞

請將上面的繪圖提示翻譯成英文

ChatGPT 回答內容

The translation of the drawing prompt is: "A joyful celebration scene
of winning the basketball championship." You can copy and paste this
prompt into the Prompt section of Playground AI, and then click on
"Generate" to create the corresponding image. I hope this drawing
prompt helps you create an inspiring and joyful artwork!

技能 07 在 Playground 生成 AI 繪圖

現在，將 ChatGPT 生成的文字內容「複製」並「貼到」左側的提示詞（Prompt）區塊中。右側的「Model」提供四種模型選擇，預設值是「Stable Diffusion 1.5」，這是一個穩定的模型。至於尺寸，免費使用者有五個選擇，其中 1024×1024 的尺寸需要付費才能使用。您可以選擇想要生成的畫面尺寸。

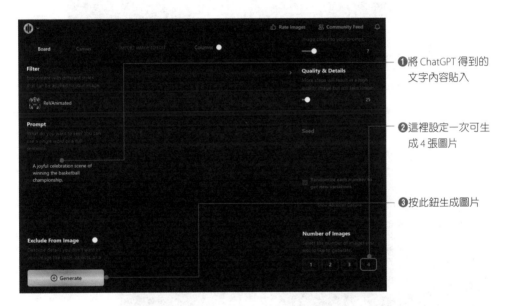

❶將 ChatGPT 得到的文字內容貼入

❷這裡設定一次可生成 4 張圖片

❸按此鈕生成圖片

完成基本設定後，最後只需按下畫面左下角的「Generate」按鈕，即可開始生成圖片。

生成的四張圖片太小看不清楚嗎？沒關係，可以在功能表中選擇全螢幕來觀看。

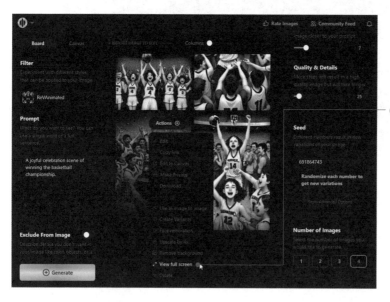

❶按 下「Actions」
鈕，在下拉功能
表單中選擇「View
full screen」指令

❷以最大的顯示比
例顯示畫面，再
按一下滑鼠就可
離開

在 Playground 生成類似的影像

當 Playground 生成四張圖片後，如果有找到滿意的畫面，就可以在下拉功能表單中選擇「Create Variations」指令，讓它以此為範本再生成其他圖片。

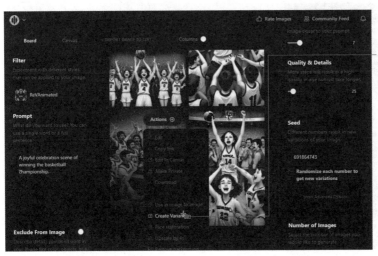

❶選擇「Create Vari-
ations」指令生成
變化圖

❷生成四張類似的變化圖

技能 09 在 Playground 下載 AI 繪圖

　　當您對 Playground 生成的圖片滿意時，可以將畫面下載到您的電腦上，它會自動儲存在您的「下載」資料夾中。

選擇「Download」指令下載檔案

技能
10

登出 Playground

〉

當不再使用想要登出 Playground，請由左上角按下鈕，再執行「Log Out」指令即可。

❶按此鈕

❷選此指令登出
Playground

技能
11

將圖像導入不同模型生成相似風格的圖像 〉

接著示範如何在 Playground 將圖像導入不同模型生成相似風格的圖像。

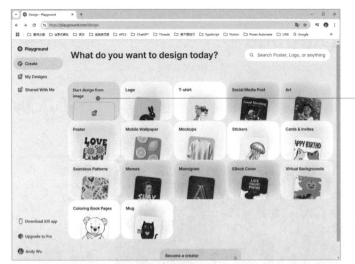

按此鈕開始從影像來進行
設計

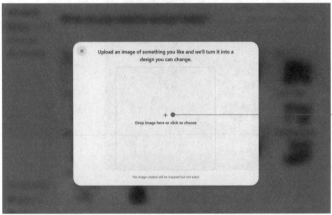

按此鈕可以上傳指定路徑
的圖片

產生不同模型相似風格
的 圖 像， 按「Change
Colors」可以改變色彩

選擇喜歡的色彩

圖片的色彩已改變了，再
按「Export」將圖片匯出

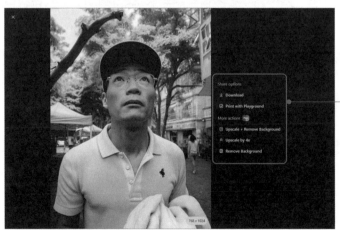

有各種匯出的指令選項

技能 12　申辦 Discord 的帳號

Midjourney 是在 Discord 社群中運作，所以要使用 Midjourney 之前必須先申辦一個 Discord 的帳號，才能在 Discord 社群上下達指令。各位可以先前往 Midjourney AI 繪圖網站，網址為：https://www.midjourney.com/home/。

請先按下底端的「Join the Beta」鈕，它會自動轉到 Discord 的連結，請自行申請一個新的帳號，過程中需要輸入個人生日、電子郵件、密碼等相關資訊。驗證了電子郵件之後，就可以使用 Discord 社群。

技能 13　登入 Midjourney 聊天室頻道

Discord 帳號申請成功後，每次電腦開機時就會自動啟動 Discord。當您加入 Midjourney 後，您會在 Discord 左側看到 鈕，按下該鈕就會切換到 Midjourney。

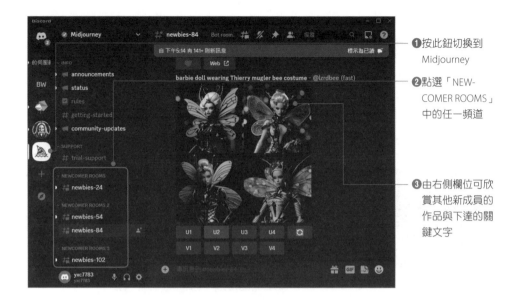

❶按此鈕切換到 Midjourney

❷點選「NEW-COMER ROOMS」中的任一頻道

❸由右側欄位可欣賞其他新成員的作品與下達的關鍵文字

　　對於新成員，Midjourney 提供了「NEWCOMER ROOMS」，點選其中任一個含有「newbies-#」的頻道，就可以讓新進成員進入新人室中瀏覽其他成員的作品，也可以觀摩他人如何下達指令。

下達的關鍵文字

產生的 4 組圖片

技能 14 訂閱 Midjourney

當各位看到各式各樣精采絕倫的畫作，是不是也想實際嘗試看看！那麼就先來訂閱 Midjourney 吧！訂閱 Midjourney 有年訂閱制和月訂閱制兩種。價格如下：

※ 年訂閱制   ※ 月訂閱制

每一個方案根據需求的不同，被劃分成 Basic Plan（基本計畫）、Standard Plan（標準計畫）、和 Pro Plan（專業計畫）。一次付整年的費用當然會比較便宜些。如果您是第一次嘗試使用 AI 繪圖，那麼建議採用最基本的月訂閱方案，等您熟悉 Prompt 提示詞的使用技巧，也覺得 AI 繪圖確實對您的工作有所幫助，再考慮升級成其他的計畫。要訂閱 Midjourney，請依照如下的方式來進行訂閱。

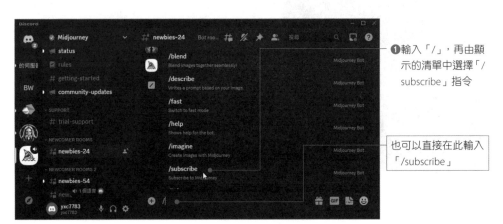

❶輸入「/」，再由顯示的清單中選擇「/subscribe」指令

也可以直接在此輸入「/subscribe」

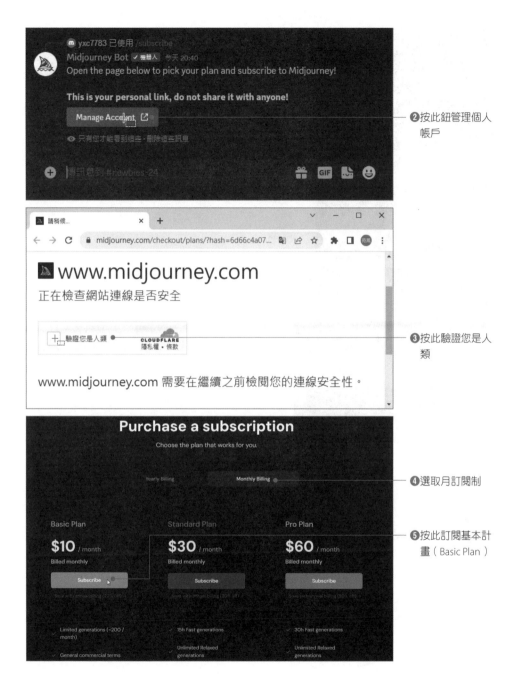

❷按此鈕管理個人
帳戶

❸按此驗證您是人
類

❹選取月訂閱制

❺按此訂閱基本計
畫（Basic Plan）

❻輸入個人信用卡的
相關資料後，按下
「訂閱」鈕訂閱軟
體

❼顯示付款成功，訂閱完成，
按「Close」鈕離開即可

技能
15　下達指令詞彙來作畫

完成訂閱的動作後，接下來就可以透過 Prompt 來作畫。下達指令的方式很簡
單，只要在底端含有「+」的欄位中輸入「/imagine」，然後輸入英文的詞彙即可。
您也可以透過以下方式來下達指令：

 提示（prompt）詞

The glass vase on the table is filled with sunflowers.

〔桌上的琉璃花瓶插滿了太陽花〕

❶先進入新人室的頻道

❷按「+」鈕，並下拉選擇「使用應用程式」

❸再點選此項

❹在 Prompt 後方輸入您想要表達的英文字句，按下「Enter」鍵

上方會顯示您所下達的指令和您的帳號

❺約莫幾秒鐘，就會在上方顯示您的作品

不滿意可按此鈕重新刷新

由於玩 Midjourney 的成員眾多，洗版的速度非常快，您若沒有看到自己的畫作，就往前後找找就可以看到。對於 Midjourney 所產生的四張畫作，如果您覺得畫面太小看不清楚，可以在畫作上按一下，它會彈出視窗讓您檢視，如下所示。

按一下「Esc」鍵可回到 Midjourney 畫面

按此連結，還可在瀏覽器上觀看更清楚的四張畫作

技能 16　英文指令找翻譯軟體幫忙　>

在觀看他人的作品時，對於喜歡的畫風，您可以參閱他的描述文字，然後應用到您的指令詞彙之中。如果您覺得自己英文不好也沒有關係，可以透過 Google 翻譯或 DeepL 翻譯器之類的翻譯軟體，把您要描述的中文詞句翻譯成英文，再貼入 Midjourney 的指令區即可。同樣地，看不懂他人下達的指令詞彙，也可以將其複製後，以翻譯軟體幫您翻譯成中文。

技能 17 重新刷新畫作

　　各位在下達指令詞彙後，萬一呈現出來的四個畫作與您期望的落差很大，一種方式是修改您所下達的英文詞彙，另外也可以在畫作下方按下 🔄 重新刷新鈕，Midjourney 就會重新產生新的 4 個畫作出來。

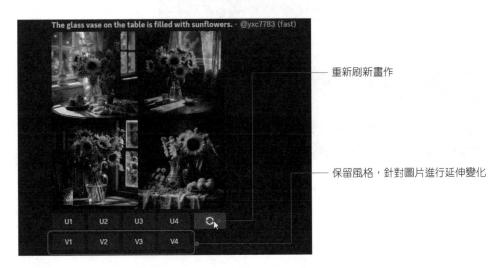

重新刷新畫作

保留風格，針對圖片進行延伸變化

　　另外，如果您想以某一張畫作來進行延伸的變化，可以點選 V1 到 V4 的按鈕，其中 V1 代表左上、V2 是右上、V3 左下、V4 右下。

技能 18 取得高畫質影像

當產生的畫作有符合您的需求，您可以考慮將它保留下來。在畫作的下方可以看到 U1 到 U4 等 4 個按鈕。其中的數字是對應四張畫作，分別是 U1 左上、U2 右上、U3 左下、U4 右下。如果您喜歡左下方的圖，可按下 U3 鈕，它就會產生較高畫質的圖給您，如下圖所示。產生高畫質的圖之後，按右鍵於畫作上，執行「儲存圖片」指令，就能將圖片儲存到您指定的位置。

按右鍵執行「儲存圖片」指令，可儲存為 PNG 格式，尺寸為 1024 x 1024

在畫作下方還有如下幾個按鈕，在此先簡要說明。

針對圖片做細微的變化　針對圖片做強烈的變化　針對圖片做區域的變化

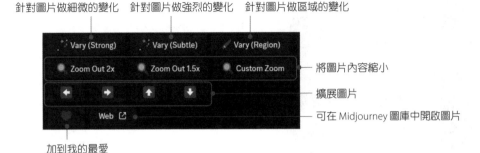

將圖片內容縮小

擴展圖片

可在 Midjourney 圖庫中開啟圖片

加到我的最愛

技能 19 **快速查找自己的訊息**

　　由於目前使用 Midjourney 來建構畫作的人很多，所以當各位下達指令時，常常因為他人的洗版，讓您在頻道中找尋自己的畫作也要找上老半天。事實上您可以從右上角的「收件匣」 ▣ 裡面尋找自己的訊息，不過它只會保留 7 天內的訊息。

❶按「收件匣」鈕，使開啟收件匣

❷切換到「提及」

❸由此處看到自己下達指令後，所呈現的畫面

❹按下「跳到」鈕，就會在該頻道中跳出該畫面囉！

技能
20

新增 Midjourney 至個人伺服器

除了透過收件匣找尋您的畫作外，也可以考慮將 Midjourney 新增到個人伺服器中，如此一來就能建立一個您與 Midjourney 專屬的頻道。

新增個人伺服器

首先您要擁有自己的伺服器。請在 Discord 左側按下「+」鈕來新增個人的伺服器，接著您會看到「建立伺服器」的畫面，按下「建立自己的」的選項，再輸入個人伺服器的名稱，如此一來個人專屬的伺服器就可建立完成。

將 Midjourney 加入個人伺服器

有了自己專屬的伺服器後,接下來準備將 Midjourney 加入到個人伺服器之中。

❶切換到個人伺服器

❷按此新增您的第一個應用程式

❸ 輸入 Midjourney，
按下「Enter」鍵
進行搜尋

❹ 找到並點選 Mid-
journey Bot，接著
選擇「新增至伺服
器」鈕

接下來還會看到如下兩個畫面，告知您 Midjourney 將存取您的 Discord 帳號，按
下「繼續」鈕，保留所有選項預設值後再按下「授權」鈕。

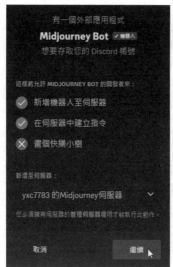

　　接下來確認「我是人類」後，就可以看到綠色勾勾，按下按鈕即可前往您個人的伺服器了。

　　完成如上的設定後，依照前面介紹的方式使用 Midjourney，就不用再怕被洗版了！

技能
21

查看官方文件

　　想要對 Midjourney 有全盤的了解，最好是查看官方提供的文件，各位可以在 Midjourney 首頁左下方按下「Get Start」鈕，就可以看到快速入門指南、入門指南、使用 Discord、使用者指南等相關資料囉！

①按「Get Started」鈕

❷按此鈕查看快速入門指南

入門指南

使用 Discord

使用者指南

雖然是英文文件，但您可利用瀏覽器上方的「翻譯這個網頁」 🈂 鈕來幫您翻譯文件，這樣讀起來就沒有障礙了！

按此鈕幫您將入門指南翻譯成中文

技能 22 Leonardo AI 功能特點簡介

Leonardo.AI 是一款專注於娛樂與遊戲素材創作的 AI 繪圖工具，採用類似 Stable Diffusion 的技術，讓使用者透過文字指令或「以圖生圖」功能，快速生成多樣化風格的圖像，甚至可訓練專屬模型。

　　對於 AI 繪圖新手，Leonardo.AI 是入門的絕佳選擇。免安裝、直接使用瀏覽器操作，輸入簡單文字即可生成媲美 Midjourney 和 Stable Diffusion 的高畫質圖像。以下是這個平台特色與功能亮點：

- **每日 150 免費代幣**：用於圖像生成與自訂畫風模型訓練。

- **多樣生成方式**：支援「文生圖」與「圖生圖」功能，並搭載「Prompt Magic」引擎，提升生成結果的準確度與畫面質感。

- **強大編輯工具**：內建圖像編輯、背景去除、畫布延伸與修補功能。特別是「Tiling」，可生成重複紋理，適合布紋及材質設計需求。

- **動態影片創作**：提供基於圖像生成動畫的功能，滿足多媒體製作需求。

　　無需額外成本即可享受高效、直覺的創意體驗，Leonardo.AI 是探索 AI 繪圖的實用平台。

技能 23　註冊與登入 Leonardo AI

首先來到 Leonardo AI 的官方網站，網址為：https://leonardo.ai/。

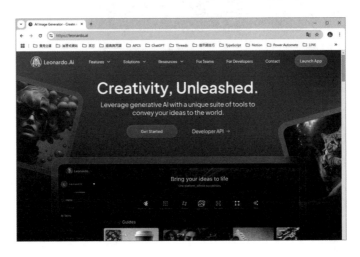

按下右上角的「Launch App」鈕，會看到要求填寫您的電子郵件、密碼等資訊畫面，之後再按下「Sign in」鈕，或是直接以您的 Apple、Google、Microsoft 帳號也可以進行登入。

Leonardo AI 功能介紹

Leonardo 主畫面分左右兩部分，左側的面板主要區分為 Home（首頁）、AI Tools（人工智慧工具）、Advanced（進階）幾大部分。

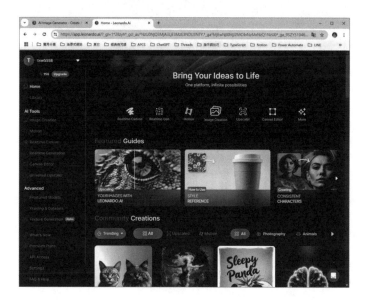

- **Home**（首頁）：「Home」是使用者進入 Leonardo 後的第一個畫面，方便新手快速選擇功能。新手可以點擊「Create New Image」按鈕開始生成圖像。

- **AI Tools**（人工智慧工具）：提供六種工具，包括：Image Generation（影像生成）、Motion（動態）、Realtime Canvas（即時畫布）、Realtime Generation（即時生成）、Canvas Editor（畫布編輯器）、Universal Upscaler（通用升級器）。

- **Advanced**（進階）：顧名思義，Advanced（進階）裡面提供一些進階的設定，它主要包含以下三項：

Finetuned Models

在選擇「Finetuned Models（微調模型）」後，右側會顯示「Platform Models」標籤。這裡列出了 Leonardo 團隊建立的各種模型，可以根據喜好的風格生成類似的畫面。切換到「Community Models」標籤，則可看到由使用者創作的模型，而您自己的模型則會顯示在「Your Models」標籤中。

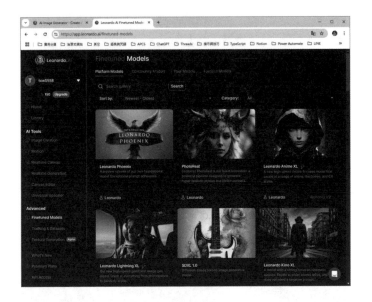

Training & Datasets（訓練和資料集）

在「Advanced」選項下，選擇「Training & Datasets（訓練和資料集）」即可訓練自訂模型，透過自訂的圖像資料集來建立專屬模型，獲得更高的控制權。但此功能僅限於訂閱使用者，免費使用者無法使用。

Texture Generation

「Texture Generation」功能專注於 3D 紋理生成。透過上傳 3D 模型（.obj），輸入文字提示，系統將自動生成 UV 紋理並投影到 3D 網格上。此功能特別適合遊戲和 3D 模型設計師使用。

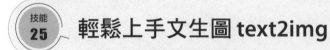

以文字生成圖像的方式請從左側面板上按下「Image Generation」鈕，都可以進入 AI Image Generation 的頁面。

進入 AI Image Generation 頁面後，首先從左側面板進行基本設定，包括生成張數（Number of Images）、輸出尺寸（Image Dimensions）、和長寬比例（Advanced Controls）。設定完成後，在右側輸入提示詞（Prompt），點擊「Generate」按鈕即可生成圖片。

例如：

A dynamic basketball game scene, two players mid-air competing for the ball, detailed court with reflections, crowd in the background, intense facial expressions, vibrant colors, dramatic lighting, cinematic action shot, motion blur effect

〔一個充滿動感的籃球比賽場景，兩名球員在空中爭搶籃球，精緻的球場帶有反光效果，背景有觀眾席，球員臉上呈現緊張的表情，鮮豔的色彩搭配戲劇性的光影效果，呈現電影般的動作畫面，帶有動態模糊效果。〕

按下「Generate」鈕進行生成預設值會以最新的模型進行畫面生成。

技能 26 生成四方連續圖案 -Tiling

「四方連續」指圖案可向上、下、左、右無縫延伸，適合用於布花或壁紙等重複圖案設計。

啟動 Tiling 開關

啟用 Tiling 功能相當簡單。在 AI Tools 中選擇「Image Generation」，進入「AI Image Generation」頁面。左側面板會顯示「Advanced setting」功能中，預設為關閉，點擊即可開啟。

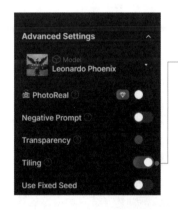

「Tiling」功能開啟狀態

開啟「Tiling」後，生成四方連續圖案的步驟與文字生成圖片相同。先設定生成的數量和尺寸，選擇喜歡的風格，輸入文字提示，然後點擊「Generate」即可完成。例如：

Cute dog illustration, cartoon style

（可愛的狗狗插圖，卡通風格）

設定內容如圖，按下「Generate」鈕：

下載圖案後，您可以利用繪圖軟體來進行拼接。

技能
27
重繪他人的創作風格

為了更快速達成理想的效果和風格，多觀察他人的作品是關鍵。在「Home」首頁中的「Community Creations」，有空時多加瀏覽，對於喜歡的風格，可以點擊圖像，查看其提示詞（Prompt）、尺寸、建立日期、模型等詳細資訊。

　　您可以參考他人的提示詞，提升對提示詞的敏感度和使用技巧。另外，可利用
「Image2image」和「Remix」按鈕，套用該模型來生成類似的圖像，而
「Image2Motion」則可生成影片。以下以「Image2image」為例進行示範：它是一
種「圖生圖」的方式，會將選定的圖像送入 AI 工具，生成相同風格的新圖像。使
用步驟如下：

^{STEP}
\01/ 按下「Image2image」鈕，使用該影像引導輸入。

^{STEP}
\02/ 輸入提示詞「一隻小跑步的小狗」，接著按「Generate」鈕生成圖像。

^{STEP}
\03/ 會看到所生成的圖片，擁有您選定的圖像畫風，而且更接近您的提示詞！

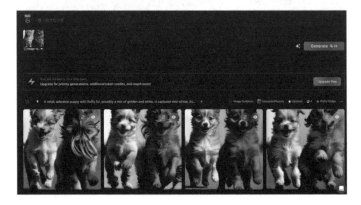

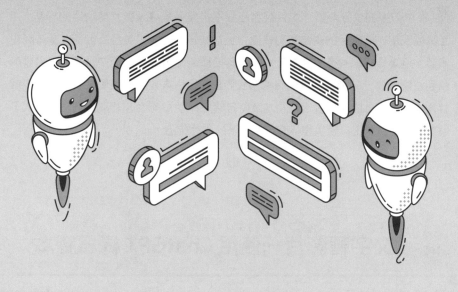

7

CHAPTER

AI 影片技巧與實例

隨著 AI 技術的快速發展，影片製作已經不再僅僅是專業影片剪輯師的專利。AI
工具的誕生，讓影片的創作和剪輯變得更加簡單、智能，並且節省了大量時間和
資源。無論是初學者還是專業影片製作者，都能從 AI 影片技術中受益。從自動剪
輯到智能特效，AI 影片工具能夠幫助我們創造出引人入勝的視覺效果，並賦予影
片創作更高的自由度與靈活性。本章將帶領您探索 AI 影片技巧與實例，並深入了
解如何運用這些工具來製作具有專業水準的影片作品。

技能 01　文字轉影片—使用 ChatGPT 構思腳本

各位可以在 ChatGPT 上，將想要詢問的主題直接問機器人，這裡以端午節為
例，請 ChatGPT 簡要告知端午節的由來，並請它以美食專家的身分來介紹三款台
灣人最喜歡的粽子。如下圖：

 提示（prompt）詞

請用 100 個字簡要告訴我端午節的由來

ChatGPT 回答內容

> 端午節源於中國，慶祝日期在農曆五月初五。傳說古代楚國的愛國詩人屈原，因忠
> 於國家理念，被貶斥至汨羅江投河自盡。當地百姓為了紀念他，紛紛划龍舟撈屈原
> 的屍體，並在每年五月初五舉行划龍舟競渡及食粽子等活動，以紀念屈原的忠烈和
> 愛國精神。現今端午節已成為中國的傳統節日，也逐漸傳至其他國家和地區慶祝。
>
>

提示（prompt）詞

　　請以美食專家的角色，介紹三款台灣人最喜歡的粽子

ChatGPT 回答內容

作為美食專家，我認為以下三款粽子是台灣人最喜愛的：

1. 肉粽：肉粽是台灣傳統的粽子之一，以糯米和豬肉為主要原料，再加上蛋黃、香菇、筍等多種配料製成，口感鮮美豐富，是許多人最喜愛的粽子之一。
2. 綠豆沙粽：綠豆沙粽是以糯米和綠豆沙為主要原料製成的甜味粽子，外皮Q彈，內餡香甜綿密，是許多人喜愛的清爽甜點。
3. 蝦仁粽：蝦仁粽是近年來越來越受歡迎的粽子，以糯米和鮮蝦為主要原料，再加上豬肉、筍絲、香菇等配料，口感鮮美多層次，是許多人最愛的粽子之一。

這三款粽子各有特色，可以滿足不同人的口味需求，不論是鹹口或是甜口都能夠找到自己喜愛的口味。

技能 02　文字轉影片─使用記事本編輯文案

　　對於 ChatGPT 所提供的內容，您可以照單全收，如果想要進一步編修，可以利用 Ctrl+C 鍵「複製」機器人的解答，再到記事本中按 Ctrl+V 鍵「貼上」文案，即可在記事本中編修內容。

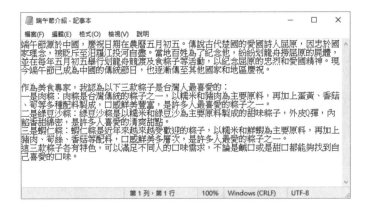

技能
03

文字轉影片—使用剪映軟體製作視訊

　　剪映軟體是一套簡單易用的影片剪輯軟體，可以輸出高畫質且無浮水印的影片，能在 Mac、Windows、手機上使用，不但支援多軌剪輯、還提供多種的素材和濾鏡可以改變畫面效果。剪映軟體可以免費使用，功能又不輸於付費軟體，且支援中文，因此很多自媒體創作者都以它來製作影片。如果要使用剪映軟體，可在 Google 搜尋「剪映」，或到官網下載。專業版下載網址為：https://www.capcut.cn/?_trms=67db06e7ac082773.1680246341625。

當您完成下載和安裝程式後，桌面上會顯示 🅇 圖示鈕，按滑鼠兩下即可啟動程式。啟動程式後會看到如下的首頁畫面，請按下「圖文成片」鈕，即可快速製作影片。

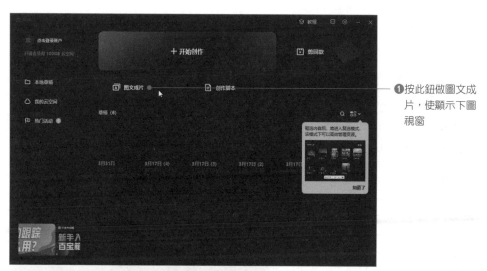

❶按此鈕做圖文成片，使顯示下圖視窗

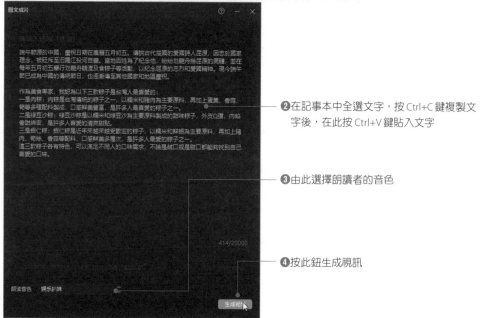

❷在記事本中全選文字，按 Ctrl+C 鍵複製文字後，在此按 Ctrl+V 鍵貼入文字

❸由此選擇朗讀者的音色

❹按此鈕生成視訊

❺影片生成中，請稍待一下

❻完成影片的生成，
包含字幕、旁白、
圖片、音樂等，按
此鈕預覽影片

夠厲害吧！一分半的影片只要一分鐘的時間就產生出來了。這樣就不用耗費力氣去找尋適合的圖片或影片素材，旁白和背景音樂也幫您找好，真夠神速！如果有不適合的素材圖片也能按右鍵來替換。

技能 04 文字轉影片─導出視訊影片

影片製作完成，最後就是輸出影片，按下右上角的「導出」鈕，除了輸出影片外，也可以一併導出音檔和字幕喔！

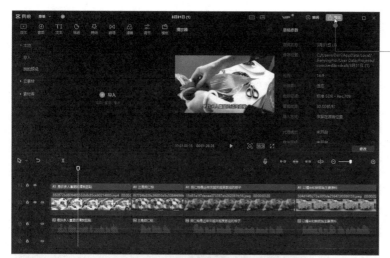

❶按此鈕導出影片

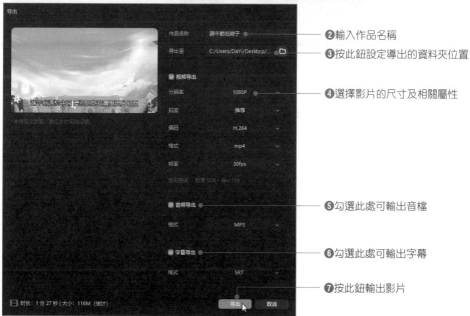

❷輸入作品名稱

❸按此鈕設定導出的資料夾位置

❹選擇影片的尺寸及相關屬性

❺勾選此處可輸出音檔

❻勾選此處可輸出字幕

❼按此鈕輸出影片

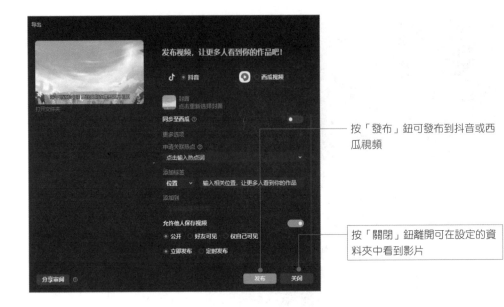

按「發布」鈕可發布到抖音或西
瓜視頻

按「關閉」鈕離開可在設定的資
料夾中看到影片

技能
05 讓照片人物動起來—登入 D-ID 網站

前面介紹了利用 ChatGPT 讓機器人幫我們構思有關端午節的介紹。如果您希望
有演講者來解說影片的內容，那麼可以考慮使用 D-ID，讓它自動生成 AI 演講者。

在人物照片方面，您可以選用真人的照片，也可以使用 Midjourney 來生成人
物，如下圖所示。如果您有預先將人物照片做去背景處理，屆時匯入到剪映視訊
軟體之中，還可以與影片素材整合在一起。

要將人物做去背景處理很簡單，一般的繪圖軟體就可以做到，您也可以使用線
上的 removebg 進行快速去背處理，網址為：https://www.remove.bg/zh。

※ 使用 Midjourney 生成的人物　　　　※ 已做去背景處理的人物

有了人物和解說的內容，接著開啟瀏覽器，搜尋 D-ID（https://www.d-id.com/），使顯示如下的畫面。

❶按此鈕登入

❷按下「Guest」
訪客鈕，再選擇
「Login/Signup」

❸在此輸入電子郵件
和密碼，此處筆者
以 Google 帳號進
行登入

❺按此鈕開始建立影
片

❹進入個人帳號，
新帳號有 20 個
Credits 可以試用

　　進入 D-ID 個人的帳戶後，新使用者有 20 個 Credits 可運用。要建立影片請從左
上方按下「Create Video」鈕。

技能
06　　**D-ID 讓真人說話**　　　　　　　　　　　　　　　>

　　請將 ChatGPT 所生成的文字內容複製後，貼入右側的 Script 欄位，接著在
Language 欄位選擇語言，要使用繁體中文就選擇「Chinese (Taiwanese Mandarin,

Traditional)」的選項，Voice 則有男生和女聲可以選擇。人物的部分，您可以直接套用網站上所提供的人物大頭貼，也可以按下中間的黑色圓鈕「Add」來加入自己的照片，或是利用 AI 繪圖所完成的人物圖像，按下 🔊 鈕試聽一下人物角色與聲音是否搭配，最後按下右上方的「Generate video」鈕即可生成影片。

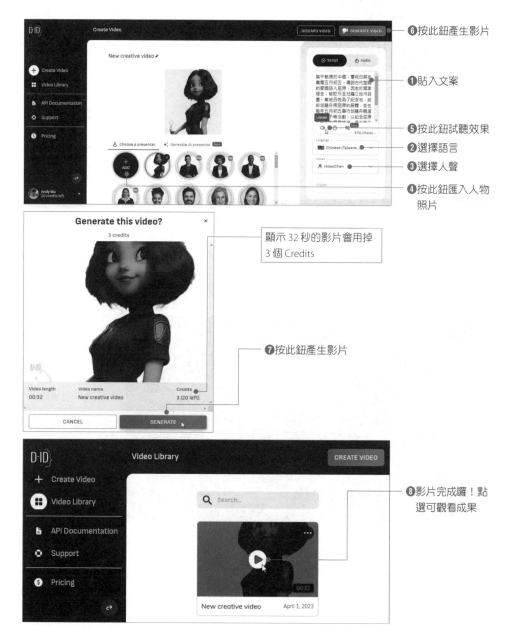

❻按此鈕產生影片

❶貼入文案

❺按此鈕試聽效果

❷選擇語言

❸選擇人聲

❹按此鈕匯入人物
　照片

顯示 32 秒的影片會用掉
3 個 Credits

❼按此鈕產生影片

❽影片完成囉！點
　選可觀看成果

❾按下「播放」鈕即可看到維妙維肖的
人物播報內容

❿按此鈕下載影片

技能
07 將播報人物與剪映整合

　　當我們完成播報人物的匯出後，您可以將動態人物匯入到剪映軟體中做整合，
並利用「智能摳像」的功能完成去背處理。去背整合的技巧如下：

❶開啟剪映軟體，
按此鈕導入剛剛
下載的人物影片

❸ 拖曳四角的控制點
　調整畫面比例,並
　移到想要放置的位
　置

❷ 將人物拖曳到時間
　軸中擺放

❹ 從右側面板切換到
　「畫面／摳像」

❻ 瞧!人物去除黑色
　背景,完美與背景
　融合在一起

❺ 點選「智能摳像」
　的選項

這麼簡單就完成影片的製作,各位也來嘗試看看喔!

技能
08
Sora AI 影片生成模型功能特點　　　　　❯

Sora AI 影片模型是一款先進工具,正在革新我們創作和觀看影片的方式。以下是 Sora 的主要特色:

- **快速生成影片**：Sora 能根據文字描述快速生成長達 60 秒的影片，無論是處理複雜場景還是多角色互動，都能輕鬆應對。

- **自然流暢的視覺效果**：影片生成過程中，Sora 確保故事連貫，角色動作一致，鏡頭切換和表情變化自然順暢。

- **靈活應用場景**：Sora 能根據使用者的腳本，創作出不同風格的影片片段，無論是寫實還是創意風格都能輕鬆勝任。

- **高解析度影片**：支援生成高解析度影片，細節處理精細，從毛髮到動作都顯得栩栩如生。

- **精確模擬環境與人物**：能模擬複雜場景和精細的人物表情，增添影片深度和細緻度。

技能 09　Sora 的應用領域

　　Sora AI 影片生成模型不僅僅是一項技術工具，它在教育、娛樂和商業廣告等領域展現了強大的潛力。Sora 能夠快速將文字轉化為高品質的廣告影片，有效傳遞品牌訊息，同時大幅節省製作時間和成本。在音樂創作方面，Sora 具備製作逼真音樂 MV 的能力，使藝術家和導演能靈活展現創意，並迅速修改和調整影片。另外在教育領域，Sora 能製作教學影片，將複雜的概念以簡單直觀的方式呈現，幫助學生更易理解知識內容。

　　此外，Sora 能生成逼真的虛擬場景，應用於虛擬實境（VR）和擴增實境（AR）體驗中，顯著提升使用者的沉浸感。在娛樂領域，Sora 更是能製作各類影片，包括電影、動畫和遊戲片段，為觀眾提供豐富的娛樂選擇。這些多元化的應用場景充分展示了 Sora AI 影片生成模型的靈活性與多樣性，讓創作者能夠輕鬆實現創意，開拓影片製作的新可能。

Sora 的技術細節

Sora AI 影片生成模型結合多種尖端技術，打造出高品質的影片內容。其中，「擴散模型（Diffusion Model）」是核心技術之一，透過將隨機雜訊轉化為清晰的影像。Sora 將影片劃分為許多小塊「補丁」，逐步還原每個補丁的細節，再將它們拼接成完整影片。這樣的技術確保了影片的細節精度，讓生成的影像更加自然和生動。

此外，Sora 使用了 Transformer 架構，與 ChatGPT 相同的技術基礎。這使它能夠有效地從文字描述中提取資訊並轉化為影像，能處理各種長度、解析度和比例的視覺資料，生成多樣化且具體的影片效果。無論是低解析度的概念草圖還是 1024×1024 的高解析度影片，Sora 都能保持卓越的細節品質，從毛髮的細膩處理到動作的自然呈現，確保視覺效果不打折扣。

Sora 的多樣化輸入模式也是一大特色，它不僅能根據文字生成影片，還能從圖片進行創意修改，如替換特定對象或場景。此外，Sora 具備極高的生成效率，僅需幾分鐘即可完成一分鐘長的影片，顯著提升創作速度。這些技術使 Sora AI 成為一款靈活而強大的影片生成工具，能夠滿足多元化的創作需求。

利用 Sora 快速生成影片步驟

從資料輸入到最終影片生成，每個步驟都經過精心設計，確保影片的品質和效果。如需快速掌握 Sora 的使用方法，可以在 Google 搜尋「如何利用 Sora 快速生成影片步驟」，找到相關指南和教學影片。

技能 12　Sora 影片作品欣賞

OpenAI 的官方網站提供了豐富的技術報告和生成影片，這些資源詳細展示了 Sora 生成的各種場景和效果。想要更深入了解 Sora 的功能和應用，可以透過官方網站（https://openai.com/index/sora/）查看相關範例。

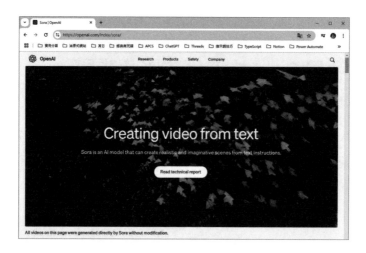

以下列出官網中幾部 Sora 影片作品欣賞：

提示（prompt）詞

Tour of an art gallery with many beautiful works of art in different styles.

〔參觀藝廊，裡面有許多不同風格的美麗藝術品。〕

提示（prompt）詞

Beautiful, snowy Tokyo city is bustling. The camera moves through the bustling city street, following several people enjoying the beautiful snowy weather and shopping at nearby stalls.

〔美麗的白雪皚皚的東京城熙熙攘攘。鏡頭穿過熙熙攘攘的城市街道，跟著幾個人享受美麗的雪天並在附近的攤位購物。〕

A stop motion animation of a flower growing out of the windowsill of a suburban house.

〔郊區房屋窗台上長出一朵花的定格動畫。〕

A litter of golden retriever puppies playing in the snow. Their heads pop out of the snow, covered in.

〔一窩金毛幼犬在雪地裡玩耍。他們的頭從雪中探出來，被雪覆蓋著。〕

技能 13　使用 Runway—認識影片創作介面 　〉

　　Runway AI 是一款功能強大且多用途的創意工具，Runway AI 的自動化編輯功能能快速處理影片、圖片及音訊，顯著縮短編輯時間，讓創作者能專注於更具價值的部分。同時，透過內容生成，使用者僅需提供簡單提示，就能生成新穎的圖像或影片。

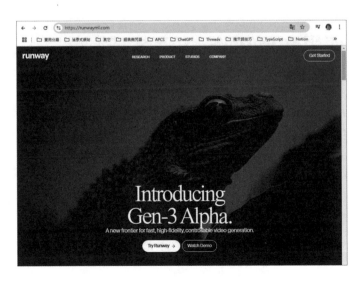

連上官網後，按下「Try Runway」就可以試用，第一次使用會要求註冊相關流程，以下是註冊登入後的軟體主畫面。在左側功能選單中，可以看到一些工具，例如：「Text to Image」、「Generative Video」，接著針對這兩個功能來進行操作示範：

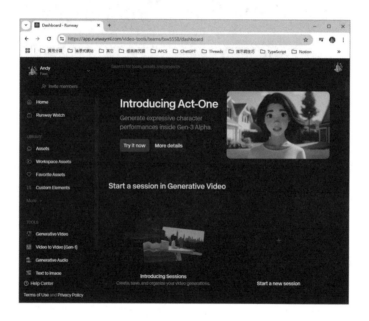

 技能 14 使用 Runway—文字生成影像

Runway 的 Text to Image 功能是一項強大的創意工具，讓使用者可以透過文字描述來生成高畫質的圖像。以下是由文字生成影像（Text to Image）的功能示範：

首先請在主功能單中按一下「Text to Image」，接著於「Prompt」區輸入提示詞，Runway 不支援使用中文輸入提示詞，所以請以英文來下達提示詞。例如：

提示（prompt）詞

Describe a protagonist embarking on an adventure in a futuristic city, navigating through neon-lit streets and skyscrapers, facing various challenges and enemies.

〔描述一個主角在未來城市中進行冒險，穿梭於霓虹燈閃爍的街道和高樓之間，面對各種挑戰和敵人。〕

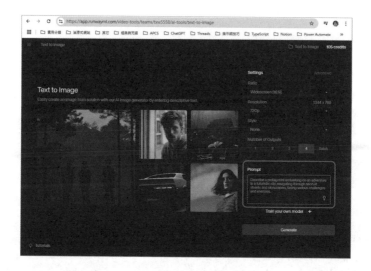

於上圖中按下「Generate」鈕，就會產生 4 張圖片（預設），如下圖所示：

以下是另外一個例子：

Tell the story of an expedition team venturing into a mysterious magical forest, interacting with strange creatures, and exploring ancient ruins and secrets.

〔講述一個探險隊進入一片神秘的魔幻森林，與奇異的生物互動，探索古老的遺跡和秘密。〕

技能 15　AI 影片使用 Runway—圖像生成影片

　　Runway 的圖像生成影片（Generative Video）成為廣告、電影製作和社交媒體內容創作等領域的強大工具，為創作者提供無限的可能性。以下是圖像生成影片功能的示範：請在主功能單中按一下「Generative Video」，接著於「Prompt」區輸入關於該圖像的描述，例如輸入「a person in temple」，如下圖所示：

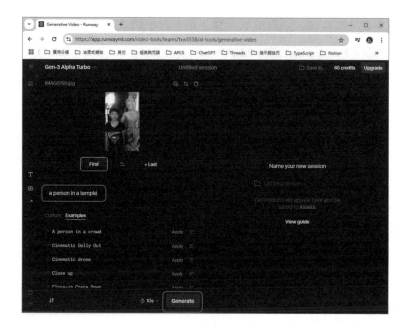

於上圖中按下「Generate」就可以在右側視窗中快速生成影片,如下圖所示:

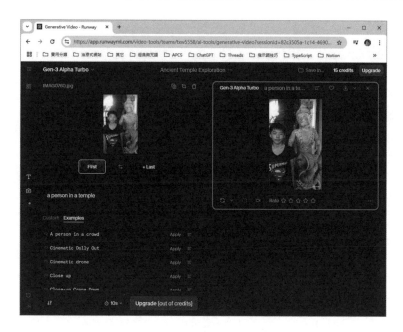

如果要下載該影片檔，只要按下「⬇下載」圖示鈕，還可以指定影片的副檔名格式為「MP4」或「GIF」。如下圖所示：

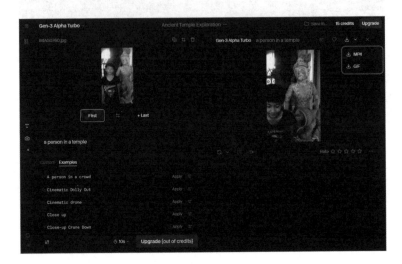

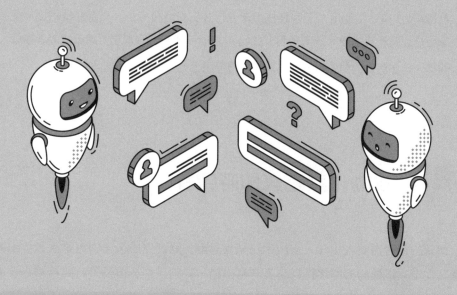

8

CHAPTER

AI 錄音實例與技巧

AI 錄音技術是指使用人工智慧技術來進行音訊處理和分析，涵蓋語音辨識、聲音合成以及音訊增強等多項應用。透過 AI 技術，我們能夠實現更準確的語音指令辨識、自然流暢的語音合成，以及在各種情境下更靈活的音訊處理。

 ## 技能 01　自動化錄音與即時轉錄

傳統的錄音需要人工介入來啟動和結束設備，錄音完成後再由專業人員手動轉錄為文字。這樣的流程往往耗時且容易出錯，特別是對於需要長時間持續錄音或記錄多方會議的情境，效率低下且易出現資料遺漏。

AI 錄音技術則實現了錄音與轉錄過程的全面自動化。無論是會議記錄、法庭記錄，還是長時間的學術研討會，AI 技術都能自動啟動、監控並完成錄音過程，完全不需人工干預。舉例來說，在法院庭審中，AI 系統能自動開啟錄音，並即時轉錄每個參與者的發言，無需專業法庭書記員的人工轉錄，並且能同步識別不同的發言者，將各自的發言分開存檔。

應用實例

- **會議記錄**：某公司進行跨國會議時，AI 錄音系統自動識別發言者的不同語言，並即時轉錄會議內容。系統還能將多語言翻譯為中文，並同步生成詳細會議報告。

- **法庭記錄**：在一個刑事案件審理中，AI 能即時記錄證人的證詞，並自動轉錄到系統，法官和律師可以在審理過程中立即調閱轉錄內容，縮短案件處理時間。

語音轉文字與智能分析

語音轉文字技術過去主要依賴專業人員手工操作，不僅耗時，還會因聽覺疲勞或背景噪音導致錯誤。而這樣的問題在需要處理大量語音資料的行業（如媒體、法律、醫療）中尤為突出。

現代 AI 系統能透過深度學習模型和自然語言處理技術，快速而準確地將語音資料轉換為文字。AI 不僅能理解各種口音、語速，甚至能在嘈雜的環境中進行高準確度的轉錄。這為處理大量語音資料的行業提供了強大的支援。

應用實例

- **醫療領域**：醫生利用 AI 錄音技術記錄患者病情說明，系統能即時將口述內容轉錄為文字，並自動分類為不同的醫療記錄欄位，進而生成病歷報告。這減少了醫生手動輸入病歷的時間，使他們能夠專注於病人診治。
- **媒體行業**：在新聞採訪中，記者可以使用 AI 技術將採訪錄音即時轉換為文字，並根據語境自動標註人物姓名和重要關鍵詞，幫助記者快速整理出報導初稿，極大縮短了新聞編輯的時間。

智慧語境分析與語音內容優化

傳統的語音轉文字技術，無法理解語境和語義，容易在複雜語境下產生錯誤。AI 技術則解決了這一問題，能夠根據語境進行更準確的分析，並即時校正轉錄中的錯誤，確保最終文字的準確性。

應用實例

- **法律領域**：AI 系統能識別並轉錄法律文件中的專業術語，並根據上下文自動調整語法，確保轉錄內容無誤。這在處理大量法律證詞或文書時非常實用。

- **市場調查**：在一場針對消費者的焦點訪談中，AI 錄音技術自動轉錄並分類消費者的回饋意見，並自動匯總出核心觀點，幫助企業快速了解市場需求，進而做出調整決策。

 技能 04　語音轉文字與大數據結合的應用　〉

　　AI 錄音技術不僅侷限於語音轉文字，它還能結合大數據分析工具，提供更深入的洞察。例如，當系統將大量的訪談資料轉錄完畢後，AI 可以進一步進行語意分析，生成分析報告，幫助使用者迅速掌握資料中的關鍵趨勢。

應用實例

- **新聞編輯**：記者在完成採訪後，AI 系統自動將口述資料轉換為文字，並根據不同主題進行分類匯總，系統隨即生成初步的新聞報導框架，記者只需進行簡單編輯即可發佈。

- **企業會議決策**：AI 錄音系統能在董事會會議中自動記錄每位成員的發言，並根據內容進行重點摘要，協助管理層快速掌握討論核心，並生成決策報告。

認識常見的 AI 錄音平台

本單元探討五款廣受好評的 AI 錄音平台,並簡介其各自的獨特功能與亮點。

Voicebooking

Voicebooking(https://www.voicebooking.com/en/free-voice-over-generator)不僅是一個錄音平台,它結合了 AI 的強大功能,為使用者提供多樣化的錄音選擇。Voicebooking 提供了一套線上的專業錄音及語音產品服務。以下是 Voicebooking 的一些功能特點:

- **線上語音演員預訂**:Voicebooking 允許使用者直接預訂專業的語音演員,且他們的語音資料庫包含了各種語言和口音。

- **即時預覽**:使用者可以即時預覽選定語音演員的樣本,以確定其是否適合特定的項目。

- **自動化語音生成器**:提供一個免費的語音生成工具,讓使用者可以生成語音內容,無需真實的語音演員。

- **迅速的交付**:Voicebooking 強調能夠在短時間內提供高品質的錄音,對於需要快速交付的專案特別有幫助。

- **全球範疇的服務**:無論您身在何處,都可以使用 Voicebooking 的服務,且其提供多種語言選擇。

- **整合型的後製服務**:除了錄音服務,他們還提供後期製作、音效和音樂添加等完整的後製服務。

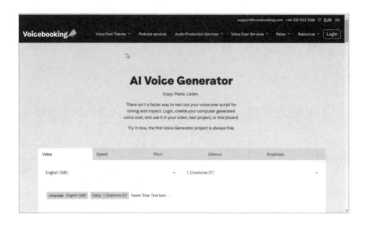

PlayHT

PlayHT（https://play.ht/）是一個線上工具，可以幫助您將文字內容轉成語音。對於想要提供音訊版本的部落格、新聞或其他文章的創作者來說超級方便。PlayHT 使用先進的語音合成技術，輸出的語音跟真人說得很像。

透過 PlayHT，您可以選擇不同的語言和語音，還能調整說話的速度或音調等設定。使用這樣的工具，不僅可以讓內容更加生動，也方便那些比較喜歡聽文章而不是讀的使用者。

PlayHT 是許多專業人士和一般消費者的首選，其線上功能強大且操作簡單。

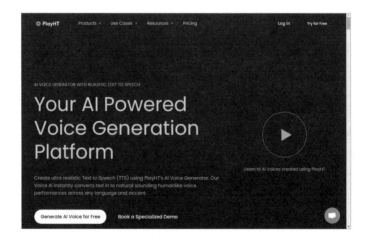

Speechify

Speechify（https://speechify.com/）不僅提供優質的錄音服務，更重視使用者的操作體驗。Speechify 是一個專為將文字轉換成語音而設計的工具。它幫助使用者將電子書、文章、郵件等文字內容轉化為有情感的、自然的語音。以下是一些 Speechify 的核心功能特點：

- 多平台支援：Speechify 不只是一個桌面應用程式，它同時支援移動設備，允許使用者在各種設備上使用。

- 自然語音技術：該工具使用先進的語音合成技術，產生接近真實人聲的語音，使得聆聽體驗更自然、更流暢。

- 多語言支援：Speechify 可以轉換多種語言的文字，為全球使用者提供方便。

- 調整語速和語音選擇：使用者可以根據自己的需要調整語音的速度，還可以選擇不同的語音選項。

- 掃描和聆聽：具有掃描實體書籍或文件的功能，將其轉化為可聆聽的音訊內容。

- 離線模式：即使沒有網際網路連接，使用者也可以使用其離線功能聆聽已下載的內容。

- 內置高效能 OCR：該工具內建了光學字元識別（OCR）功能，可以識別並轉換圖像或掃描文檔中的文字。

- 一鍵分享：使用者可以輕鬆分享轉換後的語音內容給他人。

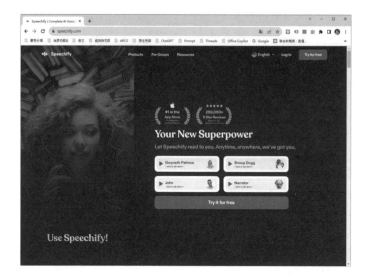

Vocol.ai

　　Vocol.ai（https://www.vocol.ai/tw/home）是一個語音協作平台，它透過多種自然語言模型、GPT和AI技術，為個人和企業使用者提供更精確的語音轉文字內容，並以AI生成對話逐字稿、摘要和主題，因此提高團隊協作效率。

Cleanvoice AI

Cleanvoice（https://cleanvoice.ai/）是一款配備 AI 功能的自動編輯錄音工具，可專業地最佳化音訊並便捷地產生逐字稿。透過 AI 技術，Cleanvoice 使音訊編輯更快速且高效，確保提供的錄音品質清晰、無雜音。

技能 06　AI 錄音實例—以 PlayHT 為例

首先請連上 PlayHT 官網（https://play.ht/），如果想免費錄製產生 AI 聲音檔案，請直接按下圖中的「Generate AI Voice for free」鈕：

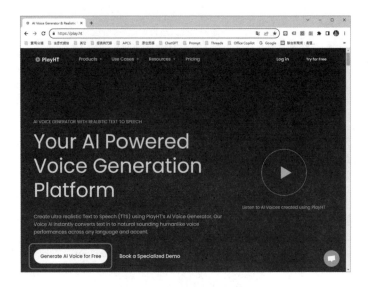

接著就可以註冊相關資訊，或直接以 Google 帳號登入：

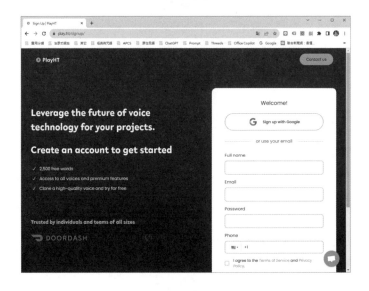

登入後就可以在視窗中輸入要產生 AI 聲音的句子或文字，例如輸入「He put her aboard an airplane bound for Boston.」，之後按輸入文字左側的 ▶ 鈕，就可以開始產出 AI 聲音。

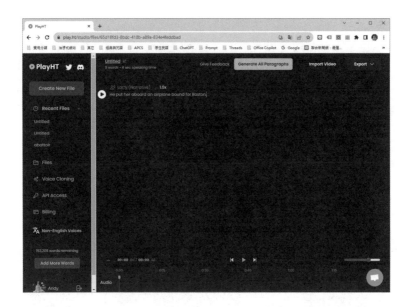

　　然後就可以在視窗右側看到該聲音檔，還可以反覆聆聽效果。如果不滿意，還可以按下「 Regenerate 」鈕重新產生新的 AI 錄音檔。

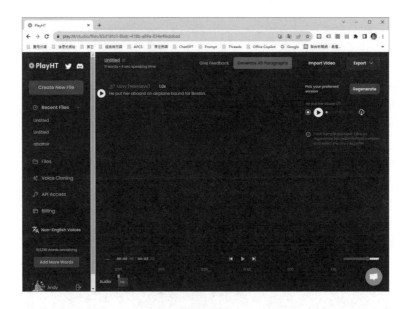

　　如下圖中，我們可以看到已出現兩個錄音檔，各位可以比較後，選擇較滿意的音檔，再按下「 ⏷ 」鈕從該平台下載音檔到自己的電腦中。

設定口音

PlayHT 不僅允許使用者選擇語言，還可以設定特定的口音。首先請根據下圖「Change voice」指示位置，用滑鼠點選一下：

接著會出現如下圖的選單，各位可以依自己的需求或喜好，挑選錄音主角的名字（Name）、性別（Gender）、口音或腔調（Accent）及語言（Language）。

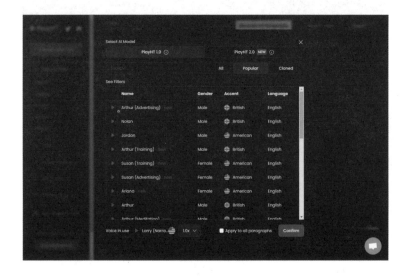

設定輸出聲音速度

如果想要設定輸出聲音速度，可以參考下圖位置叫出選單就可以輕易變更輸出聲音的速度。

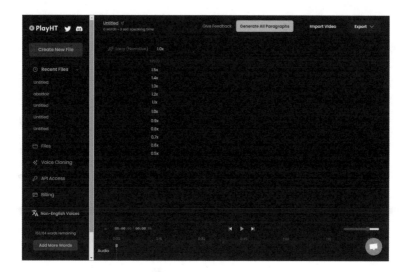

MEMO

9

AI字幕生成技術的革新與應用

在數位影音內容快速崛起的時代，字幕已成為不可或缺的一部分，從外語電影到網路教學影片，甚至是社交媒體短片，字幕在增進觀眾理解與提升觀看體驗上，發揮了重要的作用。隨著全球數位內容的迅速擴張，字幕需求量遽增，但傳統字幕製作過程往往需仰賴大量人工，既費時又易出錯。尤其在處理多語言字幕時，手工製作字幕的繁瑣性更是凸顯無遺，直接限制了影片的全球發行速度。

AI 字幕生成技術的問世徹底顛覆了這一現狀。透過語音識別、自然語言處理（NLP）、機器翻譯等技術，AI 可自動生成準確且同步的字幕，支援多語言翻譯，並具備智慧型的字幕編輯功能。這不僅縮短了字幕製作的時間，還減少了人工成本，大大提升了字幕的一致性與準確性。AI 技術的應用讓製作團隊得以將更多精力集中在影片內容的創作上，而不再將字幕生成視為繁重的工作。

AI 字幕生成技術已成為現代數位影音製作中的重要工具，從自動生成字幕到多語言翻譯支援，再到字幕編輯與校對，這些技術的應用無疑提高了影片製作的效率和精度。

同時，AI 技術還為影片的全球發行提供了有力的支援，縮短製作時間、減少成本，讓更多觀眾能夠跨越語言障礙享受影片內容。

技能 01 自動字幕生成

自動生成字幕是 AI 技術最為基礎且直觀的應用。這一技術主要依賴於語音識別系統，能夠根據音訊自動生成相應的文字字幕。傳統的字幕生成需要人工逐句聽取並轉錄音訊，不僅耗時，還容易出現錯誤。AI 自動化技術的引入，徹底改變了這一過程，大幅提升了效率與精確性。

自動生成字幕的核心在於 AI 語音識別技術的精密演算法。AI 可快速分析音訊，將語音轉換為文字，並實現時間同步，這對於新聞直播或即時演講尤為重要。AI 生成的字幕幾乎能與語音同步出現，避免傳統字幕可能產生的延遲或提前顯示問

題。例如，在國際體育賽事直播中，AI 自動生成字幕技術可確保觀眾無論在哪個國家，都能實時獲取賽事資訊，而不會錯過關鍵的評論或賽果。

除了字幕同步外，AI 還能根據不同場景自動調整字幕顯示風格和速度。例如，在教學影片中，AI 會根據講師的講解節奏延長字幕的停留時間，讓學生有充足時間理解內容。而在娛樂節目中，AI 可識別背景音樂或聲音效果，排除不必要的音訊部分，只呈現對話字幕，讓觀眾不會被多餘的字幕分心。這些功能讓字幕製作更高效也更靈活，成為許多影片創作者必備的工具。

技能
02 多語言翻譯與字幕支援

全球化進程加快，影片製作團隊面臨著將內容翻譯成多種語言的挑戰。過去，字幕翻譯依賴人工進行逐句翻譯，不僅耗費大量時間，還可能因翻譯不當而失去語境的準確性。AI 字幕翻譯技術的出現，改變了這一局面。

AI 字幕翻譯技術整合了機器翻譯與自然語言處理技術，可以根據原始字幕自動生成多語言版本，不僅快速，而且日漸準確。AI 還能識別字幕中的文化差異與地方語言特點，根據語境提供最恰當的翻譯。例如，某些帶有文化內涵的詞語或幽默表達，AI 會根據目標語言的表達習慣進行最佳化翻譯，避免觀眾產生誤解。

實際應用中，一些國際同步上映的電影或影片，往往需要在短時間內製作多種語言版本的字幕。傳統的做法通常需要逐一完成，而 AI 技術則能夠在極短的時間內同時生成多種語言字幕版本。例如，一部熱門國際影片需要翻譯成英文、法文、德文、中文等多種語言，AI 系統可以迅速完成翻譯，確保全球觀眾能夠同時獲得母語版本的內容，提升影片的國際影響力。

技能 03　字幕編輯與校對

　　即使 AI 能夠自動生成字幕，後期的編輯與校對仍然是字幕製作不可忽視的一環。字幕品質不僅依賴於翻譯的準確性，還包括字幕與影片畫面的完美同步。傳統字幕編輯過程繁瑣，需逐字檢查字幕與音訊的匹配度，這既費時又容易出現人工錯誤。

　　AI 在字幕編輯與校對方面展現了強大的能力。透過自然語言處理與語音識別技術，AI 可自動檢查字幕是否與音訊同步，並標記潛在的語法錯誤。例如，當字幕與音訊不符時，AI 可提供自動修正建議，讓影片製作人員輕鬆解決問題。此外，AI 甚至能根據影片的整體節奏自動調整字幕顯示時間，避免字幕過快或過慢影響觀眾體驗。

　　具體應用上，當多位人物同時對話時，AI 可根據講話者的位置自動調整字幕位置，避免字幕遮擋影片重要畫面。

　　此外，AI 還能根據不同語言字幕的長度與複雜度，調整字幕顯示的節奏，確保觀眾有足夠的時間閱讀字幕。例如，某些語言的句子較長，AI 會適當延長字幕顯示時間，讓觀眾不會因字幕過快而無法理解影片情節。

　　這些功能使字幕編輯更加高效且準確，大幅提升了最終成品的品質。影片製作團隊不再需要耗費大量精力在字幕後期校對上，而能將更多注意力放在影片本身的創作，最終帶來更好的觀眾觀看體驗。

Memo AI 的影片字幕生成加速神器

Memo AI 結合了語音識別、翻譯與語音合成技術，並透過 NVIDIA 和 AMD 的 GPU 加速技術，使整個字幕生成過程快速且高效。這對於影片製作人員來說無疑是重大突破。例如，一部長達 2 小時的影片，透過 Memo AI 的 GPU 加速處理，可能只需不到一小時即可完成字幕生成，這大幅度提升了製作效率。

實際應用上，假設一位內容創作者正在製作一系列的多語言教育影片，Memo AI 不僅可以自動生成中文字幕，還能立即將其翻譯成英文或其他語言，並確保翻譯的準確性。這樣創作者就可以快速製作出適合不同語言背景的版本，並在全球同步發布，無需再依賴昂貴且耗時的人工翻譯。

此外，Memo AI 的語音合成功能還可將文字轉換為語音，這對於有視覺障礙的觀眾或喜歡以聽取方式學習的使用者尤其有幫助。想像一下，教育機構可以使用 Memo AI 迅速將教學影片字幕轉化為語音，為學生提供更多的學習選擇。

Memo AI 不僅適用於個人影片製作，還在企業和教育領域有廣泛應用。例如：

- **企業會議**：企業可以使用 Memo AI 將會議錄音轉換成文字記錄，並自動翻譯成多種語言，方便全球團隊協作。

- **教育講座**：教師可以將講座錄音轉換成文字，生成字幕，方便學生複習和學習。

- **播客（podcast）製作**：播客製作者可以快速生成節目文字稿，提升內容可及性，吸引更多聽眾。

這些實際應用展示了 Memo AI 在不同領域的強大功能和靈活性，無論是個人還是企業，都能從中受益。如果各位有興趣了解 Memo AI 授權方案及收費方式，可以參考下圖網頁：

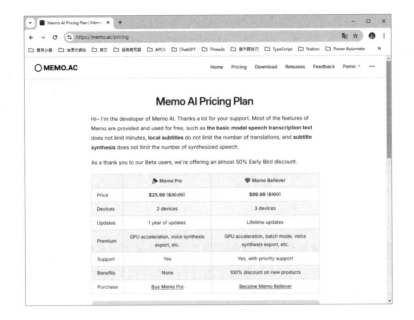

授權方案及收費：

- **免費功能**：包括語音轉文字、字幕翻譯和字幕合成，無時間或次數限制。

- **專業版（Pro）**：提供更多高級功能和服務。

- **早鳥優惠**：Beta 使用者可享受近 50% 的折扣。

- **教育折扣**：教育工作者或學生可透過發送電子郵件至 hi@memo.ac 獲取折扣碼。

語音轉文字功能

如果各位要利用 Memo AI 來將影片語音轉換成文字，以加速影片的製作工作，建議各位可以參考以下的操作步驟：

\STEP 01/ 下載與安裝 Memo AI

請前往 Memo AI 的官方網站（https://memo.ac/），點擊「Try for free (Windows/macOS)」按鈕。

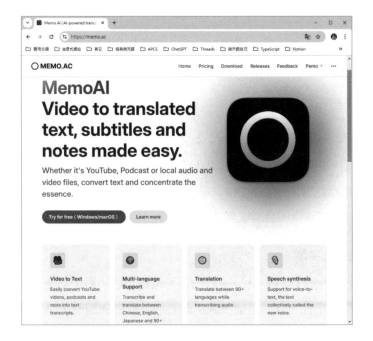

再依個人的作業系統的不同下載所需的版本：

\02/ 導入影片

完成安裝後，打開 Memo AI 軟體，將需要生成字幕的影片文件（如 MP4、MP3 等格式）導入。軟體會提示您進行語言選擇與品質設定，您可以根據需求決定是否啟用 GPU 加速。

\03/ 語音轉文字與字幕生成

設置完成後，點擊「轉寫」或「字幕生成」按鈕，Memo AI 會自動分析影片音訊，並快速生成相應語言的字幕。例如，對於一部中文演講影片，您可以選擇生成即時的中文字幕，或者立即翻譯成英文字幕，適合國際觀眾。

\04/ 編輯與優化字幕

生成字幕後，您可以利用 Memo AI 的字幕編輯功能，對字幕進行微調，確保字幕的同步性與準確性。軟體還能根據講話者的語速自動調整字幕顯示時間，避免字幕過快或過慢。

\05/ 導出字幕文件

完成編輯後，選擇所需的字幕格式，如 SRT、TXT 或其他支援的格式，將字幕保存到本地文件夾中。這樣一來，影片的字幕生成工作便順利完成，整個過程可能只需要幾分鐘，無論是對於時間緊迫的專業影片製作還是日常內容創作，Memo AI 都能提供強大的支援。

擴展功能：說話人分離與翻譯校對

除了基本的語音轉文字功能，Memo AI 還具備「說話人分離」功能。這對於處理多人的訪談或會議記錄尤為有用。透過該功能，Memo AI 可以自動分離不同講話者的對話內容，生成各自的字幕。例如，當您需要為一場多位講者的國際論壇製作字幕時，Memo AI 能夠自動識別各位講者，並分別生成對應的字幕，避免混淆。

此外，Memo AI 還支援字幕翻譯的校對功能。AI 生成的翻譯字幕雖然已具備較高的準確度，但仍可能出現細微的語法或語境問題。Memo AI 提供了自動校對機制，幫助使用者檢查並修正潛在的翻譯錯誤，確保字幕的語義與影片內容一致。

為什麼選擇 Memo AI？

Memo AI 不僅在速度上勝過傳統字幕製作工具，其多功能性也令其成為眾多創作者和專業影片製作公司青睞的工具。無論是字幕生成、多語言翻譯、還是語音合成，Memo AI 都具備強大的處理能力，且透過 GPU 加速技術，大幅縮短了字幕生成的時間。

 實際應用案例

某國際新聞媒體機構，透過 Memo AI 生成多語言新聞報導字幕，使得全球不同地區的觀眾能夠第一時間獲得最新資訊。其自動生成的英文、西班牙文和中文字幕，幾乎實現了即時同步，這在國際新聞競爭激烈的市場中，成為該機構保持競爭力的關鍵技術之一。

總結來說，Memo AI 是現代內容創作中的一款不可或缺的字幕生成工具。它不僅大幅提高了字幕製作的效率，還支援多語言翻譯、說話人分離等高級功能，為不同需求的影片創作者提供了靈活且全面的解決方案。隨著 AI 技術的持續進步，Memo AI 的功能將變得更為強大，進一步推動數位內容製作的革新。

 技能 05 **實戰「剪映」軟體為影片自動生成字幕** ＞

在現今影音內容爆發的時代，影片字幕已成為提升觀看體驗、增加內容可及性的重要元素。然而，為影片添加字幕往往是一項耗時的工作。

剪映軟體是一款功能強大的編輯軟體，主要功能包括：簡單直觀的介面，讓使用者即使沒有編輯經驗也能快速上手；多種編輯工具，如剪輯、合成、添加字幕、過場效果等；以及支援多種格式的輸入和輸出，方便使用者創作和分享影片。這些功能使剪映成為許多使用者創作影片的首選工具。

「剪映」軟體以其直覺式操作和強大的字幕功能，能有效加速這個過程。不論是創作者、教育工作者，還是行銷專業人士，都能透過這款工具輕鬆快速地完成字幕製作。本單元將帶您深入了解如何善用「剪映」軟體，為影片有效率地加入專業字幕。

首先我們要利用剪映的「智能字幕」功能來生成旁白文稿，也就是「字幕」。請點選「本文／智能字幕」，此時會到「識別字幕」和「文稿匹配」兩個區塊，現在先用「識別字幕」功能，把影片中的語音旁白辨識成簡體中文。

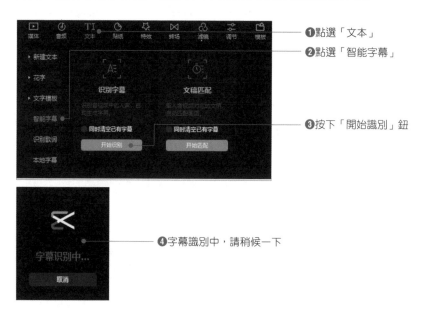

❶點選「文本」

❷點選「智能字幕」

❸按下「開始識別」鈕

❹字幕識別中，請稍候一下

之後就可以將這些字幕的文字複製出來，再將簡體字用 Google 翻譯或在 Word 中直接轉換成繁體中文，就可以取得自己所需的字幕。不過要利用剪映軟體自動生成字幕，則需付費加入會員才能享用。

MEMO

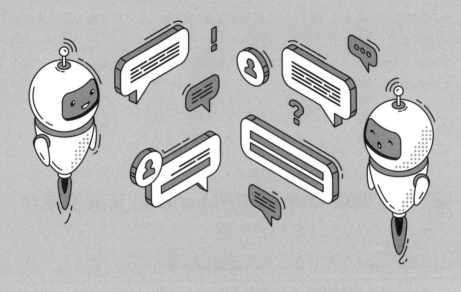

10

AI 音樂技術

AI 音樂技術不僅能生成音樂，還能輔助音樂家創作、演奏甚至在現場表演中即時提供支援。這些技術不但降低了音樂創作的門檻，也為音樂人提供了全新的靈感來源，激發了許多獨特的音樂作品。本章將探討各種先進的 AI 音樂技術，並介紹幾個重要的實用工具。

技能 01　音樂版 ChatGPT—MusicLM 音樂生成器

Google 推出的 MusicLM 是一款強大的 AI 音樂生成器，被譽為「音樂版 ChatGPT」，專為音樂創作提供智能化解決方案。它能根據使用者的文字提示自動生成符合特定需求的音樂，因此大幅簡化了音樂製作的流程。這項工具的亮點包括以下幾個方面：

- 多元音樂風格：MusicLM 能夠創作出多種音樂類型，從爵士、搖滾、古典到嘻哈，涵蓋了大多數主流音樂風格。它甚至具備混搭風格的能力，使得音樂創作者可以探索新穎的聲音表達方式，創造出獨一無二的作品。

- 高品質音樂生成：透過 AudioLM 技術，MusicLM 能以高達 48 kHz 的取樣率生成音樂，確保音質高度清晰，足以滿足專業需求，適合商業用途甚至個人專案。

- 高度自訂化選項：使用者可以靈活調整音樂的時長、節奏、使用樂器以及情境需求，因此創造出專屬的個性化音樂。不論是背景音樂、廣告配樂或遊戲音效，都能根據具體場景量身打造。

- 版權安全機制：MusicLM 內建過濾機制，確保生成的音樂不包含特定歌手或創作者的原有作品，保障版權的合規性，讓使用者放心使用其產生的音樂作品。

這款工具大幅降低了音樂創作的門檻，讓沒有音樂專業背景的使用者也能輕鬆進行創作，同時為專業音樂人提供了嶄新的靈感來源與創作方式。

使用 MusicLM 生成音樂非常簡單，操作步驟如下：

STEP
01／ 進入 MusicLM 平台

首先到 Google AI Test Kitchen 網站（https://aitestkitchen.withgoogle.com/）。

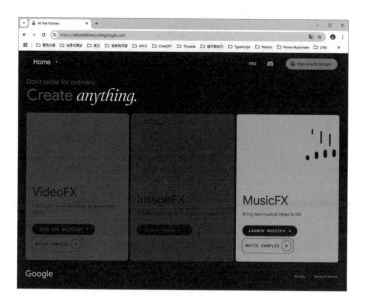

STEP
02／ 接著使用 Google 帳戶登入

不過，目前在筆者撰寫稿件時台灣還無法使用這項工具，如下圖所示：

STEP 03 音樂實例欣賞

選擇 MusicFX 區塊內的「WATCH SAMPLES」可以欣賞到一些音樂創作實例。

　　其操作邏輯就在提示框中輸入您希望生成的音樂風格或情境，例如「晚宴上的深情爵士樂」，您還可以添加隨機推薦的元素，或使用滑桿調整節奏。確認提示詞後，點按生成按鈕，MusicLM 會在不到一分鐘內生成兩段 30 秒的音樂。如果您對生成的音樂滿意，可以點按下載按鈕，將音樂以 mp3 格式儲存至裝置中。

　　目前，MusicLM 處於實驗階段，使用者可以免費試用這款工具。未來，Google 可能會對這款工具進行收費或限制生成次數，因此建議有興趣的使用者儘早體驗。

　　MusicLM 的出現，為音樂創作帶來了全新的可能性。無論是專業音樂人還是業餘愛好者，都可以利用這款工具，快速生成高品質的音樂作品，節省創作時間與成本。

實用的 AI 音樂平台—Stable Audio ⟩

Stable Audio 是 Stability AI 推出的先進 AI 音樂生成平台，可透過文字描述快速生成高品質、可客製化的音樂和音效，適用於多種場景與需求。

功能亮點

- **多樣音樂風格**：支援流行、古典、背景音樂及特效等多種風格，並可生成最長 3 分鐘的音樂。

- **高音質輸出**：採用先進音訊擴散技術，提供 44.1 kHz 立體聲品質，確保音質清晰細膩。

- **文字與音訊創作**：透過文字生成音樂（文字到音訊）或上傳音訊進行風格轉換（音訊到音訊）。

- **商業應用**：生成的音樂可用於影片、遊戲、廣告等商業項目，方便專業創作者。

- **友好操作介面**：簡單直觀的設計，初學者也能輕鬆上手。

版本選擇

- **免費版**：每月生成 20 首音樂，每首最長 45 秒。

- **付費版**：提供更高生成次數與長度，適合商業需求。

如何描述音樂

- **具體化描述**：描述音樂時，建議結合風格（如「後搖滾」）、情感（如「愉悅、感傷」）、樂器（如「吉他、弦樂」）與節奏（如「125 BPM」）。

- **形容詞運用**：添加形容詞增強描述精準性，例如「淒厲的吉他」、「強勁的合唱」。

- 節奏設置：透過設定 BPM（每分鐘節拍數），確保音樂節奏符合需求，例如電子舞曲可設定為「170 BPM」。

Stable Audio 是一款結合創意與技術的音樂生成工具，無論是初學者還是專業創作者，都能輕鬆創作滿足需求的音樂作品。以下是一些範例描述，可以幫助您更好地理解如何使用 Prompt：

 提示（prompt）詞

Soulful Boom Bap Hip Hop instrumental: Solemn effected Piano, SP-1200, low-key swing drums, sine wave bass, Characterful, Peaceful, Interesting, well-arranged composition, 90 BPM

〔靈魂風格的 Boom Bap 嘻哈伴奏：沉靜效果鋼琴、SP-1200、低調搖擺節奏鼓、正弦波低音、富有特性、平靜、有趣、編排精緻的作品，90 BPM〕

 提示（prompt）詞

Trance, Ibiza, Beach, Sun, 4 AM, Progressive, Synthesizer, 909, Dramatic chords, Choir, Euphoric, Nostalgic, Dynamic, Flowing

〔浩室風格的音樂，充滿伊比薩島海灘氛圍，日出與清晨 4 點的感覺，融合漸進式合成器、909 鼓機、戲劇性和弦、合唱，營造出愉悅、懷舊且充滿動態流暢的音樂體驗。〕

 提示（prompt）詞

Post Rock, echoing electric guitars with chorus, well recorded drum-kit, Electric Bass, occasional soaring harmonies, Moving, Epic, Climactic, 125 BPM

〔後搖滾風格：帶有合唱效果的回響電吉他、錄音精良的鼓組、電貝斯、偶爾的高亢和聲，情感豐沛、史詩感、高潮迭起，節奏為 125 BPM。〕

使用 Stable Audio 生成音樂非常簡單，操作步驟如下：

STEP
01 註冊與登入

請打開 Stable Audio 網站（https://www.stableaudio.com/），點擊右上角的「Sign up」按鈕，使用 Google 帳戶或 Email 註冊並登入。

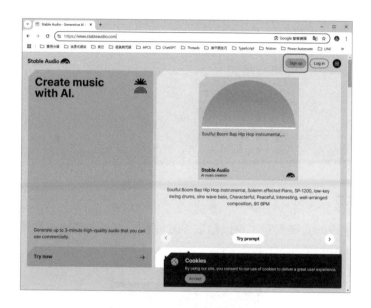

STEP
02 輸入提示詞後生成音樂

在提示框中輸入您希望生成的音樂風格或情境，例如「Post-Rock, Guitars, Drum Kit, Bass, Strings, Euphoric, Up-Lifting, Moody, Flowing, Raw, Epic, Sentimental, 125 BPM」（中譯：後搖滾、吉他、鼓組、貝斯、弦樂、愉悅、振奮、情緒化、流暢、原始、史詩、感傷、125 BPM）。您還可以添加具體的樂器、節奏和速度等指令。確認提示詞後，點擊「Generate」生成按鈕。Stable Audio 會在不到一分鐘內生成音樂。免費版每月可生成 20 首音樂，每首音樂最長 3 分；付費版則可生成更長的音樂。

STEP 03 下載音樂

　　如果您對生成的音樂滿意，可以點擊下載按鈕，將音樂以 mp3 格式儲存至裝置中。付費版使用者還可以下載高音質的 WAV 格式。

STEP
04 點選分享連結圖示 ⚘

可以看到下圖的對話方塊：

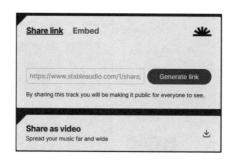

接著只要按「Generate link」鈕，就可以生成連結網址，只要按下「Copy link」就可以複製連結網址。如下圖所示：

另外，Stable Audio 還提供了進階功能「音訊到音訊」，讓使用者可以上傳現有的音訊樣本，並使用自然語言提示進行轉換，實現風格轉移和變化。這對於需要特定音效或音樂風格的專業音樂人來說，是一個非常實用的功能。另外，Stable Audio 的 Prompt Library 音樂資料庫提供了多種音樂類型，讓使用者可以根據需求創作出不同風格的音樂。如下圖所示：

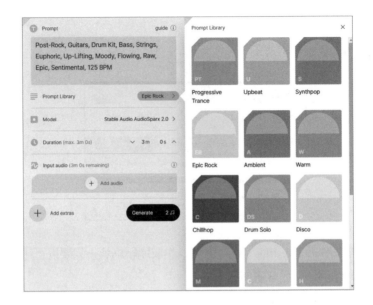

　　這些音樂類型提供了豐富的選擇，讓使用者可以根據自己的創作需求來選擇合適的音樂風格。總而言之，Stable Audio 的出現，為音樂創作帶來了全新的可能性。無論是專業音樂人還是業餘愛好者，都可以利用這款工具，快速生成高品質的音樂作品，節省創作時間與成本。

技能 03 　創作 AI 歌曲音樂—Suno

　　Suno 是一款由人工智慧驅動的音樂生成平台，目的在讓每個人都能輕鬆創作出專業級的音樂作品。無論您是音樂新手還是經驗豐富的音樂人，Suno 都能幫助您實現音樂創作的夢想。以下是 Suno 的主要功能特色：

- 多樣化的音樂風格：Suno 支援多種音樂風格，包括流行音樂、民謠、電子音樂、嘻哈、爵士等。使用者可以根據自己的喜好選擇不同的音樂風格，創作出符合自己需求的音樂作品。

- 自動生成歌詞：Suno 能夠根據使用者輸入的文字提示，自動生成歌詞。這對於那些不擅長寫詞的人來說，是一個非常實用的功能。使用者只需輸入簡單的描述或關鍵詞，Suno 就能生成完整的歌詞。

- 高品質音樂生成：Suno 採用先進的 AI 技術，能夠生成高品質的音樂作品。無論是旋律、和弦還是節奏，Suno 都能做到專業水準，讓您的音樂聽起來更加自然和悅耳。

- 語音合成：Suno 不僅能生成音樂，還能合成歌聲。使用者可以選擇不同的聲音風格和語言，讓 AI 來演唱生成的歌詞，創作出完整的歌曲。

- 簡單易用的介面：Suno 的使用者介面設計簡潔直觀，即使是初學者也能輕鬆上手。使用者只需幾個簡單的步驟，就能生成自己想要的音樂作品。

目前免費版每天可生成 50 點音樂，一次生成 2 首歌曲，大約會用掉 10 點；付費版則提供更多生成次數和更長的音樂時長。以下則是付費方案的相關說明：

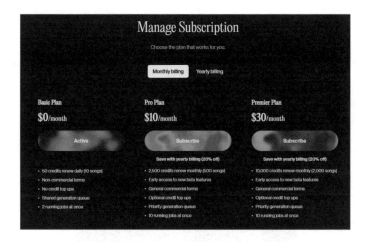

使用 Suno 來創作音樂非常簡單，操作步驟如下：

\STEP/
\01/ 打開 Suno 的網站（https://suno.com/）

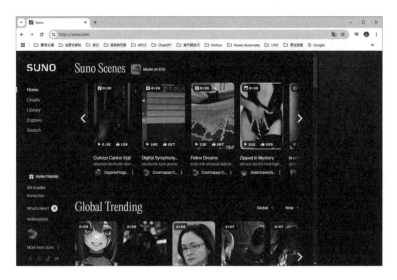

\STEP/
\02/ 按下「Create」，進入創作介面

Suno 提供兩種創作模式：Prompt 模式和自訂模式。Prompt 模式操作簡單，只需輸入一個描述；自訂模式則可以設定更多細節，如音樂風格、歌詞、歌曲名稱等。

^{STEP}
\03/ 輸入提示詞

　在 Prompt 模式下，輸入您希望生成的音樂描述，例如「想念已故父母親的養育之恩」。您還可以加入具體的情緒、節奏和樂器等指令。

^{STEP}
\04/ 生成音樂

　確認提示詞後，點擊「Create」生成按鈕。Suno 會在幾分鐘內生成音樂。

^{STEP}
\05/ 播放音樂

　同時可以在右方視窗看到歌詞，各位可以有兩種編曲的選擇，但歌詞一樣。如下列二圖分別是 v3.5 及 v3.0。

STEP
06 下載音樂儲存

　　如果你對生成的音樂滿意，可以點按下載按鈕，將音樂以 mp3 格式或 mp4 影音格式儲存至裝置中。也可以複製連結或分享到社群媒體。只要叫出功能選單，可以看到更多的指令。包括：讚、不讚、複製歌曲連結、加入播放清單、分享、下載…等。如下圖所示：

在分享（Share）的次選單中可以讓各位複製連結，也可以指定分享的社群媒體。

目前有三種可以分享的方式：X、Facebook 或電子郵件。

至於下載則有純音樂版的 mp3（Audio）及影音版 mp4（Video）兩種方式。

另外，Suno 還提供了「自訂模式」，讓使用者可以更詳細地設定音樂創作的各個方面。以下是一些應用實例：

- 自訂歌詞：在自訂模式下，使用者可以輸入自己創作的歌詞，Suno 會根據這些歌詞生成音樂。這對於那些有特定歌詞需求的使用者來說，是一個非常實用的功能。

- 多語言支援：Suno 支援多種語言的歌詞生成和語音合成。使用者可以選擇不同的語言，創作出符合自己需求的多語言音樂作品。

- 音樂風格設定：使用者可以在自訂模式下選擇具體的音樂風格，如流行音樂、民謠、電子音樂等，讓生成的音樂更加符合自己的喜好。

- 協作創作：Suno 支援多人協作創作，使用者可以邀請朋友一起創作音樂，實現更豐富的音樂表現。

技能 04　AI 音樂演奏與創作的應用

AI 技術的進步已經讓音樂演奏領域發生了革命性的變化。透過大量資料學習和深度學習演算法，AI 能夠模仿人類音樂家的演奏風格，並精準還原各種樂器的演奏特徵，創造出細緻且生動的音樂作品。

例如，AI 系統可以透過學習鋼琴、小提琴、吉他等樂器的特定演奏技巧，生成高度逼真的音樂效果。不僅如此，這類技術還能理解不同音樂風格的細微差異，並根據提示靈活應用到各種創作場景中。

在古典音樂中，模仿中國古琴、古箏等傳統樂器的演奏是 AI 面臨的一大挑戰。這些樂器音色獨特、演奏方式複雜，AI 系統需要理解並學習這些樂器在傳統音樂中的表現手法，才能成功創造出與人類音樂家相似的表現力。這項技術對於保存、

傳承和復興傳統音樂文化具有極大意義，不僅能夠讓年輕一代更便捷地接觸傳統音樂，還能讓音樂愛好者與專業人士從不同的角度進行創作。

例如，研究人員曾利用 AI 分析知名鋼琴家郎朗的演奏風格，AI 系統根據大量演奏資料學習後，能夠模仿其細膩的觸鍵方式，生成具情感張力的鋼琴曲。這不僅展示了 AI 在模仿人類演奏者上的潛力，還使得這項技術有望應用於音樂教育，幫助學習者更好地理解名家的演奏精髓。

AI 不僅能模仿樂器的演奏，還能成為音樂家的強大助手，輔助現場表演並強化舞台效果。例如，在音樂會或現場表演中，AI 系統可以即時生成與表演風格相符的背景音樂或伴奏，並根據現場氣氛或音樂家需求，動態調整音樂效果，提升表演的整體張力。

AI 甚至可以透過分析樂譜，給予音樂家關於演奏方式的建議。比如，當演奏交響樂作品時，AI 可以分析樂章之間的結構與情感變化，提示音樂家如何在表演過程中更加突出不同樂章的情感波動，因此在音樂表現力上更加自信、精準。這種輔助方式不僅適合個人表演者，也能應用於整個樂團的排練過程，讓每位音樂家更好地理解作品的整體意圖。

例如，在電子音樂會中，AI 被用來即時生成背景音樂，當舞台燈光和音樂氛圍變化時，AI 系統會自動調整音樂，讓整場演出充滿未來感與互動性。這展示了 AI 與人類演奏者無縫協作的潛力。以下是實際應用案例：

- **虛擬音樂家與表演**：虛擬音樂家正以 AI 技術進入主流視野，虛擬歌手不僅能演唱，還可與現場樂隊即興互動，呈現虛實結合的表演。這種創新形式正引領音樂產業的新方向。

- **個性化音樂教育**：AI 在音樂教育中應用廣泛，如 Yousician 等平台能即時分析學生演奏，根據準確性、速度與情感表現提供回饋。此類個性化學習提升效率，幫助學生針對弱項進行針對性練習，更快掌握演奏技巧。

- **AI 音樂創作工具**：工具如 Amper Music 和 Aiva 讓創作者輸入簡單提示即可快速生成音樂，適用於影片、廣告等場景。這些工具降低創作門檻，節省時間，並拓展音樂創作的可能性，即使非專業人士也能輕鬆創作背景音樂。

在未來發展的趨勢，AI 與 VR、AR 等技術的結合，將帶來更沉浸式的音樂表演體驗。同時，AI 或將深度參與音樂創作，甚至與人類即興合奏，突破傳統界限。

這些創新不僅重塑音樂產業，還可能擴展至電影、遊戲和虛擬偶像等領域，重新定義音樂創作與表演的未來格局。

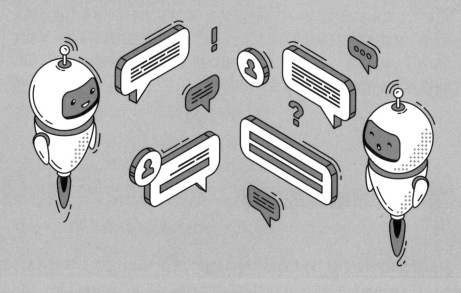

11

AI簡報製作技術

隨著人工智慧技術的發展，AI 工具不僅可以自動生成簡報，還能幫助使用者優化內容、提供視覺化的資料呈現，甚至給出智慧型建議來提升簡報品質。本章將介紹各種 AI 簡報製作工具，並深入探討如何利用這些技術，快速製作出專業且高效的簡報，讓簡報製作變得輕鬆且具創意。

技能 01　AI 自動生成簡報

AI 自動生成簡報技術已經成為現代簡報製作的重要工具。這些工具利用人工智慧技術，能夠根據使用者提供的主題或大綱，自動生成專業的簡報內容。這不僅大大節省了時間，還能確保簡報的品質和一致性。例如，Gamma AI、Prezo AI 和 MagicSlides 都是目前市場上非常受歡迎的 AI 簡報生成工具。

其中 Gamma AI（https://gamma.app/zh-tw）是一款功能強大的簡報生成工具，使用者只需輸入簡報主題，Gamma AI 就會自動生成簡報內容、配圖和排版。這對於不擅長製作簡報的使用者來說，無疑是一個非常方便的選擇。

另外，Prezo AI（https://prezo.ai/）則提供了多種主題版型，使用者可以根據需要選擇合適的版型，並透過簡單的拖放操作來編輯簡報內容。

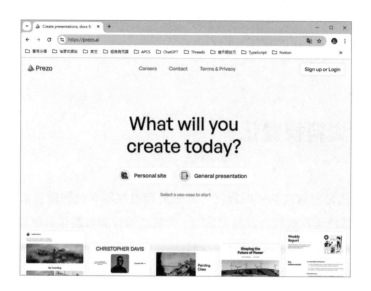

至於 MagicSlides（https://www.magicslides.app/）則支援超過 100 種語言，使用者只需輸入想要的主題和參考文字，MagicSlides 就會自動生成簡報。

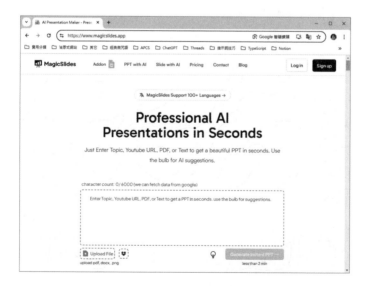

這些 AI 工具不僅能夠自動生成簡報內容，還能根據使用者的需求進行個性化調整。例如，使用者可以選擇不同的圖片風格、修改簡報的長度和語氣，甚至可以使用 AI 重寫功能來使簡報內容更貼近受眾。這些功能使得 AI 自動生成簡報技術成為現代簡報製作中不可或缺的一部分。

技能 02　資料視覺化

資料視覺化是簡報成功的關鍵之一，它能夠將複雜資料轉換為清晰易懂的圖形，幫助觀眾迅速理解核心資訊。然而，傳統的資料圖表製作過程耗時且容易出錯，需要人工選擇合適的圖表類型、調整格式和確保資料準確。隨著 AI 技術的引入，這一流程變得更為智能化、自動化，大幅提升了資料呈現的效率和精度。

AI 在資料視覺化中的應用，表現在其自動化生成功能。根據資料的類型和內容，AI 能夠自動選擇最適合的圖表類型，如柱狀圖、折線圖或圓餅圖，並自動調整圖表格式，確保其可讀性與美觀度。例如，在強調趨勢變化時，AI 會選擇折線圖來凸顯上升或下降的趨勢，並自動調整色彩和強調重點資料區域。這樣不僅節省了製作者的時間，還確保了簡報圖表的專業效果。

另外，AI 具備強大的資料分析能力，能夠檢測出異常資料或潛在趨勢。這種能力對於處理大量資料的情況尤其重要。AI 可以主動強調資料中的異常點，或突出顯示特定趨勢，讓使用者在簡報中快速傳達這些關鍵資訊。例如，在銷售報告中，AI 可以自動突出某個季度的異常銷售增長，並生成針對該資料的詳細視覺化圖表，讓觀眾迅速掌握該資訊。

延伸到實際應用，許多企業已經開始使用 AI 驅動的視覺化工具來提升簡報效率。例如，財務部門可以運用 AI 自動生成年度報告中的各類資料圖表，不僅確保資料的準確性，還能快速識別財務趨勢，讓管理層能夠更快做出決策。此外，AI 的異常檢測功能還能主動提醒財務異常，避免人為忽略重要資訊。

總體而言，AI 技術使資料視覺化變得更加精確、便捷與高效，不僅縮短了圖表製作的時間，還提升了簡報的專業性和吸引力。這些技術讓使用者能夠將更多精力投入到資料的解釋與分析中，而不是繁瑣的製作過程。

智慧簡報建議

智慧簡報建議技術利用人工智慧和機器學習算法，能夠根據使用者的需求和偏好，提供個性化的簡報建議。這些建議可以包括內容結構、設計風格、配色方案等，幫助使用者建立更具吸引力和說服力的簡報。

例如，Gamma AI 不僅能夠自動生成簡報內容，還能提供智慧設計建議。使用者只需輸入簡報主題，Gamma AI 就會根據主題自動生成簡報大綱和內容，並提供設計建議，幫助使用者建立更吸引人的投影片。此外，Gamma AI 還能自動處理文字和圖片的排版，確保每頁看起來都專業美觀。

智慧簡報建議技術還能根據使用者的意見回饋進行自我學習和優化。例如，使用者可以對 AI 生成的簡報內容進行編輯和調整，AI 會根據這些修改進行學習，因此在未來提供更準確的建議。這種自我學習和優化的能力，使得智慧簡報建議技術能夠不斷提高其準確性和實用性。

總結來說，AI 簡報製作技術透過自動生成簡報、資料視覺化和智慧簡報建議等技術，極大地提高了簡報製作的效率和品質。這些技術不僅能夠幫助使用者節省時間，還能確保簡報的專業性和一致性，因此在現代商業和教育中發揮重要作用。

技能 04 Gamma 免費線上 AI 簡報產生器

Gamma 是一款強大的線上 AI 簡報生成工具，專為那些需要快速、高效地製作專業簡報的人設計。這款工具不僅免費，還結合了先進的人工智慧技術，能夠自動生成內容、設計版面，甚至提供多樣化的版型選擇。Gamma 的使用者介面簡單直觀，即使是沒有設計經驗的人也能輕鬆上手。

Gamma 的主要功能包括 AI 自動生成簡報、文件和網站。使用者只需輸入簡報的主題和大綱，Gamma 就能根據這些資訊自動生成一份完整的簡報。這不僅節省了大量的時間，還能確保簡報的專業性和美觀度。此外，Gamma 還支援多種語言，包括繁體中文，這對於台灣的使用者來說非常方便。

Gamma 的另一個亮點是其卡片式簡報頁面設計。與傳統的簡報工具不同，Gamma 的每一個頁面都被稱為「卡片」，這些卡片沒有固定的版面大小限制，使用者可以根據需要自由調整和插入內容。這種設計方式使得簡報的製作更加靈活多變，能夠滿足不同的需求和風格。

此外，Gamma 還有一個特色是其協作功能，它允許使用者邀請團隊成員共同編輯簡報，實現即時同步，特別適合多人合作的簡報製作需求。不僅如此，Gamma 支援多種格式輸出，如 PDF 和 PPT，方便使用者在各種場合進行展示與分享。

技能 05 Gamma 網站註冊與簡報流程概要

要開始使用 Gamma，首先需要進入 Gamma 的官方網站。進入網站後，點擊「免費註冊」按鈕。

建議使用 Google 帳號進行註冊，這樣可以更快地完成註冊過程。註冊時，首先會要求輸入工作區名稱後，按下「建立工作區」鈕。

接著請填寫相關資料進行自我介紹，然後按下「開始使用」鈕：

使用 Gamma 製作簡報既簡單又高效。輸入提示詞後，Gamma 的 AI 系統會自動生成涵蓋各部分內容的完整大綱，使用者可依需求調整內容以更符合目標。

生成大綱後，Gamma 會自動設計簡報版面與風格，並提供多樣版型（templates）與主題，讓簡報更具專業感與美觀性。同時，內建多種編輯工具，便於進一步優化細節。完成後，簡報可匯出為 PDF 或 PPT 格式，方便分享與展示。

技能 06　在 Gamma 網站第一次建立 AI 簡報就上手

完成註冊後，點擊「開始使用」即可進入簡報製作介面。首先請在 Gamma 首頁中按「新建」按鈕。

出現下圖後，請點擊「產生」按鈕。

然後會出現下圖畫面，提供各種產生簡報的方式，請選擇「簡報內容」。

接下來就是輸入提示詞，例如：「請簡介學習 AI 工具的重要性」，接著按下「產生大綱」鈕。

接著 Gamma 的 AI 系統會根據這些資訊自動生成一份完整的簡報大綱。請再按
一下「繼續」鈕：

生成大綱後，使用者可以選擇不同的版型和主題，讓簡報看起來更加專業和美
觀。Gamma 提供了多種版型選擇，使用者可以根據自己的需求和風格進行選擇。
選擇版型後，Gamma 會自動設計簡報的版面和風格，使用者可以根據需要進一步
的修改和美化。如果確定喜歡這種風格，就可以按下「產生」鈕。

下圖是簡報內容產生完畢後的所有投影片內容。如下圖所示：

　　在製作簡報的過程中，Gamma的智慧排版功能會自動優化版面配置，確保簡報的整體視覺效果既美觀又和諧。在編輯簡報的過程中，使用者可以添加圖片、圖表和其他多媒體元素，讓簡報內容更加豐富和生動。Gamma還提供了多種編輯工具，使用者可以根據需要對簡報進行進一步的修改和美化。

在 Gamma 網站將簡報匯出為 PDF 或 PPT 格式

技能 07

簡報完成後,使用者可以將簡報導出為 PDF 或 PPT 格式,方便分享和展示。透過這些簡單的操作,就能輕鬆利用 Gamma 平台建立專業 AI 簡報,並體驗其高效與便捷的優勢。要將簡報匯出,請參考以下的作法:

STEP
01 請按左下圖簡報右上方的 ⋯ 圖示,並執行功能表中的「匯出」指令

STEP
02 出現右下圖視窗後,請接著點選「匯出至 PDF」,最後按下「完成」鈕

接著各位就可以開啟匯出後下載的 PDF 簡報內容。

在 Gamma 網站將簡報分享 〉

我們也可以分享投影片的連結給親朋好友，作法如下：

STEP 01 請按簡報視窗上方的「分享」圖示鈕

STEP 02 出現如下圖的畫面後，請切換到「分享」頁籤，將這份簡報的連結複製起來，再分享給好友們觀看

MEMO

12

CHAPTER

AI 生活與投資理財的
技巧和實例

本章將探討 AI 在生活中的多元應用，並透過實際案例和操作技巧，幫助您掌握如何讓 AI 成為日常生活的得力助手。

技能 01 寫詩

提示（prompt）詞

請以一首詩來祝賀名字為張瑩潭好朋友手術順利成功

ChatGPT 回答內容

願瑩潭：手術平安

手術成功在今朝，
瑩潭身體已經好。
風景明媚陽光好，
好朋友歡聲笑語間。

忘卻痛苦離別傷，
昔日陰霾已遠藏。
重獲自由無阻礙，
健康快樂真無妨。

未來的日子還很長，
友誼長存更甜蜜。
祝福瑩潭前程好，
盡享人生最美好。

技能 **02** 寫歌

 提示（prompt）詞

請幫我寫一首歌向獻給我在天上的父母親表達我對他們的養育之恩與思念

ChatGPT 回答內容

題目：永遠懷念 - To My Beloved Parents in Heaven

Verse 1:
走過了多少個日子
回頭望去有些疲憊
思念飛向天際
心中掛著您們的名字

Chorus:
我們相處了那麼久
曾經有歡笑也有憂愁
感謝您們的栽培
讓我成為今天的我

Verse 2:
回憶從前的點滴
您們的愛一直如潮水般
不管我在哪裡
您們的心總是相通

Chorus:
我們相處了那麼久
曾經有歡笑也有憂愁
感謝您們的栽培
讓我成為今天的我

Bridge:
雖然您們已經不在
但是您們的精神在我心中
我會繼續走下去
用我們共同的愛去努力

Chorus:
我們相處了那麼久
曾經有歡笑也有憂愁
感謝您們的栽培
讓我成為今天的我

Outro:
您們的愛永遠留在我心中
您們的影子永遠陪伴著我
在我的人生旅途中
我永遠懷念您們的愛。

技能
03　寫情書

〉

提示（prompt）詞

我已暗戀個性相合的同學多年，想寫一封情書表 我對他的愛慕之意及想追求他的
想法，請幫忙。

ChatGPT 回答內容

親愛的（同學名字）：　　　　　　　　　　　　　　　　　　　　　　　　　　👍 👎

寫下這封情書，表達我對你多年的愛慕之情，可能有些出乎意料。但是，我不能再繼續避免
這份情感了。

我喜歡你的個性，喜歡你對事情的處理方式，喜歡你樸實無華的外表。這一切讓我深深地被
你吸引，甚至影響著我對於自己的想法和行為。

我知道，愛是需要勇氣的。我曾經一直躲避這份情感，因為我擔心這會影響到我們之間的友
誼。但是現在，我想向你坦白我的想法，因為我覺得我們有機會成為更親密的伴侶。

我希望你能夠知道我真正的想法，並且考慮我們之間的可能性。如果你也有相同的感覺，那
麼我們可以開始一段美好的關係。如果你沒有，那麼我依然希望我們能夠維持原本的友誼。

最後，我希望你能夠理解我對你的感受，並且給我一個機會去證明自己。無論你的決定如
何，我都會尊重它。謝謝你讀完這封情書，期待你的回覆。

真誠地，
（你的名字）

技能 04 提供具體決策建議

 提示（prompt）詞

請以繁體中文提供如何兼顧控制新冠疫情與發展經濟的具體決策建議

ChatGPT 回答內容

控制新冠疫情與發展經濟是一個相當具有挑戰性的課題，需要在控制疫情的前提下，盡可能維持經濟運轉的穩定。以下是一些具體的決策建議：

1. 建立全面的疫情監控體系：應盡可能加強疫情監測和檢測，及時發現病例並進行溯源，對感染風險進行區域劃分，針對風險等級制定不同的防疫措施，實現精準防控。同時，要加強公共衛生體系建設，提升醫療機構的應急能力，優化防疫物資保障，確保疫情防控工作的穩定開展。
2. 推進產業轉型升級：積極響應國家政策，鼓勵企業加速轉型升級，推進科技創新，加強產業智能化和自動化，提高生產力和效率。同時，加強各產業之間的協調與合作，盡可能減少供應鏈中斷對經濟的影響。
3. 建立靈活的工作模式：推動遠程辦公、雲辦公、線上教育、線上消費等新模式，減少人群聚集和交叉感染的風險。同時，要加強網絡基礎設施建設，提高數字化和信息化水平，促進新一代信息技術與實體經濟的深度融合。
4. 加強財政政策和貨幣政策的支持：積極實施穩健的財政政策和寬鬆的貨幣政策，對受疫情影響較大的企業和行業給予補助和支持，促進市場信心恢復，增強經濟適應能力。
5. 加強國際合作：與其他國家加強疫情信息共享、疫苗研發和生產、防疫物資援助等方面的合作，共

 提示（prompt）詞

請繼續

ChatGPT 回答內容

同應對全球疫情挑戰。此外，加強國際貿易合作，推進經濟全球化，拓展市場，促進外貿發展，提高國際競爭力，實現經濟高質量發展。

6. 加強宣傳教育：通過多種形式和途徑加強對疫情防控和健康生活方式的宣傳和教育，提高
公眾對疫情的認識和防控意識，增強公眾自我保護和自我管理的能力。

綜上所述，維持經濟穩定和控制疫情傳播的雙重目標需要多方面的努力和措施，需要政府、
企業和社會各界的積極參與和協作。通過疫情防控、產業轉型升級、工作模式靈活、財政和
貨幣政策支持、國際合作以及宣傳教育等措施的綜合應用，可以有效兼顧經濟和防疫的雙重
目標，實現經濟和社會的持續發展。

技能
05 回覆客訴

>

提示（prompt）詞

有用戶反應有時公司官網連線速度較慢，請幫忙寫一封回覆客訴的信件

ChatGPT 回答內容

尊敬的[客戶姓名]先生/女士：

感謝您撥冗反映公司官網的連線速度問題，並對此表達關切。我們非常重視您的反饋，並立即展開了
相關的調查與改進措施，以確保您在使用我們網站時能享受到更順暢的體驗。

目前，我們的技術團隊已經開始深入檢查網站的伺服器設定和網路流量管理，並計劃進行優化，以提
升整體的運行速度。我們會持續監控並評估網站的性能，並根據需求進行進一步的改善，以提供更佳
的使用體驗。

再次感謝您提供的寶貴意見，如您在使用過程中仍有任何問題或建議，請隨時聯繫我們。我們將竭誠
為您服務，並努力不斷提升服務品質。

此致
敬禮

[您的姓名]
[職位]
[公司名稱]
[聯絡方式]

技能 06　家居應用—如何修理馬桶　　〉

 提示（prompt）詞

我的馬桶一直漏水，如果想自己修馬桶，我要如何修理

ChatGPT 回答內容

如果您想自己修理漏水的馬桶，以下是一些基本的步驟和提示：

1. 停止水源：首先，關閉進水管道，停止供水。
2. 排空水箱：將水箱中的水完全排空，以免在維修過程中水濺出來。
3. 檢查浮球閥：檢查浮球閥是否正常運作，如果有損壞或變形，就需要更換。請先拆下浮球閥並在當地的五金店中尋找相應的零件進行更換。
4. 清理填充閥：填充閥可能被污垢或水垢阻塞，這可能導致馬桶水箱漏水。將填充閥拆下來，清潔閥口並用清潔劑清潔整個閥。
5. 檢查水箱墊圈：在水箱和馬桶連接處，墊圈可能會被污垢或老化損壞，需要更換。先卸下水箱，將墊圈拆下，然後用相同尺寸的墊圈進行更換。
6. 檢查螺絲和螺帽：有時螺絲或螺帽會鬆動或破損，也會導致漏水。在檢查完其他所有部件之後，請檢查螺絲和螺帽是否正確固定。

請注意：如果您對馬桶維修不熟悉，或者出現了較嚴重的問題，請勿進行維修。這些工作可能需要專業人員進行處理。在這種情況下，最好聯繫專業的水管工人或馬桶維修公司進行維修。

技能 07　美食推薦　　〉

在這個資訊爆炸的時代，尋找一家好的餐廳或學習一道新的料理技巧，有時候反而會因為資訊過多而感到迷惘。這時，ChatGPT 就如同您的私人美食顧問，幫助您篩選、整理並提供最合適的建議。

提示（prompt）詞

請推薦台北五家較受歡迎的日本料理餐廳。

ChatGPT 回答內容

當然可以！以下是台北五家受歡迎的日本料理餐廳（請注意，這些推薦是基於我最後的訓練數據，即2021年9月之前的資料，實際情況可能會有所變化）：

1. 壽司郎 (Sushiro)
   - 位置：多家分店，其中一家位於台北市大安區忠孝東路四段216巷40弄5號。
   - 特色：高CP值的迴轉壽司店，新鮮的食材和多樣的選擇。
2. 磯丸水產
   - 位置：台北市中正區忠孝西路一段47號B1。
   - 特色：提供新鮮的海鮮料理，環境舒適，價格合理。
3. 三井日本料理
   - 位置：台北市中山區松江路12號。
   - 特色：高級日本料理，提供優質的刺身、壽司和燒烤。
4. 和民居食屋
   - 位置：多家分店，其中一家位於台北市大安區忠孝東路四段181巷40號。
   - 特色：提供多樣的日式家常料理，環境悠閒，適合聚餐。
5. 山崎日本料理
   - 位置：台北市中山區中山北路二段16巷7號。
   - 特色：提供傳統的日本懷石料理，食材新鮮，環境優雅。

如果您計劃前往其中任何一家餐廳，建議您先查詢最新的營業時間和是否需要預約。

技能 08 ⟩ **食譜和步驟** ⟩

不論您是想要探索當地的美食特色，還是想要自己動手做一道異國料理，只要給予 ChatGPT 明確的指示，它都能迅速回應。

提示（prompt）詞

我想學習製作西班牙海鮮燉飯，請提供一個詳細的食譜和步驟。

ChatGPT 回答內容

當然可以！以下是一個基本的西班牙海鮮燉飯（Paella de Marisco）的食譜和製作步驟：

材料：

1. 米 - 2杯 (建議使用西班牙短米如Bomba或Calasparra)
2. 雞高湯或魚高湯 - 4杯
3. 橄欖油 - 3大匙
4. 紅椒 - 1個，切絲
5. 蒜頭 - 3瓣，切碎
6. 洋蔥 - 1個，切碎
7. 蕃紅花 - 一小撮或蕃紅花粉 - 1/2茶匙
8. 海鮮：蝦子、青口、小魷魚等 - 約500克
9. 青豆或四季豆 - 1杯
10. 紅椒粉 - 1茶匙
11. 鹽和黑胡椒 - 適量
12. 檸檬 - 1個，切片，裝飾用

製作步驟：

1. 準備材料：清洗並切好所有的蔬菜和海鮮。
2. 炒香蔬菜：在一個大的平底鍋或專用的paella鍋中，加入橄欖油，中火熱鍋。加入洋蔥、紅椒和蒜頭，炒至洋蔥變得透明。
3. 加入米和香料：將米加入鍋中，炒至米粒稍微透明，然後加入紅椒粉和蕃紅花，繼續炒至香味釋出。
4. 加入高湯：將雞高湯或魚高湯倒入鍋中，調至中小火，輕輕攪拌。
5. 加入海鮮和蔬菜：當米飯開始吸收高湯時，將海鮮和青豆或四季豆均勻地放在米飯上。
6. 燉煮：蓋上鍋蓋或用鋁箔紙蓋住，繼續用中小火煮約20-25分鐘，或直到米飯熟透且海鮮熟煮。
7. 休息一下：將火關掉，讓paella休息約5分鐘。
8. 裝盤與享用：將檸檬片放在paella上作為裝飾。在享用之前，可以擠一些檸檬汁增加風味。

這就是基本的西班牙海鮮燉飯製作方法。當然，您可以根據自己的口味和喜好，添加或調整材料。希望您製作成功，享受美味的paella！

 提示（prompt）詞

我想挑戰製作法式鴨胸，有什麼專業的烹飪技巧和建議嗎？

ChatGPT 回答內容

當然可以！法式鴨胸是一道非常受歡迎的法國料理，其特色在於鴨胸皮的酥脆與肉質的嫩滑。以下是製作法式鴨胸的專業烹飪技巧和建議：

1. **選擇鴨胸**：選擇新鮮、肉質飽滿的鴨胸，並確保鴨胸皮上的脂肪層完整，這樣烹煮時才能得到酥脆的效果。
2. **鴨胸皮的切割**：在鴨胸皮上刻上斜格的切痕，但不要切到肉。這樣可以幫助脂肪在烹煮時釋放出來，並使鴨胸皮更加酥脆。
3. **醃製**：可以使用鹽、黑胡椒和一些香草（如迷迭香或百里香）來醃製鴨胸，讓其入味。
4. **低溫煎炸**：在冷鍋中放入鴨胸，皮朝下，然後開小火。這樣可以慢慢地將鴨胸皮上的脂肪煎出，使皮變得酥脆。煎至鴨胸皮呈金黃色且酥脆。
5. **翻面煎炸**：當鴨胸皮煎至金黃色後，翻面繼續煎炸2-3分鐘，使鴨胸肉熟透。
6. **休息**：將煎好的鴨胸放置數分鐘，讓肉汁重新分佈，這樣切開時肉質會更加嫩滑。
7. **切片**：使用鋒利的刀，將鴨胸斜切成薄片。
8. **調味**：可以搭配一些果醬或醬汁，如橙醬或紅酒醬，增加風味。
9. **搭配**：法式鴨胸非常適合搭配烤蔬菜、馬鈴薯泥或沙拉。

希望這些建議能幫助您成功製作出美味的法式鴨胸！祝您烹飪愉快！

技能
09　**健康運動顧問**　　　　　　　　　　　　　　　　　　>

　　不論您是想了解某種運動的具體好處，還是想要制定一個適合自己的健身計畫，只需給予 ChatGPT 明確的指示，它都能迅速為您提供答案。

 提示（prompt）詞

游泳對身體有哪些具體益處？

ChatGPT 回答內容

游泳是一項全身運動，對身體有多種益處，以下是游泳的主要好處：

1. **心肺功能增強**：游泳可以提高心臟和肺部的工作效率，增強心肺功能，有助於提高血液循環，減少心血管疾病的風險。
2. **增強肌肉力量和耐力**：游泳動作涉及到身體的多個肌肉群，可以幫助增強肌肉的力量和耐力，同時也能提高關節的靈活性。
3. **燃燒卡路里**：游泳是一項高效的燃脂運動，可以幫助減少體重和塑造體型。
4. **減少壓力和放鬆心情**：水中的浮力和抵抗可以產生按摩效果，有助於放鬆肌肉，同時游泳也能釋放內啡肽，使人感到放鬆和愉悅。
5. **低衝擊運動**：由於水的浮力，游泳對關節的衝擊較小，是一項適合各年齡層和身體狀況的運動。
6. **增強體力和耐力**：定期游泳可以提高體能，增強身體的耐力。
7. **提高協調性**：游泳需要手腳協同動作，有助於提高身體的協調性和平衡感。
8. **增強免疫系統**：游泳可以增強身體的免疫功能，提高對疾病的抵抗力。
9. **改善呼吸**：游泳需要深呼吸和規律的呼吸節奏，有助於增強肺部功能和改善呼吸。
10. **增強骨密度**：雖然游泳是一項低衝擊運動，但研究顯示，它可以幫助增強骨密度，特別是在老年人中。

總之，游泳是一項對身體有多種益處的運動，適合各種年齡和體質的人參與。

要有效地獲得 ChatGPT 的健康運動建議，在提問時，可以注意以下幾個重點：

- **明確指定運動種類**：為了獲得更精確的建議，最好在問題中明確指出您想要了解的運動種類。

- **提供自己的身體狀況**：如果您有特定的健康問題或身體狀況，提供這些資訊可以幫助 ChatGPT 提供更合適的建議。

- **問及運動的詳細步驟**：除了基本的建議，您還可以詢問某種運動的詳細步驟或技巧，以確保自己能夠正確且安全地進行。

另外，ChatGPT 不僅可以提供日常運動建議，還能為您提供專業運動訓練的指導。透過這些專業建議，您不僅可以更有效地達到運動目標，還可以避免因為錯誤的訓練方法而導致的傷害。

提示（prompt）詞

我想參加馬拉松比賽，請給我一個三個月的訓練計劃。

ChatGPT 回答內容

第一個月：基礎建設

- 週一：休息或輕鬆的有氧運動（如游泳、騎自行車）30分鐘。
- 週二：5公里輕鬆跑。
- 週三：休息。
- 週四：間歇訓練。例如：熱身10分鐘，然後跑快1分鐘，慢跑2分鐘，重複5次，最後冷卻10分鐘。
- 週五：休息或輕鬆的有氧運動30分鐘。
- 週六：7公里輕鬆跑。
- 週日：休息。

第二個月：增加距離

- 週一：休息或輕鬆的有氧運動40分鐘。
- 週二：7公里輕鬆跑。
- 週三：休息。
- 週四：間歇訓練。熱身10分鐘，然後跑快1分鐘，慢跑2分鐘，重複7次，最後冷卻10分鐘。
- 週五：休息或輕鬆的有氧運動40分鐘。
- 週六：10公里輕鬆跑。
- 週日：休息。

第三個月：峰值訓練

- 週一：休息或輕鬆的有氧運動50分鐘。
- 週二：10公里輕鬆跑。
- 週三：休息。
- 週四：間歇訓練。熱身15分鐘，然後跑快1分鐘，慢跑2分鐘，重複8次，最後冷卻15分鐘。
- 週五：休息或輕鬆的有氧運動50分鐘。
- 週六：15公里輕鬆跑。
- 週日：休息。

家居裝潢到家庭教育

ChatGPT 就如同您的家居生活顧問，無論是家居裝潢的建議還是家庭關係的指導，它都能為您提供專業的意見。

我家客廳面積不大，請給我一些建議如何選擇適合的沙發和擺設？

ChatGPT 回答內容

當然可以！在面對較小的客廳空間時，選擇和擺設沙發需要一些策略，以使空間看起來更寬敞且功能性強。以下是一些建議：

1. **選擇輕巧的沙發**：選擇腳較高、底部空間較多的沙發，可以使地板的視覺範圍增加，從而使空間看起來更大。
2. **選擇中性色調**：淺色或中性色調的沙發可以使空間看起來更明亮和開放。避免選擇太過於鮮艷或深沉的色彩，因為它們可能會使空間感覺更加狹窄。
3. **多功能沙發**：考慮選擇沙發床或帶有儲物功能的沙發，這樣可以節省空間並增加儲存選項。
4. **避免過大的沙發**：選擇一款適中或稍小的沙發，而不是一款過大的沙發，以確保不會佔用過多空間。
5. **考慮L型沙發**：如果空間允許，L型沙發可以提供更多的座位，同時還能有效地利用角落空間。
6. **適當的擺設**：將沙發擺放在離門或窗戶較遠的地方，以確保流通空間。避免將沙發背靠窗戶，這樣可以讓自然光更好地照入室內。
7. **添加小巧的家具**：選擇小巧的茶几或邊桌，以免佔用過多中央空間。透明的玻璃茶几也是一個好選擇，因為它不會阻擋視線。
8. **選擇掛牆家具**：例如掛牆的電視櫃或書架，可以節省地面空間。
9. **減少雜亂**：避免在客廳放置過多的裝飾品或小物件，保持簡潔可以使空間看起來更大。
10. **使用鏡子**：掛一面大鏡子可以使空間看起來更加開放和寬敞，並增加光線的反射。

總之，選擇和擺設沙發時，考慮到客廳的整體布局和功能性是非常重要的。希望這些建議能幫助您打造一個既舒適又實用的客廳空間！

提示（prompt）詞

我家的孩子即將進入青春期，有什麼方法可以幫助我們建立更好的溝通和理解？

ChatGPT 回答內容

> 當孩子進入青春期時，他們的身體、心理和情感都會經歷重大變化。這個階段的孩子可能會變得更加獨立、好奇，但同時也可能會感到困惑和不安。對於父母來說，與青春期的孩子建立良好的溝通和理解是非常重要的。以下是一些建議，希望能幫助您：
>
> 1. **開放心態**：首先，要理解青春期是孩子成長的自然過程，他們的行為和情感可能會有所變化。保持開放和接受的心態，不要過於批評或指責。
> 2. **設定專屬時間**：每週設定一段時間與孩子單獨相處，如一起散步、做飯或看電影。這樣可以增強與孩子的親密感。
> 3. **主動聆聽**：當孩子想要分享或訴說某些事情時，給予他們充分的注意，並避免打斷。這樣可以讓孩子感到被重視和理解。
> 4. **避免質問式的對話**：嘗試使用開放式的問題，如「你今天感覺如何？」而不是「你今天在學校做了什麼？」。
> 5. **建立信任**：保證孩子，他們可以信賴您，並與您分享任何事情，無論是好的還是壞的。
> 6. **設定界限**：雖然要給予孩子一定的自由，但也需要設定清晰的界限和規則，並解釋其原因。
> 7. **教育自己**：了解青春期的生理和心理變化，這樣可以更好地理解孩子的行為和情感。
> 8. **避免對比**：每個孩子都是獨特的，避免與其他孩子或您自己的青春期經歷進行比較。
> 9. **尋求專業幫助**：如果您發現孩子有持續的情緒問題或行為問題，不妨尋求心理學家或輔導員的幫助。
> 10. **身體力行**：作為父母，您的行為和態度會直接影響到孩子。確保自己也是一個良好的溝通和行為模範。
>
> 記住，青春期是一個充滿挑戰但也充滿機會的時期。透過建立良好的溝通和理解，您可以幫助孩子更好地度過這一階段，並與他們建立深厚的親子關係。

除了基本的建議，您還可以詢問相關的延伸問題，以獲得更全面的指導。

提示（prompt）詞

我想為客廳選擇一款地毯，除了顏色和材質，還有哪些因素我需要考慮？

ChatGPT 回答內容

選擇地毯不僅僅是考慮顏色和材質，還有許多其他因素可以影響您的選擇。以下是一些建議的考慮因素：

1. **尺寸與形狀**：首先要量測客廳的大小，確定需要的地毯尺寸。考慮是否希望地毯覆蓋整個客廳，還是只在某個區域，如沙發或茶几下。此外，地毯的形狀（如矩形、圓形或橢圓形）也會影響整體的擺設和視覺效果。
2. **使用頻率**：如果客廳是家中的主要活動區域，那麼選擇耐用、易於清潔的地毯會更為適合。
3. **風格與設計**：考慮地毯的設計是否與客廳的整體裝潢和風格相符。例如，現代簡約的客廳可能適合簡單的幾何圖案，而傳統風格的客廳則可能適合複雜的花卉或古典圖案。
4. **舒適度**：柔軟度和厚度會影響地毯的舒適感。如果您喜歡在地毯上坐或躺，則可能希望選擇一款較厚、柔軟的地毯。
5. **維護與清潔**：某些材質的地毯更容易吸附灰塵和污漬，而其他材質則較易於清潔。考慮您願意投入的維護時間和努力。
6. **安全性**：選擇防滑的地毯或購買防滑墊，特別是如果家中有小孩或老人。
7. **價格**：設定預算並根據預算範圍進行選擇。但記住，地毯是一項長期投資，所以不妨考慮花費一點額外的金錢購買質量較好的產品。
8. **環境因素**：如果您關心環境，可以考慮選擇由可再生資源製成或可回收的地毯。
9. **健康因素**：某些地毯材質或製造過程可能會釋放有害化學物質。尋找低揮發性有機化合物（VOC）的標籤或其他健康認證。

考慮上述因素後，您將更有信心選擇一款適合您客廳的地毯。

不僅可以提供家居裝潢的建議，還能為您提供家庭教育和關係維護的專業指導。

 提示（prompt）詞

我家的客廳和餐廳是開放式設計，請給我一些建議如何區分這兩個空間？

ChatGPT 回答內容

開放式的客廳和餐廳設計確實帶來了寬敞的感覺，但有時也需要一些策略來區分這兩個功能區域。以下是一些建議，幫助您清晰地劃分客廳和餐廳：

1. **地毯或地墊**：在客廳區域放置一塊地毯，可以清晰地劃分出休閒區。同時，餐廳下方可以選擇一塊與客廳地毯顏色或圖案不同的地墊，這樣既增加了舒適感，又有助於區分兩個空間。
2. **家具擺放**：例如，一個開放式的書架或低矮的櫃子可以作為兩個空間之間的分隔，而不會阻擋視線。

3. **燈光設計**：使用不同風格或亮度的燈具來區分兩個空間。例如，餐廳上方可以掛一盞吊燈，而客廳則可以選擇落地燈或壁燈。

4. **顏色與牆面**：雖然不需要完全改變牆面顏色，但可以在餐廳區域選擇一面牆使用不同的顏色或壁紙，作為焦點。

5. **裝飾品與藝術品**：在餐廳區域掛上一幅畫或鏡子，而客廳則可以選擇其他風格的裝飾品，如家庭照片或掛毯。

6. **植物**：大型盆栽或室內植物可以作為自然的隔間，同時也為空間增添生氣。

7. **窗簾與隔簾**：如果兩個空間都有窗戶，可以選擇不同風格的窗簾。或者使用隔簾來劃分空間，同時還能保持開放感。

8. **地板材質**：如果您正在考慮重新裝修或更換地板，可以考慮在餐廳使用不同的地板材質，如瓷磚，而客廳則使用木地板。

9. **天花板設計**：餐廳上方可以考慮裝設吊頂或使用不同的天花板材質和顏色。

10. **家具選擇**：選擇具有明確風格區別的家具，例如，餐廳選擇傳統木製餐桌，而客廳則選擇現代風格的沙發。

透過上述建議，您可以在保持開放感的同時，清晰地劃分客廳和餐廳，創造出有序而舒適的生活空間。

提示（prompt）詞

我的女兒最近總是沉迷於手機，不願意和家人互動，我該如何引導她？

ChatGPT 回答內容

面對孩子沉迷於手機的情況，許多家長都感到無奈和擔憂。以下是一些建議，幫助您引導女兒減少手機使用時間，並增加與家人的互動：

1. **與女兒進行開放式對話**：首先，嘗試了解她為何如此沉迷於手機。是因為學業壓力、社交需求還是其他原因？通過對話，您可以更好地理解她的需求和感受。

2. **設定手機使用時間**：與女兒共同設定一些規則，例如：用餐時、家庭活動時或睡前一小時不使用手機。

3. **提供其他娛樂選擇**：鼓勵她參與其他活動，如閱讀、繪畫、運動或學習新技能，以分散她對手機的注意力。

4. **共同參與活動**：安排一些家庭活動，如遠足、野餐、看電影或玩桌遊，增加家庭成員之間的互動和溝通。

5. **教育數位素養**：教導她瞭解過度使用手機的潛在風險，如視力受損、睡眠質量下降等，並學習如何健康地使用數位設備。

6. **設定榜樣**：作為家長，您的行為會影響到孩子。確保自己在家庭時間內也減少手機使用，並與孩子共同參與其他活動。

7. **技術幫助**：考慮使用一些家長控制軟體或應用程式，來限制女兒的手機使用時間或訪問特定的應用程式。

8. **鼓勵社交活動**：鼓勵她參與學校或社區的社交活動，如參加社團、義工活動或與朋友外出，以減少她在手機上的時間。

9. **尋求專業幫助**：如果您發現女兒的手機成癮情況嚴重，可能需要尋求心理健康專家的幫助。

10. **建立信任**：避免過度監控或嚴格限制她的手機使用，這可能會導致她反感。相反，建立信任和理解，鼓勵她自我管理和做出明智的選擇。

記住，與其強制限制，不如透過溝通和理解，引導她認識到現實生活中的樂趣和價值，並平衡手機使用和其他活動的時間。

技能 11 私人汽車顧問

從選擇合適的車型到了解最新的交通資訊，每一步都充滿了選擇。這時，ChatGPT 就如同您的私人汽車顧問，無論您是車迷還是新手駕駛，它都能為您提供最專業、最貼心的建議。

提示（prompt）詞

我想購買一輛家用車，預算在 80 萬以內，有什麼推薦的車型？

ChatGPT 回答內容

在80萬預算內，台灣市場上有許多適合家用的車型可供選擇。以下是一些建議的車型，當然具體選擇還需根據您的實際需求和喜好：

1. **Toyota Corolla Altis**：這款車在台灣非常受歡迎，以其耐用和低維護成本聞名。內部空間足夠，適合家庭使用。

2. **Honda Civic**：Honda的這款車型也是台灣的熱門選擇之一，它提供了良好的燃油效率和舒適的駕駛體驗。

3. **Mazda 3**：這款車以其時尚的設計和出色的駕駛性能受到許多年輕人的喜愛。同時，它的內部設計也很實用，適合家庭使用。

4. **Nissan Sentra**：這款車提供了寬敞的內部空間和舒適的座椅，非常適合家庭出遊。

5. **Subaru Impreza**：如果您在乎安全性能，Subaru的這款車型可能是一個不錯的選擇，因為它配備了全輪驅動和多項先進的安全功能。

6. **Ford Focus**：這款車提供了動感的設計和良好的燃油效率，並且在駕駛性能上也表現出色。

> 當然，購車時還需考慮其他因素，如保險費用、維護成本、燃油效率、車輛保值率等。建議
> 您在決定購買之前，先到各大汽車展間試駕和比較，以確保選擇最適合您的車型。

技能 12 交通建議 〉

如何有效地使用 ChatGPT 獲得汽車和交通建議？主要有以下幾個提問重點：

● **提供詳細的需求**：為了得到最符合您需求的答案，最好在問題中提供詳細的資
訊。例如：

 提示（prompt）詞

我是一名新手駕駛，想要購買一輛操作簡單、油耗低的小型車，預算在 60 萬以
內，請問有什麼推薦的車型？

🤖 ChatGPT 回答內容

> 對於新手駕駛者來說，選擇一輛操作簡單、油耗低的小型車是非常明智的。在60萬預算內，
> 台灣市場上有幾款適合新手的小型車型推薦：
>
> 1. **Toyota Yaris**：這款車在台灣非常受歡迎，以其簡單的操作和低油耗聞名。外型時尚，內部
>   空間也相對寬敞，是新手的不錯選擇。
> 2. **Honda Fit (Jazz)**：Honda Fit以其出色的空間利用和燃油效率受到許多人的喜愛。操作簡
>   單，且擁有多種座椅配置，非常實用。
> 3. **Mazda 2**：這款車提供了動感的設計和良好的燃油效率。駕駛體驗也很好，適合新手操作。
> 4. **Nissan Note**：Nissan Note是一款小型車，但內部空間設計得很好。它的油耗也很低，且操
>   作直覺。
> 5. **Suzuki Swift**：這款車以其運動外觀和簡單操作受到新手的喜愛。油耗也相對低，是城市駕
>   駛的好選擇。
> 6. **Ford Fiesta**：雖然Ford在台灣市場的份額較小，但Fiesta是一款操作簡單、油耗低的小型
>   車，值得考慮。
>
> 當然，購車時還需考慮其他因素，如保險費用、維護成本、車輛保值率等。建議您在決定購
> 買之前，先到各大汽車展間試駕和比較，以確保選擇最適合您的車型。

● **明確指出問題的重點**：如果您有特定的困惑或問題，明確指出可以幫助 ChatGPT 更精確地回答。例如：

提示（prompt）詞

　　我最近想換車，對於電動車和油電混合車都很感興趣，請問這兩者有什麼主要的差異和優缺點？

ChatGPT 回答內容

電動車 (EV)：

工作原理：

● 完全依賴電力驅動，使用大型的鋰電池作為能源，透過電動機來驅動車輛。

優點：

1. **零排放**：完全不排放有害氣體，對環境友善。
2. **運行成本低**：電力通常比汽油便宜，且電動車的維護成本較低。
3. **政府補助**：許多國家為鼓勵購買電動車提供稅收減免或補助。
4. **安靜運行**：電動機的運作相對安靜。

缺點：

1. **續航里程**：雖然技術持續進步，但電動車的續航里程仍然受到電池容量的限制。
2. **充電時間**：充電時間通常比加油時間長。
3. **充電站分布**：雖然充電站逐漸增加，但在某些地區仍然不如加油站普及。

油電混合車 (HEV)：

工作原理：

● 結合傳統內燃機和電動機的驅動，可以在不同的情境下切換或組合使用。

優點：

1. **燃油效率高**：在城市低速行駛時，可以僅使用電力，減少油耗。
2. **續航里程長**：結合汽油和電力，續航里程通常比純電動車長。
3. **自動充電**：在行駛或剎車時，可以回收能量充電。
4. **不需外接充電**：不像純電動車需要特定的充電站。

缺點：

1. 價格相對較高：因為結合了兩種驅動技術，所以價格通常比傳統汽車高。

2. 維護成本：雖然低於純電動車，但因為有兩套驅動系統，可能會有較高的維護成本。

● **尋求多方面的建議**：除了基本的建議，您還可以詢問相關的延伸問題，以獲得更全面的指導。例如：

 提示（prompt）詞

我想知道 TOYOTA 的 Altis 和 HONDA 的 Civic 這兩款車的比較，不只是性能，還有售後服務和保值率等方面的考量。

ChatGPT 回答內容

TOYOTA的Altis（在某些市場稱為Corolla）和HONDA的Civic都是非常受歡迎的緊湊型轎車，各有其特點和優勢。以下是這兩款車的比較，包括性能、售後服務和保值率等方面的考量：

1.性能：

- **TOYOTA Altis**：Altis通常以其平穩的駕駛和高效的燃油效率著稱。其動力輸出平穩，適合日常城市駕駛和高速公路行駛。
- **HONDA Civic**：Civic傾向於提供稍微更多的動力和更好的操控性。它的懸掛設計和駕駛反應通常被認為是在其級別中較為出色的。

2.售後服務：

- **TOYOTA Altis**：TOYOTA在全球都有非常廣泛的服務網絡，因此在大多數地區，找到TOYOTA的服務中心都很容易。此外，Altis的維護成本相對較低，部分原因是因為其零件普及且價格合理。
- **HONDA Civic**：HONDA也有廣泛的服務網絡，但在某些地區可能不如TOYOTA普及。Civic的維護成本通常也很合理，但某些特定零件可能比Altis略高。

3.保值率：

- **TOYOTA Altis**：Altis因其耐用性和可靠性而著稱，這使其在二手市場上具有相對較高的保值率。
- **HONDA Civic**：Civic也是一款非常受歡迎的車型，並且在多年來已建立了良好的聲譽。它的保值率也很高，尤其是某些特定版本或配置。

綜合考慮：

* 如果您尋求一款日常使用、維護成本低和高保值率的車型，TOYOTA Altis可能是一個不錯的選擇。
* 如果您希望有更好的駕駛體驗和操控性，並且不介意可能稍微高一點的維護成本，那麼 HONDA Civic可能更適合您。

最後，建議您在決定購車前，最好先試駕這兩款車型，以確定哪一款最符合您的需求和喜好。

技能 13 氣候資訊建議

無論您是想知道某個地方的氣候型態，還是尋找適合觀賞楓葉的地點。這時，ChatGPT 就如同您的私人氣象站，隨時為您相關的氣候資訊和自然觀察建議。例如：

提示（prompt）詞

請問台北在 12 月的氣候型態？

🤖 **ChatGPT 回答內容**

台北在12月的氣候型態屬於亞熱帶氣候的冬季。以下是12月台北的氣候特點：

1. **溫度**：12月的氣溫相對較低，平均氣溫通常在15°C到22°C之間。早晚可能會更冷，特別是當冷氣團來臨時。
2. **降雨**：12月是台北的乾季之一，雨量較少。但偶爾仍可能有冷鋒或東北季風帶來的短暫降雨。
3. **濕度**：由於是乾季，濕度相對較低，但由於台北位於亞熱帶，所以濕度仍然存在。
4. **風向**：12月的主要風向是東北風，當東北季風增強時，台北可能會感受到較強的風和較低的氣溫。
5. **服裝建議**：建議穿著秋冬服裝，如輕型外套、毛衣或長袖上衣。早晚較冷時，可能需要穿著較厚的外套。

總之，12月的台北氣候相對涼爽且乾燥，是一個適合旅遊和戶外活動的月份。不過，建議還是要關注天氣預報，特別是當東北季風或冷鋒來臨時。

除了基本的氣候資訊，您還可以詢問與特定活動或自然現象相關的建議。例如：

提示（prompt）詞

我想在這個秋天去賞楓，請問台灣哪些地方是賞楓的熱門景點？

ChatGPT 回答內容

台灣的秋天，雖然沒有四季分明的國家那麼鮮明，但在高海拔的地方，仍然可以欣賞到美麗的楓紅景色。以下是台灣賞楓的熱門景點：

1. **武陵農場**：位於台中市和花蓮縣交界，是台灣最著名的賞楓景點之一。每年的11月到12月，大片的楓樹都會轉紅，景色相當壯觀。
2. **合歡山**：位於南投縣，是中台灣的賞楓重鎮。除了楓樹外，還有山楂、欅木等樹木在秋天會變色。
3. **太平山**：位於宜蘭縣，除了楓樹外，還有大片的黃楊木林在秋天會變黃，形成一片金黃色的海洋。
4. **阿里山**：雖然以賞櫻花較為著名，但在秋天，阿里山的楓樹也會轉紅，特別是在神木區和姊妹池附近。
5. **福壽山農場**：位於台中市，是另一個賞楓的好地方。這裡的楓樹種類繁多，從深紅到橙黃，色彩繽紛。
6. **新社古堡**：位於台中市新社區，除了有美麗的古堡建築外，秋天的楓樹也相當吸引人。

當然，賞楓的最佳時機會因年度氣候差異而有所變動，建議在前往前先查詢當地的楓紅狀況。此外，由於賞楓景點在秋天通常會吸引大量遊客，建議避開假日或提前計畫，以免人潮太多影響賞楓的體驗。

技能 14　旅遊景點的規劃建議

　　在這個資訊爆炸的時代，計畫一趟旅行可能會感到有些困難。從選擇目的地、訂購機票和住宿，到規劃行程和了解當地文化，每一步都充滿了選擇。這時，ChatGPT 就如同您的私人旅遊顧問，幫助您解決所有旅行中的疑問，並提供專業的建議。例如：

提示（prompt）詞

我計劃今年夏天去日本旅行，請問哪些地方是夏季的熱門旅遊景點？

ChatGPT 回答內容

> 日本在夏天有許多獨特且迷人的旅遊景點和活動。以下是夏季在日本的熱門旅遊景點：
>
> 1. **北海道**：夏天的北海道氣候涼爽，是避暑的好地方。除此之外，你還可以欣賞到大片的薰衣草花田，特別是在富良野和美瑛。
> 2. **東京**：
>   - **神宮外苑花火大會**：夏天是日本的花火季節，東京的神宮外苑花火大會是最受歡迎的花火活動之一。
>   - **淺草神社**：參加夏季的淺草神社祭典，體驗傳統的日本文化。
> 3. **京都**：
>   - **五山送火**：每年的8月16日，京都的五座山上都會點燃大型的篝火，是紀念亡靈的儀式。
>   - **鴨川**：夏天的晚上，可以在鴨川的河畔享受涼風和傳統的日本料理。
> 4. **大阪**：夏天的大阪有許多夜市和祭典，如天神祭，是大阪最大的夏季節日。
> 5. **沖繩**：擁有美麗的海灘和潛水點，是夏天海灘度假的首選。
> 6. **九州**：比如別府、鹿兒島等地，有許多天然溫泉，可以在夏天享受泡湯的樂趣。
> 7. **富士山**：夏季是富士山的登山季節，你可以挑戰攀登日本的最高峰。
> 8. **夏季祭典**：幾乎日本的每個城市在夏天都會有自己的祭典，如秋田的竿燈節、青森的八戶三社大祭等。
>
> 夏天的日本非常熱鬧，無論你喜歡自然風光、傳統文化還是都市生活，都能找到適合自己的旅遊活動。不過，日本的夏天也相當潮濕和炎熱，建議攜帶防曬和適量的水分，以確保旅行愉快。

另外，ChatGPT 不僅可以提供旅遊景點的規劃建議，還能為您提供當地的文化、節慶、飲食等資訊。無論您是想知道某個國家的特色節慶，還是想了解當地的美食，ChatGPT 都能提供詳盡的答案。例如：

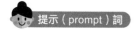
提示（prompt）詞

請問日本的櫻花季節通常是哪個月份？

 ChatGPT 回答內容

> 日本的櫻花季節通常從南部的九州開始，然後向北部的地區逐漸展開。因此，櫻花的盛開時期因地區而異：
>
> 1. **九州地區（如福岡）**：通常在3月下旬到4月初。
> 2. **本州中部和關西地區（如東京、京都、大阪）**：大約在4月初到4月中旬。
> 3. **東北地區（如仙台）**：大約在4月中旬到4月下旬。
> 4. **北海道（如札幌）**：由於氣候較冷，櫻花盛開的時間通常在5月初。
>
> 不過，具體的櫻花盛開時期可能會受到當年的氣候條件影響，所以如果計劃在櫻花季節前往日本，建議提前查看當地的櫻花預報。

或是請 ChatGPT 規劃旅遊行程。

提示（prompt）詞

我想從高雄去台中二日遊，請協助提供一份旅遊行程規劃。

ChatGPT 回答內容

> **第一天：**
>
> 1. **早上：**
>   * **出發**：從高雄搭乘高鐵或火車前往台中。
>   * **抵達台中後**：建議先到第二市場享用當地的早餐，如：肉圓、燒餅、豆漿等。
> 2. **上午：**
>   * **國立台灣美術館**：欣賞當代藝術作品，並在美術館旁的草悟道散步，享受綠意。
> 3. **中午：**
>   * 到逢甲夜市附近的餐廳用餐，並稍作休息。
> 4. **下午：**
>   * **逢甲夜市**：雖然是夜市，但下午也有部分攤位開始營業。可以先逛逛，品嚐一些小吃。
>   * **文心森林公園**：放鬆心情，欣賞大片的綠地和湖泊。
> 5. **晚上：**
>   * **中友百貨**：逛街購物，並在頂樓的美食街享用晚餐。
>   * **住宿**：建議選擇市區的飯店或民宿，方便第二天的行程。

第二天：

1. 早上：
   * **早餐**：選擇飯店內或附近的早餐店。
2. 上午：
   * **東海大學**：參觀美麗的校園，特別是**路思義教堂**，是許多遊客拍照的熱門地點。
   * **勤美誠品綠園道**：逛書店，享受綠意，並在其中的咖啡店品嚐手作甜點。
3. 中午：
   * **老街或市集**：如：**宮原眼科**，品嚐當地的美食。
4. 下午：
   * **彩虹眷村**：參觀這充滿歷史和藝術的眷村，拍照留念。
   * **台中公園**：放鬆心情，欣賞湖中的「中山亭」，也是台中的歷史地標。
5. 晚上：
   * 回到**逢甲夜市**或其他夜市，享受台中的夜晚，品嚐各式小吃。
   * **返回高雄**：搭乘晚間的高鐵或火車返回高雄。

技能 15 社交與交友的建議

　　無論您是想知道如何在新的環境中交到朋友，還是尋找增強人際關係的技巧，例如「如何在新公司裡建立良好的人際關係？」或「如何與不同性格的人相處？」，ChatGPT 都能提供專業的建議。例如：

提示（prompt）詞

　　我剛到一家新公司工作，有什麼建議可以幫助我更快地與同事建立良好的關係？

ChatGPT 回答內容

1. 主動打招呼與微笑：
   * 每天早上進辦公室時，向同事打招呼並微笑。這不僅能展現您的友善，也能為工作環境帶來正面的氛圍。
2. 積極參與團隊活動：
   * 若公司或部門有定期的聚餐、團建活動，請務必參加。這是一個與同事互動、增進彼此了解的好機會。

3. **主動學習與請教：**
   - 若在工作中遇到問題，不妨主動向有經驗的同事請教。這不僅能解決您的疑惑，也能展現您樂於學習的態度。
4. **分享自己的經驗：**
   - 若您有特定的專業知識或經驗，可以在適當的時機分享給同事，這樣可以增加彼此的信任感。
5. **尊重差異：**
   - 每個人的背景和經歷都不同，學會尊重和接受差異，避免因文化或個性上的不同而產生誤解。
6. **主動提供幫助：**
   - 看到同事需要幫忙時，主動伸出援手。這不僅能建立良好的同事關係，也能增強團隊的凝聚力。
7. **良好的聆聽能力：**
   - 與同事交談時，展現出真正的聆聽，這能讓對方感受到被重視。
8. **適時的反饋與稱讚：**
   - 看到同事做得好的地方，給予正面的反饋和稱讚，這能增強彼此的信任和尊重。
9. **避免辦公室政治：**
   - 盡量避免參與或傳播辦公室的小道消息，這樣可以保持自己的形象和人際關係的穩定。
10. **誠實與開放：**
    - 若有任何問題或困擾，建議與同事或上司開放、誠實地溝通，這能避免誤解和矛盾。

 提示（prompt）詞

我的室友性格與我完全不同，如何能與她和平共處？

ChatGPT 回答內容

與性格不同的室友和平共處，確實需要一些策略和耐心。以下是一些建議，幫助您與室友建立和諧的同住關係：

1. **開放溝通：**
   - 定期與室友坐下來交談，分享彼此的感受和期望。這能幫助雙方了解對方的需求和界限。
2. **設定共同規則：**
   - 討論並設定一些共同遵守的室內規則，例如：清潔時間、夜間安靜時間等。這樣可以確保雙方的權益都受到尊重。
3. **尊重私隱：**
   - 尊重室友的私人空間和時間，避免未經同意就進入對方的房間或使用對方的物品。
4. **學會妥協：**
   - 當出現分歧時，嘗試從對方的角度思考，並尋找雙方都能接受的解決方案。

5. **避免小題大作：**
   • 對於一些小問題，如室友偶爾忘記洗碗，嘗試採取寬容的態度，避免因小事引發大爭執。
6. **分享興趣：**
   • 嘗試找出與室友共同的興趣或活動，如一起看電影、做運動等，這能增強彼此的情感連結。
7. **給予空間：**
   • 當感覺到緊張或衝突時，給予彼此一些時間和空間冷靜下來，之後再進行溝通。
8. **誠實與開放：**
   • 若有任何不滿或困擾，建議與室友開放、誠實地溝通，這能避免誤解和矛盾。
9. **學會感謝：**
   • 看到室友做了什麼好事或為您考慮，記得表達感謝，這能增強彼此的正面情感。
10. **尋求外部幫助：**

   • 若雙方的矛盾持續升級，可以考慮尋求宿舍管理員或心理諮詢師的幫助。

　　除了面對特定的社交挑戰，了解一些基本的人際互動技巧也是非常有幫助的。例如，學會傾聽是建立人際關係的關鍵。當您真正傾聽他人，不僅可以更深入地了解對方，還能建立信任和尊重。例如：

如何成為一個好的傾聽者？

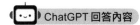

成為一個好的傾聽者不僅能夠加深人際關係，還能提高溝通效率。以下是一些建議，幫助您成為更好的傾聽者：

1. **全心投入：**
   • 當他人講話時，專心聆聽，避免分心做其他事情，如玩手機或看電視。
2. **保持眼神接觸：**
   • 與講話者保持適當的眼神接觸，這表示您在認真聆聽。
3. **避免打斷：**
   • 讓講話者完整地表達自己的想法，避免在他們講話時打斷。
4. **反饋信息：**
   • 用自己的話重述講話者的觀點，以確認您理解了他們的意思。
5. **開放心態：**
   • 嘗試理解講話者的觀點，即使您不同意，也避免立即反駁。

6. **體會情感：**
   - 注意講話者的語氣和非語言行為，如面部表情和肢體語言，這可以幫助您更好地理解他們的情感。

7. **提問：**
   - 若有不明白的地方，適時提問，但確保問題是為了更好地理解，而非質疑。

8. **避免立即給予建議：**
   - 除非講話者徵求您的意見，否則嘗試先聆聽而不是立即給予建議。

9. **控制自己的反應：**
   - 避免因為某些話題而過度反應，如生氣或過於激動。

10. **持續練習：**

- 傾聽是一項技能，需要透過持續的練習和自我反思來不斷提高。

技能 16 購物與比價

　　購物是許多人的樂趣，但如何做到物有所值則是一門學問。無論您是想知道某款產品的評價，還是尋找最划算的購物策略，例如「最近有哪些值得購買的智能手錶？」或「如何選擇一款性價比高的筆記型電腦？」，這時，ChatGPT 可以成為您的人際關係顧問，提供您所需的建議和策略。例如：

提示（prompt）詞

最近有哪些值得購買的智能手錶？

ChatGPT 回答內容

截至我最後的訓練數據（2021年9月），以下是一些當時受到廣大消費者和專家推薦的智能手錶：

1. **Apple Watch Series 6：**
   - Apple的最新手錶系列，具有血氧檢測、心率監測、睡眠追蹤等功能。支持無線充電，並有多種錶帶和錶面供選擇。

2. **Samsung Galaxy Watch 3**：
  • Samsung的旗艦智能手錶，具有心率監測、睡眠追蹤、血氧檢測等功能。外觀設計時尚，並支持Tizen操作系統的各種應用。

3. **Fitbit Sense**：
  • 這是Fitbit的高端健康和健身手錶，具有心率監測、皮膚溫度感測器、睡眠追蹤等功能。特別適合健康和健身愛好者。

4. **Garmin Fenix 6**：
  • 針對運動和戶外活動愛好者設計的高端手錶。具有GPS、心率監測、高度計、氣壓計等功能，並支持多種運動模式。

5. **Fossil Gen 5**：
  • 這款手錶運行Google的Wear OS操作系統，具有心率監測、GPS、支付功能等。設計時尚，適合日常佩戴。

6. **Amazfit GTR 2**：
  • 這是一款價格相對實惠的智能手錶，具有心率監測、血氧檢測、睡眠追蹤等功能。電池續航時間長，適合長時間佩戴。

當然，市場上還有許多其他品牌和型號的智能手錶。在選購時，建議您根據自己的需求、預算和品牌偏好來做選擇。此外，由於科技產品更新迅速，建議在購買前查看最新的產品評測和消費者評價，以確保選擇最適合自己的產品。

ChatGPT 不僅可以提供日常生活中的社交建議，還能為您在專業場合提供策略。例如：

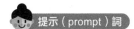

提示（prompt）詞

我即將參加一個業界研討會，請問有什麼策略可以幫助我有效地建立人脈？

ChatGPT 回答內容

參加業界研討會是建立人脈的絕佳機會。以下是一些建議和策略，幫助你在研討會中有效地擴展人際網絡：

1. **事前準備**：
  • 研究參加研討會的嘉賓和講者，確定你特別想見的人。
  • 設定目標：例如，你希望認識五位在你領域內的專家，或者找到三位可能的合作夥伴。
  • 準備自我介紹，簡短且有針對性地描述你自己和你的工作。

2. **主動出擊**：
  • 不要害羞或等待他人來和你交談，主動上前打招呼和自我介紹。
  • 參加研討會中的各種活動，如小組討論、工作坊等，這些都是認識人的好機會。

3. **傾聽：**
   - 真正聆聽他人說話，這不僅可以讓你獲得資訊，還能展現你的尊重。
   - 問開放式的問題，鼓勵對方分享更多。
4. **交換名片：**
   - 確保帶足夠的名片，並在交換名片後，於名片背面簡單記下與該人的交談重點，方便日後聯繫。
5. **利用社交媒體：**
   - 你可以透過LinkedIn或其他專業社交平台，事前或事後與參加者建立聯繫。
   - 考慮在研討會期間發布相關內容，使用研討會的官方標籤，增加曝光度。
6. **後續跟進：**
   - 研討會結束後，儘快與你認識的人進行後續聯繫。可以是一封感謝信、提供資訊或建議合作的電子郵件。
   - 記得提到你們在研討會上的交談，使對方更容易回憶起你。
7. **持續維護人脈：**
   - 建立人脈不僅僅是認識新人，更重要的是持續維護和深化這些關係。
   - 定期與你的聯繫進行互動，分享資訊，或只是簡單地問候。

透過這些建議，您不僅可以在日常生活中建立和維護良好的人際關係，還可以在專業場合中更有效地與他人互動。

AI 投資理財

隨著 AI 技術的迅速發展，越來越多的個人投資者得以運用人工智慧輔助決策，無論是投資股票、基金，還是管理資產配置，AI 都可以提供強大的資料分析、趨勢預測與風險評估能力。

接著我們將示範幾個具體提示詞，能引導 ChatGPT 給出實用的 AI 輔助投資理財資訊，協助您進行全面的投資分析與決策。

分析股市趨勢

引導 ChatGPT 提供關於 AI 如何分析股市趨勢、識別市場模式及潛力投資標的的資訊。

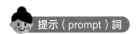

提示（prompt）詞

AI 技術如何協助我分析股市走勢並找出投資機會？

ChatGPT 回答內容

AI技術在分析股市走勢並發現投資機會方面非常有幫助。以下是幾種主要的應用方式：

1. **大數據分析與趨勢預測**

   AI技術可以快速處理龐大的市場數據，包括歷史價格、交易量、經濟指標和新聞事件。透過深度學習和機器學習演算法，AI能夠分析股市的長期趨勢、短期波動，甚至提前預測潛在的市場轉折點。這有助於投資者掌握入場和出場的最佳時機。

2. **情緒分析**

   利用AI進行情緒分析，可以即時掃描來自新聞、社交媒體、財經報告和網路論壇的數據，提取出市場情緒指標。情緒分析有助於判斷市場對某隻股票的看法，預測其未來走勢。例如，當市場情緒樂觀時，AI可能會建議觀察買入時機；而當情緒低迷時，AI可以提醒投資者謹慎操作。

3. **技術指標與模式辨識**

   AI可自動化地應用技術指標，如移動平均線、MACD、RSI等，並進行模式辨識。例如，AI能識別出頭肩形態、雙底等技術形態，並根據這些形態提供進場或出場的建議。AI的高計算能力讓它能快速分析多種指標，為投資者提供具體的操作建議。

4. **個股篩選與估值分析**

   AI可以幫助投資者篩選出具備高成長潛力或被低估的股票。透過財務報表數據和估值模型，AI能夠分析公司收入、盈餘、現金流等關鍵指標，找出投資標的。例如，它可以比較公司的市盈率、市銷率等估值指標，幫助投資者判斷股票的價值。

5. **風險管理與資產配置建議**

   AI技術可以根據投資者的風險偏好、自身的投資目標來提供風險管理建議。AI會使用風險評估模型來檢視投資組合的多樣性，並提供調整建議，以平衡風險和收益。例如，AI可以建議適當增加或減少特定產業的配置，減少單一股票的集中風險。

藉由這些技術應用，AI可以大幅提升投資者的分析效率，協助更精準地發掘潛在的投資機會，並做出數據支援的投資決策。

理財管理工具推薦

問題集中在個人投資者的 AI 工具選擇，包括應用程式功能、使用簡單的 AI 分析和理財管理工具推薦。

提示（prompt）詞

有哪些適合新手投資者的 AI 理財工具？推薦幾個實用的應用程式

ChatGPT 回答內容

> 對於新手投資者，AI理財工具能提供簡便且有效的投資輔助。以下是幾款適合新手的AI理財應用程式：
>
> 1. **Growin**：由TradingValley開發的智能理財服務，透過AI演算法為用戶提供個人化的投資組合建議，涵蓋ETF和美股等資產配置，並自動調整投資組合以達到最佳化狀態。 GROWIN
>
> 2. **Autopilot Investment App**：這款應用程式利用AI自動管理投資組合，簡化決策流程，適合喜歡被動投資的新手投資者。 最赚包
>
> 3. **Stocks**：這是一款AI驅動的股票交易應用程式，提供股票表現追蹤、財務指標查看，以及重要日期提醒等功能，幫助投資者掌握市場動態。 最赚包
>
> 4. **AI投資助手**：透過智能分析，協助用戶制定更明智的投資決策，提升投資回報，適合希望改善個人財務狀況的新手投資者。 磊科科技
>
> 5. **自動化財務管理工具**：這些工具簡化預算編制與開支追蹤，讓用戶輕鬆掌握個人財務狀況，適合剛開始理財的新手。 磊科科技
>
> 這些AI理財工具旨在降低投資門檻，提供簡單易用的介面，協助新手投資者更有效地管理資產並做出明智的投資決策。

風險控制建議

問題要求 ChatGPT 說明 AI 如何分析資產配置、提升多樣化並提供穩健的風險控制建議。

提示（prompt）詞

如何改善我的投資組合，並有效降低風險？

ChatGPT 回答內容

> 改善投資組合並降低風險的關鍵在於資產配置、多樣化和使用AI工具進行風險評估。以下是具體建議：

1. **多元化投資組合**

   多元化是降低風險的核心策略，建議將資金分散投資於不同資產類別，如股票、債券、ETF、房地產投資信託(REITs)和大宗商品。AI可以幫助分析資產間的相關性，選出波動性相對低的資產，組合能更穩定應對市場波動。

2. **定期重新平衡資產配置**

   定期重新檢視投資組合，尤其是在市場波動期間，調整投資比例，確保組合中的高風險資產不超過目標配置。AI理財工具可自動進行資產再平衡，根據市場變動及投資者風險偏好調整資產配置，達到穩定成長的目標。

3. **使用AI進行風險評估**

   AI可以通過分析財務數據、投資標的的波動性指標及市場情緒進行風險評估，幫助找出潛在高風險資產。透過AI工具，例如風險儀表板，可快速判斷各項資產的風險狀況，並建議是否需要調整投資標的。

4. **考慮配置防禦性資產**

   在波動性較高的市場環境中，防禦性資產如債券、黃金和穩定收益的基金能提供穩定的現金流並減少資本損失。AI能根據市場動態推薦適合的防禦性資產，提升投資組合的抗風險能力。

5. **利用AI進行損益管理**

   AI能根據市場數據實時追蹤投資組合的收益，並提供止損、止盈點的建議。例如，當某項資產達到設定的風險限度時，AI可以通知或自動進行調整，確保投資者在風險可控範圍內操作，達到穩健增長。

以上策略配合AI的強大數據分析和預測能力，能讓投資組合在市場波動中保持相對穩定，降低風險，並有效提升長期回報。

詢問 AI 如何篩選股票

此提問促使 ChatGPT 介紹 AI 如何篩選股票、評估成長潛力，並應用於個股的深入分析。

提示（prompt）詞

如何協助我進行個股分析並挑選具有潛力的股票？

ChatGPT 回答內容

AI技術在個股分析和潛力股挑選上可以提供許多有效的支持，以下是幾種實用方法：

1. **財務數據分析**

   AI能夠自動處理大量的財務報表數據，分析公司的收入、淨利潤、現金流量和負債情況等指標。這些數據可以幫助投資者評估公司的財務健康狀況，識別出具備成長潛力或財務穩健的公司。例如，透過比對市盈率（P/E）、市淨率（P/B）等指標，AI能迅速篩選出相對被低估的潛力股。

2. 技術指標應用

AI可以利用技術分析的各種指標，像是移動平均線、相對強弱指數（RSI）、MACD等，分析股價走勢和交易量。AI演算法能識別潛在的價格變動趨勢並提供操作建議。透過深度學習技術，AI還能捕捉股票的歷史模式，讓投資者掌握市場時機。

3. 情緒分析

AI可收集並分析來自新聞、社交媒體、財經報告等資料來源的情緒，幫助投資者評估市場對該股票的看法。透過自然語言處理（NLP），AI能識別正面或負面的市場情緒，提醒投資者可能的機會或風險。若市場對某股票出現樂觀情緒，AI會提示潛在的投資機會。

4. 競爭對手與行業分析

AI能分析目標公司在產業內的相對地位，並與競爭對手進行比較，評估該公司是否具備競爭優勢。此類分析有助於了解公司在行業中的成長空間與市場份額。AI會考量行業趨勢，協助識別出在成長性行業中具領先地位的公司。

5. 風險與回報評估

AI能根據歷史數據和行業特性來計算個股的預期回報和風險，提供多樣化的選股建議。例如，根據股價波動、交易量和財務比率等因素，AI會建議高風險高回報或穩定增長的股票，讓投資者根據風險承受能力做出選擇。

透過這些方法，AI可以協助投資者快速分析多個個股，辨識出財務健康、增長前景好的潛力股票，並在做出投資決策前提供更為全面的支持。

AI 在財務分析的應用

詢問 AI 技術在財務資料分析方面的應用，幫助篩選出具有強大基本面的公司或投資標的。

 提示（prompt）詞

請介紹幾種使用 AI 進行財務報表分析的方法，以便更好地選擇投資標的

ChatGPT 回答內容

AI在財務報表分析中能有效處理大量數據，識別趨勢和潛在投資機會。以下是幾種常用的AI財務報表分析方法，能幫助投資者做出更明智的投資決策：

1. 比率分析自動化

AI可自動計算常見的財務比率，例如市盈率（P/E）、市淨率（P/B）、淨利潤率、負債比率等，並與行業平均進行比較。透過比對過去的比率變化和行業指標，AI能判斷出財務健康的公司，幫助投資者快速篩選具投資價值的標的。

2. **歷史趨勢分析**

   AI可以追踪公司過往的財務表現，從收入增長、毛利率變化等方面分析公司成長趨勢。深度學習模型能識別這些趨勢並預測未來走勢，讓投資者了解公司的潛在增長力。AI還會根據歷史數據提出異常數值的警示，例如急速增加的負債或減少的現金流。

3. **情緒分析結合財務報表**

   AI通過自然語言處理技術分析公司年報、財務報告、管理層發言和新聞資料，提取正面或負面情緒。情緒分析可輔助了解公司管理層的信心，或市場對公司的評價，並和財務數據一同參考，全面判斷投資標的的前景。

4. **預測模型分析**

   AI可以使用預測模型，根據公司的歷史財務表現和行業趨勢進行盈利和現金流預測。透過機器學習，AI模型會將公司當前的收入、成本結構等因素納入考量，進而推測出未來的盈餘成長。這種方法有助於選擇未來成長性較高的公司。

5. **風險評估和資本結構分析**

   AI能分析公司的負債和資本結構，評估其財務風險。通過風險模型，AI可以判斷公司是否過度依賴外部融資，或是否具備足夠的償債能力。這些分析讓投資者了解公司的財務穩健度，減少投資風險。

透過這些AI方法，投資者可以快速掌握公司財務狀況並進行比較，找到具潛力和相對穩健的投資標的，為投資組合增加價值。

技能 18　AI 股票投資報告書

在股票投資的世界裡，精準的資訊和深度分析是成功的關鍵。本單元將深入探討如何運用 AI 來生成股票投資報告，幫助您在瞬息萬變的股市中掌握先機，提升投資回報。

以下是台灣上市櫃公司盟立（股票代碼：2464）的簡易版股票投資報告書的示範操作過程。

公司的基本資訊和財務概況

首先請 ChatGPT 概述盟立公司的基本情況，例如公司背景、核心業務、近期的營收和淨利資料，讓報告開頭對公司有基本認識。

提示（prompt）詞

請提供盟立 (2464) 公司的基本資訊和財務概況，包括公司簡介、主要業務和財務指標。

ChatGPT 回答內容

盟立自動化股份有限公司（股票代號：2464）成立於1989年，總部位於新竹科學園區。 美陽科技 公司專注於設計、開發、生產及銷售自動化設備系統及其零組件，涵蓋電腦控制設備、醫療器材自動化生產設備、立體停車設備等。 財經新報 此外，盟立提供相關產品的工程規劃、安裝、技術諮詢、維修及租賃服務。

截至2024年第二季，盟立的財務指標如下：

- 營業毛利率：19.78%
- 營業利益率：-0.42%
- 稅後淨利率：0.84%
- 每股盈餘（EPS）：0.07元

富邦電子交易

公司持續投入研發，致力於提升自動化技術，並積極拓展在半導體、面板等領域的應用，為客戶提供整廠智能自動化解決方案。 美陽科技

分析財務報表資料

下達提示詞要求分析該公司三年內的財務趨勢，讓讀者了解盟立的收入和利潤增長情況，提供資料支援的財務狀況分析。

提示（prompt）詞

分析盟立 (2464) 最近三年的財務報表數據，包含營收增長率、毛利率、淨利率等指標變化。

🤖 ChatGPT 回答內容

以下是盟立自動化股份有限公司（股票代號：2464）最近三年的財務指標概況：

2021年：

- **營業收入**：約為新台幣 107.7 億元。 [台灣證券交易所即時行情]
- **營業毛利率**：約為 17.4%。
- **營業利益率**：約為 3.31%。
- **稅後淨利率**：約為 4.85%。
- **每股盈餘（EPS）**：約為 2.63 元。

2022年：

- **營業收入**：約為新台幣 88.13 億元。 [台灣證券交易所即時行情]
- **營業毛利率**：約為 17.3%。
- **營業利益率**：約為 0.15%。
- **稅後淨利率**：約為 1.99%。
- **每股盈餘（EPS）**：約為 0.89 元。

2023年：

- **營業收入**：截至第三季累計約為新台幣 53.59 億元，較去年同期減少 20.58%。 [財經新聞]
- **營業毛利率**：約為 17.2%。
- **營業利益率**：約為 0.7%。
- **稅後淨利率**：約為 0.57%。
- **每股盈餘（EPS）**：約為 0.13 元。

趨勢分析：

- **營業收入**：2021年達到高峰，2022年有所下降，2023年截至第三季持續下滑。
- **營業毛利率**：在 17% 左右，變動不大，顯示公司在成本控制上相對穩定。
- **營業利益率**：2021年為 3.31%，2022年大幅下降至 0.15%，2023年略有回升至 0.7%，但仍處於較低水平。
- **稅後淨利率**：呈現下降趨勢，從 2021年的 4.85% 下降至 2023年的 0.57%。
- **每股盈餘（EPS）**：從 2021年的 2.63 元下降至 2023年的 0.13 元，顯示公司獲利能力減弱。

競爭優勢和行業地位

下達提示詞讓 ChatGPT 提供盟立的競爭優勢分析，介紹其在行業內的地位，與主要競爭者的比較，有助於投資者理解該公司的行業競爭力。

提示（prompt）詞

請解釋盟立 (2464) 的競爭優勢和行業地位，並比較其在電子製造業中的市場份額和競爭者情況。

ChatGPT 回答內容

盟立自動化股份有限公司（股票代號：2464）在電子製造業中具備以下競爭優勢和行業地位：

競爭優勢：

1. **技術實力與研發能力**：盟立擁有強大的研發團隊，專注於自動化設備的設計與開發，能提供高品質的自動化解決方案。 誠能數據

2. **客製化服務**：公司能根據客戶需求，提供量身訂製的自動化系統整合方案，滿足不同產業的特定要求。 誠能數據

3. **多元產品線**：盟立的產品涵蓋半導體設備、面板設備、工業自動化、智慧物流等多個領域，拓展了市場覆蓋面。 誠能數據

4. **全球佈局**：公司在台灣、中國大陸、新加坡、美國等地設有生產基地和銷售據點，提供全球化服務。 誠能數據

行業地位與市場份額：

盟立在全球自動化設備市場中佔有重要地位，其產品廣泛應用於半導體、面板、工業、物流等產業，客戶遍佈全球。 誠能數據 然而，具體的市場份額數據未公開。

主要競爭者：

1. **上銀科技（HIWIN）**：全球知名的滾珠螺桿、線性滑軌製造商，產品廣泛應用於自動化設備、工具機等領域。 誠能數據

2. **東台精機（TMT）**：台灣工具機產業的龍頭企業，專注於CNC工具機、自動化系統等領域。 誠能數據

3. **台達電子（Delta）**：全球知名的電源供應器和工業自動化產品製造商，產品應用於自動化設備、機器人等領域。 誠能數據

總體而言，盟立在自動化設備領域具備技術實力和多元產品線，與上述競爭者共同競逐市場份額。

分析股價走勢

這個問題引導 ChatGPT 分析盟立的股價走勢，應用技術指標如移動平均線、RSI 等，提供短期的股價趨勢預測，幫助投資者判斷該股是否適合入手。

提示（prompt）詞

根據盟立 (2464) 的歷史股價走勢和技術指標，請提供未來六個月的股價趨勢預測。

ChatGPT 回答內容

截至2024年11月13日，盟立（股票代號：2464）的股價走勢和技術指標顯示以下趨勢：

近期股價表現：

- **股價區間**：過去三個月，股價在新台幣77元至83元之間波動。

- **成交量**：近期成交量維持穩定，未見明顯放大或縮小。

技術指標分析：

- **移動平均線（MA）**：短期（5日）均線略高於中期（20日）均線，顯示短期趨勢偏多。

- **相對強弱指數（RSI）**：RSI值約在50左右，表示市場處於中性狀態，未見超買或超賣現象。

- **移動平均收斂背離指標（MACD）**：MACD線與訊號線接近零軸，顯示市場缺乏明確方向。

未來六個月股價趨勢預測：

基於上述技術指標，盟立的股價在未來六個月可能維持區間震盪走勢，主要在新台幣75元至85元之間波動。若有重大利多消息或市場情緒改變，股價可能突破此區間。

建議：

- **關注基本面變化**：留意公司財報、產業動態等基本面資訊，評估其對股價的影響。

- **設定停損與停利點**：在區間操作時，建議設定明確的停損與停利點，以控制風險。

請注意，股市具有不確定性，以上分析僅供參考，投資決策應根據個人風險承受能力謹慎評估。

評估風險因素

此提示詞讓 ChatGPT 聚焦於盟立面臨的風險，如經濟波動、供應鏈問題等，有助於全面評估投資該公司股票的風險。

提示（prompt）詞

評估盟立 (2464) 的風險因素，並分析影響該公司未來表現的關鍵風險，如市場需求、原材料價格、產業政策等。

ChatGPT 回答內容

評估盟立自動化股份有限公司（股票代號：2464）的風險因素，以下幾個關鍵領域可能影響其未來表現：

1. **市場需求波動**：盟立主要服務於半導體、面板、智慧物流等產業，這些市場的需求變化直接影響公司的訂單量和營收。全球經濟情勢、科技發展趨勢以及終端市場需求的變化，均可能導致市場需求的波動。

2. **原材料價格波動**：公司產品的生產需要各種原材料，若原材料價格上漲，可能增加生產成本，進而壓縮利潤空間。特別是金屬、電子元件等價格的波動，對公司的成本結構有直接影響。

3. **產業政策變動**：政府對自動化設備、半導體產業的政策支持或限制，將影響公司的營運環境。例如，環保法規的加嚴可能增加合規成本，或產業補貼政策的變動可能影響市場競爭格局。

4. **技術創新壓力**：自動化設備行業技術更新迅速，若公司無法持續投入研發，保持技術領先，可能被競爭對手超越，影響市佔份額。此外，客戶對產品性能和效率的要求不斷提高，也增加了技術創新的壓力。

5. **國際貿易風險**：盟立的產品銷往全球，國際貿易政策、關稅變動、匯率波動等因素，可能影響公司的出口業務和盈利能力。特別是中美貿易摩擦等國際政治經濟事件，可能對公司的供應鏈和市場拓展造成影響。

6. **供應鏈中斷風險**：全球疫情、自然災害等不可抗力事件，可能導致供應鏈中斷，影響生產和交付。公司需建立彈性的供應鏈管理機制，以降低此類風險。

綜上所述，盟立需密切關注市場需求、原材料價格、產業政策等外部環境的變化，並加強自身的技術創新能力和風險管理，以應對未來可能的挑戰。

　　透過這些提示詞，ChatGPT 能協助完成一份簡易且具深度的盟立公司股票投資報告書。這些分析涵蓋公司基本面、財務數據、競爭力、股價趨勢和風險評估，為投資者提供實用的參考資訊。

技能 19　以視覺連結的分享平台 IG 風格撰寫貼文

　　在當今數位時代，社群媒體已成為人們日常生活的重要組成部分。為了在眾多資訊中脫穎而出，創作者必須靈活運用多種貼文風格，以吸引目標受眾的注意。

IG 風格的貼文具有以下幾個特點：

- 視覺為主 📷：IG 貼文通常以精美的照片或短影片為主，畫面質感和構圖至關重要，以吸引受眾的第一眼注意。

- 簡短有力的文字 ✍：文字簡潔明瞭，通常以一句話或幾個詞語傳達重點，讓讀者快速理解主旨。

- 標籤（**Hashtags**）🏷：利用熱門或專屬標籤，讓貼文更容易被搜尋或加入相關話題，提高貼文的曝光度和流量。

- 個性化 **Emoji**☺：貼文中常使用 Emoji 來增添活潑和情感，讓文字更生動、易讀，並突顯品牌的個性風格。

- 故事性與情感共鳴 💕：IG 貼文常加入品牌故事、生活日常或情感場景，以拉近與受眾的距離，讓貼文更具真實性和親和力。

- 行動呼籲（**Call to Action**）🔊：常見於貼文結尾，如「點擊連結」、「查看更多」、「留言分享」等，激勵受眾參與互動，增加貼文的回饋。

- 統一的色調與風格 🎨：IG 貼文風格通常統一一致，無論是色調、濾鏡還是圖片布局，都會維持品牌的獨特風格和美感。

- 善用標記功能 📌：可以標記其他帳號、地點或產品，增強貼文的關聯性和真實感，讓內容更具社交互動性。

- 短影片與 **Reels**🎬：隨著 Reels 和短影片的普及，IG 貼文風格越來越傾向於短而精的影片內容，提供創意、娛樂或教育性內容，吸引更多的目光。

這些特點能讓 IG 貼文快速抓住讀者目光，達到高曝光、高互動的行銷效果。

 提示（prompt）詞

油漆式速記多國語言雲端學習系統，這套系統是利用本公司獨家發明的油漆式速記法原理所建構完成，油漆式速記法的核心精神就是圖像記憶，請以 Instagram 特有的貼文風格的方式撰寫推廣文案。

ChatGPT 回答內容

> ● 💬 #油漆式速記法 | 多國語言學習新體驗 🌐 🔊
>
> 🚀「語言學習變得超簡單！🎈」
> 本公司獨家油漆式速記法，結合圖像記憶，一眼就記住單字和句子！👀💡
>
> 🌟 學習亮點：
> 🎨 **圖像記憶法**：將單字變成記憶深刻的圖像，學語言不再只是背書！
> 🎨 **隨時隨地**：全雲端學習系統，任何裝置隨時連接，不浪費碎片時間 ⏰
> 🎨 **速成無壓力**：短時間掌握多國語言，旅行、職場再也不擔心 🌍✈️
>
> 📲 立即加入油漆式速記學習系統，讓圖像帶你開啟語言學習新旅程！
>
> #多國語言學習 #油漆式速記法 #雲端學習 #圖像記憶 #學習革命 #語言速成

技能 20 以圖文方式撰寫貼文 〉

　　這種結合精美圖片與精煉文字，可以提升內容的視覺吸引力與傳達效果。以圖文方式撰寫貼文對行銷有以下幾個優點：

- **視覺吸引力** 🖼️：圖文結合的內容更具視覺衝擊，能迅速吸引受眾的注意力，讓貼文在資訊流中更易被停留觀看。

- **提升資訊傳達效率** 🚀：圖片能直觀傳遞複雜概念或情感，而文字則可以補充詳細資訊，兩者結合讓內容更易於理解，提升資訊傳達效率。

- **強化品牌印象** 🎀：精心設計的圖文風格能統一品牌形象，增加品牌辨識度，讓受眾更快記住品牌並產生認同感。

- **提升互動率** 👍：視覺化的圖文內容往往能帶來更高的互動率，容易引起按讚、分享和留言，進一步提升貼文的影響力和曝光度。

- 提高記憶度 🧠：圖片和圖像能加強記憶，讓受眾在短時間內記住關鍵資訊或品牌，提升行銷效果的長期影響力。

- 創造情感連結 💔：圖文能表達故事性，觸動受眾情感，讓品牌與受眾之間建立更深層的情感連結，提升信任度和忠誠度。

總之，圖文結合的貼文方式不僅增強了內容的吸引力，還能更有效地傳達資訊和增強品牌與受眾的互動和情感連結，是行銷中不可或缺的工具。

 提示（prompt）詞

油漆式速記多國語言雲端學習系統，這套系統是利用本公司獨家發明的油漆式速記法原理所建構完成，油漆式速記法的核心精神就是圖像記憶，請以結合精美圖片與精煉文字，提升內容的視覺吸引力與傳達效果的方式撰寫推廣文案。

🤖 ChatGPT 回答內容

🌐 多國語言油漆式速記雲端學習系統 🌐

🧠 用圖像畫出記憶，輕鬆掌握多國語言！
本公司獨家研發的「油漆式速記法」，顛覆傳統學習方式，將文字轉換為易於記憶的生動圖像，讓學習效果更快速、更深刻！

💡 油漆式速記法的獨特之處

- 圖像化記憶 🖼：透過圖像連結語言，單字與語法更容易被大腦牢記。

- 快速上手 🚀：專為忙碌學習者設計，零碎時間也能有效學習。

- 雲端隨時隨地 🌐：無需安裝，任何裝置都能連線，讓學習無界限！

> ◎ **學習效果有目共睹！**
>
> 「油漆式速記法」成功提升了學習速度，讓語言不再枯燥，無論是出國旅行、職場需求或是提升自我，都能快速達成目標！
>
> 📲 立即體驗這個獨家速記系統，讓圖像為您描繪出語言的世界！

以 Emoji 撰寫貼文

技能 21

首先來看如何以 Emoji 撰寫貼文，它是一種透過巧妙運用表情符號，增強貼文的情感表達與趣味性。使用 Emoji 撰寫貼文對行銷有以下幾個優點：

- 🖌️ **吸引目光**：Emoji 色彩繽紛，能讓貼文在大量文字中脫穎而出，迅速吸引讀者目光。

- ☺ **增強情感傳達**：Emoji 可以強化貼文的情感，讓品牌聲音更具親和力和感染力，拉近與消費者的距離。

- 🧠 **簡化溝通**：複雜概念可以用簡單的 Emoji 表達，讓資訊一目了然，加深受眾的理解和記憶。

- 📈 **增加互動性**：研究顯示帶有 Emoji 的貼文互動率通常較高，能更有效地引發按讚、留言或分享。

- 🌐 **跨語言傳遞**：Emoji 是全球通用的視覺語言，可以跨越語言障礙，傳達品牌的核心資訊。

總之，Emoji 可以讓貼文更具吸引力、情感和互動性，是行銷中強大的輔助工具！

 提示（prompt）詞

油漆式速記多國語言雲端學習系統，這套系統是利用本公司獨家發明的油漆式速記法原理所建構完成，油漆式速記法的核心精神就是圖像記憶，請以 Emoji 的方式撰寫推廣文案。

🤖 ChatGPT 回答內容

🌐🎇【多國語言學習新革命】🎇🌐
🎨🖌 油漆式速記 🖊💡——獨家專利的圖像記憶法，讓學習不再枯燥！
🈶🖥 雲端學習系統 🌐，隨時隨地輕鬆掌握多國語言！

📌 記憶力 UP 🔝🔴
◎ 簡單快速 🚀⏳
☑ 學習效率翻倍 💪🔥

💬 讓文字化作生動圖像 🖼，一眼記住單字句子！
✳ 適合想快速掌握語言的你！💬💬

👉 現在加入我們！一起用圖像走遍全球吧 🌐💪

MEMO

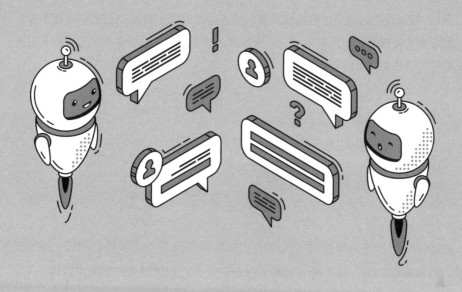

13

CHAPTER

AI 教育與學習的技巧和實例

AI 在教育領域的應用正迅速成為變革的核心推動力，隨著 AI 技術的不斷進步，教育者可以依靠這些工具來強化教學品質，學生則能透過智慧化學習資源來自主學習，增強知識掌握能力。

 協助課業學習 〉

ChatGPT 可以作為學生的私人導師，幫助他們解答各種學科的問題。無論是數學、科學還是文學，只要提出問題，ChatGPT 都能提供專業的答案和解釋。

 提示（prompt）詞

請解釋牛頓的第三運動定律。

ChatGPT 回答內容

> 牛頓的第三運動定律，也被稱為「作用和反作用定律」，它的內容是：對於每一個作用力，總有一個大小相等但方向相反的反作用力作用在另一個物體上。
>
> 簡單來說，這意味著當一個物體A施加一個力到另一個物體B上，物體B也會施加一個大小相等但方向相反的力到物體A上。
>
> 例如：
>
> 1. 當你坐在椅子上，你對椅子施加了一個向下的力（由於你的重量），而椅子也對你施加了一個大小相等但方向向上的力。
> 2. 當你用手推牆，你對牆施加了一個向前的力，而牆也對你的手施加了一個大小相等但方向向後的力。
>
> 這個定律強調了力是相互的，並且作用和反作用力是同時發生的。

有效地使用 ChatGPT 進行學習，在提問時，可以注意以下幾個重點：

- **明確提問**：清晰、具體的問題往往能得到更精確的答案。例如，不只是問「請教我物理」，而是問「請解釋電磁感應的原理。」

- **分步驟詢問**：對於複雜的概念或問題，建議學生分步驟、逐一提問，這樣可以更系統地理解答案。

- **自我測試**：學習不只是接收知識，還需要進行自我測試以確認理解。學生可以向 ChatGPT 提出與所學相關的問題，並試著自己回答，然後再與 ChatGPT 的答案進行比較。

除了提供答案，ChatGPT 還可以為學生提供學習策略、記憶技巧或時間管理建議。例如：

 提示（prompt）詞

我經常忘記學過的內容，有什麼記憶技巧可以幫助我？

🤖 ChatGPT 回答內容

當然，有許多記憶技巧可以幫助提高記憶力和學習效率。以下是一些常用的記憶技巧：

1. **分散學習**：不要試圖一次性學習大量的資訊。將學習時間分散，例如每天學習一小部分，可以更有效地鞏固記憶。
2. **自我測試**：定期測試自己的知識可以加強記憶。使用閃卡或應用程式如Anki來幫助自己複習。
3. **故事法**：將要記憶的資訊組織成一個有趣的故事，這樣更容易記住。
4. **記憶宮殿**：在腦海中建立一個虛擬的「地方」，並在其中放置要記憶的物品或資訊。每當需要回憶時，只需在腦海中「走訪」這個地方。
5. **首字母法**：使用每個詞的首字母來創建一個縮寫或句子，幫助記憶一系列的詞語。
6. **視覺化**：將資訊轉化為圖像或圖表，因為圖像往往比文字更容易記住。
7. **聯想法**：將新資訊與已知的資訊或經驗相關聯，這樣可以更容易記住新資訊。
8. **教授他人**：將所學的內容教授給他人，可以幫助你更深入地理解和記住內容。
9. **休息和睡眠**：充足的休息和睡眠對記憶鞏固非常重要。研究顯示，睡眠可以幫助鞏固記憶。
10. **健康的生活方式**：均衡的飲食、適量的運動和避免壓力都有助於提高記憶力。
11. **重複**：重複學習和複習是鞏固記憶的關鍵。多次回顧和練習可以幫助加強記憶。

每個人都有自己的學習方式和節奏，所以最好嘗試不同的記憶技巧，找出最適合自己的方法。

文章摘要文字重點

ChatGPT 可以幫助您快速摘要文章的重點，讓您在短時間內掌握主要資訊。例如，當您有一篇長篇的報告需要閱讀，我們可以要求 ChatGPT 為某段文章進行限定字數摘要出該文章的主要重點：

提示（prompt）詞

請幫我將下列文章摘要成 100 字的重點。

隨著人工智慧技術的進步，越來越多的 AI 平台應運而生，提供各種各樣的功能，如文字轉圖片、AI 繪圖等。這些平台的出現，讓我們能夠更加輕鬆地實現創意想法，同時也拓展了我們的創作領域。本章將介紹幾種千變萬化的 AI 平台，包括文字轉圖片的 Dalle·2、AI 工具檢索平台 Futurepedia，以及輕鬆繪圖的 Midjourney。我們將探討如何使用這些平台來創造有趣和實用的內容，並且提供詳細的操作指南和技巧，讓讀者可以更好地利用這些強大的 AI 平台。透過本章的閱讀，你將學會使用這些平台與工具，並展開你的高 CP 值的生成式 AI 繪圖藝術創作之旅。

ChatGPT 回答內容

隨著AI技術的進步，出現了許多多功能AI平台，如Dalle-2（文字轉圖片）、Futurepedia（AI工具檢索）和Midjourney（輕鬆繪圖），大大方便了創意實現和藝術創作。本章將深入探討這些平台的使用方法和技巧，提供讀者一個詳細的操作指南，幫助他們更好地利用這些AI工具來創造有趣和實用的內容。讀者將學會如何利用這些工具開展高CP值的生成式AI繪圖藝術創作。

透過這樣的方式，您可以快速獲得文章的核心內容，而不需要花費大量時間閱讀整篇文章。

　　如何充分發揮 ChatGPT 的摘要功能，以幫助您有效地總結和提煉重要資訊，提高資訊處理效率。主要策略如下：

- **明確指示**：在請求摘要時，盡可能提供清晰的指示，例如文章的長度、希望摘要的字數等。

- **多角度摘要**：有時，一篇文章可能涵蓋多個主題。您可以請求 ChatGPT 從不同的角度提供摘要，以確保不遺漏任何重要訊息。

- **結合其他工具**：除了摘要，您還可以結合 ChatGPT 的其他功能，例如**翻譯**、**語言學習**等，使您的學習和工作更加高效。

- **持續回饋**：如果您認為摘要的品質還有待提高，不妨給予 ChatGPT 回饋，這將有助於其不斷進步。

技能 03　協助修改文句 ＞

　　ChatGPT 也可以協助修改文句，例如：

　　請針對以下內容精鍊並全部重新改寫修改底下的文字

　　廣達董事長林百里在出席「2023 高等教育改革論壇」時，一直說自己是「AI 迷」，並表示 AI 使學習行為不同了，因此教育模式也要跟著改變。他提到以前的教育模式下，好學生要很會「答」問題，但現在由於 AI 都能很快地回答問題，反而是很會「問」問題的人，才是好學生。而本書主題寫作的靈感，就是筆者就是看到了這則中央社的報導。在這本書中，我希望能夠為您提供一個全面而深入「聰明提問 AI 的實例與技巧」指南，幫助您更有效地利用 AI 技術來解決日常生活、學習、工作和娛樂中的各種問題。

ChatGPT 回答內容

> 在「2023高等教育改革論壇」上，廣達董事長林百里自稱為「AI迷」，強調AI已改變學習方式，故教育策略亦需調整。他認為，過去好學生擅長「答」問題，但在AI時代，擅長「問」的人更受重視。這本書的靈感來自於該報導，旨在提供「如何聰明提問AI」的深入指南，協助您運用AI解決各方面的問題。

技能 04 文章寫作助手

有了 ChatGPT 的幫助，從文章結構到語言風格，都可以得到寫作專業的建議。例如，當您寫一篇關於環保的文章，但不知道如何開始，您可以詢問 ChatGPT 提供一個吸引人的開頭引言。

 提示（prompt）詞

我想寫一篇關於環保的文章，能給我一個引人入勝的開頭嗎？

ChatGPT 回答內容

> 當然可以！以下是一個環保主題文章的引人入勝的開頭：
>
> 在一個時代，當地球的每一個角落都受到環境退化的威脅時，環保不再只是一個選擇，而是一個必須。從塑料污染的海洋到由於氣候變化而日益嚴重的極端天氣事件，我們的家園正在發出求救信號。但是，這不僅僅是一個警告，而是一個機會。一個機會讓我們重新評估我們與自然的關係，一個機會讓我們採取行動，不僅僅是為了我們自己，而是為了我們的後代和整個生態系統。現在是時候站起來，開始我們的綠色革命，一步一步地走向一個更綠色、更可持續的未來。

另外，不同的寫作目的和讀者群體需要不同的語言風格。您可以詢問：

我正在寫一篇給中學生的科普文章，你能給我一些建議讓語言更加生動有趣嗎？

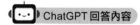

1. 使用生動的語言和比喻

- **利用比喻和擬人法**：用比喻來解釋複雜的概念，或者用擬人法來賦予抽象的概念一些"人性"。
- **創建視覺化的描述**：使用描述性的語言來幫助讀者形成心靈畫像。

2. 故事化

- **創建故事**：用故事來展示科學概念或現象，可以使內容更具吸引力。
- **使用案例研究**：提供真實的案例研究來說明某一點，可以使內容更具說服力。

3. 互動元素

- **問題和答案**：在文章中提出問題，並在稍後提供答案，可以保持讀者的興趣。
- **小測驗或活動**：提供小測驗或活動，可以讓讀者更好地理解和記住內容。

4. 用戶友好的格式

- **使用子標題**：子標題可以幫助讀者更好地跟踪他們正在讀的內容。
- **使用列表和點綴符號**：這可以使內容更易於掃描和理解。

5. 用心靈圖或圖表來輔助解釋

- **創建心靈圖**：心靈圖可以幫助讀者更好地理解和記住內容。
- **使用圖表和圖形**：這些可以幫助解釋複雜的概念。

6. 保持語言簡單和直接

- **避免行業術語**：盡量避免使用可能使中學生感到困惑的行業術語。
- **簡短的句子**：使用簡短、清晰的句子來傳達信息。

希望這些建議對你有幫助！如果你有任何其他問題或需要更多的指導，請讓我知道。

另外，使用適當的修辭技巧可以使您的文章更具說服力。例如：

提示（prompt）詞

我想在文章中強調森林的重要性，有什麼修辭技巧可以用嗎？

ChatGPT 回答內容

1. 比喻和隱喻

- **心臟比喻**：將森林比喻為"地球的心臟"，強調它們在生態系統中的核心角色。
- **肺比喻**：將森林比喻為"地球的肺"，強調它們在氧氣和二氧化碳的交換中的作用。

2. 擬人化

- **森林作為守護者**：將森林描述為自然界的"守護者"或"護衛"，強調它們保護生物多樣性和環境的角色。

3. 重複

- **Anaphora（首句重複）**：通過在段落的開頭重複相同的詞或短語來創建強烈的節奏和強調。
- **Epistrophe（尾句重複）**：在段落的結尾重複相同的詞或短語，來強調某一點。

4. 對比

- **Juxtaposition（並列）**：將森林的健康狀態與受損狀態進行對比，以強調其重要性。
- **Antithesis（對立）**：使用對立的概念或圖像來強調森林的重要性。

5. 強調語言的力量

- **Hyperbole（誇張）**：使用誇張來強調森林的重要性和它們所面臨的威脅。
- **Rhetorical Question（修辭問句）**：使用修辭問句來引導讀者思考森林的重要性。

6. 視覺化

- **Vivid Imagery（生動的意象）**：使用生動的意象來描繪森林的美麗和它們在生態系統中的角色。

希望這些建議能對你有所幫助！如果你有任何其他問題或需要更多的指導，請讓我知道。

有關如何最大化利用 ChatGPT 進行寫作？有以下幾個注意重點：

- **明確提問**：當您對某一部分的寫作感到困惑時，嘗試明確地描述您的需求。

- **多角度反思**：完成初稿後，您可以請 ChatGPT 幫助您進行修改和潤色。

- **持續學習**：除了具體的寫作建議，您還可以詢問有關寫作技巧和策略的問題，以持續提高自己的寫作水平。

專題大綱規劃

一篇結構清晰的文章可以幫助讀者更容易理解您的觀點。例如，您可以問：

我想寫一篇關於氣候變遷的文章，你能幫我規劃一下大綱嗎？

🤖 ChatGPT 回答內容

> 當然可以！以下是一個氣候變遷文章的大綱，它涵蓋了一系列重要的主題和子主題，可以幫助你組織和規劃你的文章：
>
> **1. 引言**
> - 氣候變遷的定義
> - 當前的全球情境
>
> **2. 氣候變遷的證據**
> - 極端天氣事件的增加
> - 冰川融化和海平面上升
> - 生態系統的變化
>
> **3. 氣候變遷的原因**
> - 人類活動的影響
>   - 燃燒化石燃料
>   - 森林砍伐
> - 自然因素
>   - 太陽輻射變化
>   - 火山活動

> **4. 氣候變遷的影響**
> - 對人類社會的影響
>   - 經濟影響
>   - 健康影響
> - 對自然環境的影響
>   - 生物多樣性的減少
>   - 生態系統的破壞

技能 06　實戰 ChatGPT 長文（小說）撰寫

　　創作長篇小說需要耗費大量時間和精力，而隨著人工智慧技術的發展，機器生成文字的能力不斷提高，也為長篇小說的創作帶來了新的可能性。本單元將介紹如何使用 ChatGPT，來實作長篇小說的撰寫。它能為各位規劃摘要、大綱、標題、目錄、甚至內文創作。

請 ChatGPT 推薦長文文章標題

　　例如我們想寫一篇有關 ChatGPT 的長文撰寫，可以直接下達如下的範例操作指令，先找出好的文章標題。

　　請寫出十個有關 ChatGPT 是人工智慧發展重要成就的文章標題

ChatGPT 回答內容

> 1. ChatGPT：開啟人工智慧進入自然語言時代的重要里程碑
> 2. ChatGPT：人工智慧領域最引人注目的自然語言處理技術
> 3. 如何通過 ChatGPT 實現更加智能化的人機交互？
> 4. ChatGPT 的發展對於智能客服的未來發展具有重大意義
> 5. 從 ChatGPT 看人工智慧技術如何更貼近人類語言理解能力

6. 跨越語言障礙，ChatGPT讓世界更加緊密地聯繫在一起

7. ChatGPT如何在不斷進化中提高自身的文本生成能力？

8. 通過ChatGPT，人工智慧技術正在逐漸普及到各行各業中

9. ChatGPT：一個讓人工智慧真正"懂"語言的里程碑

10. ChatGPT：人工智慧技術發展中的重要突破和成就

提示（prompt）詞

請用 "ChatGPT：人工智慧技術發展中的重要突破和成就" 這個標題寫一篇300字以內的短文

ChatGPT 回答內容

ChatGPT是一項重要的技術突破，並且成就了人工智慧領域的許多發展。作為一種自然語言處理技術，ChatGPT能夠通過閱讀大量文本，學習並理解自然語言，從而生成自然的人機對話。這項技術的成功，開啟了自然語言處理領域的新紀元。

ChatGPT的應用範圍非常廣泛，包括智能客服、翻譯、寫作輔助等方面。智能客服是ChatGPT的一個重要應用領域，它能夠以人類對話的方式進行智能客服工作，從而提高客戶體驗。在翻譯方面，ChatGPT能夠幫助實現人機翻譯，從而提供更精確的翻譯服務。同時，ChatGPT還能夠幫助寫作者進行文本生成和修改，提高寫作效率和質量。

ChatGPT的成功歸功於人工智慧技術的不斷發展和突破。深度學習、自然語言處理等技術的進步，為ChatGPT提供了強大的支持。OpenAI的研究團隊也通過不斷優化算法和模型，提高了ChatGPT的性能和準確度，從而推動了ChatGPT的成功。

然而，ChatGPT等自然語言處理技術還存在一些問題和挑戰，如對話能力的限制、存在偏見和誤判等問題。解決這些問題需要更加深入的研究和探索，以及更加精密的算法和模型。

總而言之，ChatGPT是一項重要的技術突破和成就，為自然語言處理技術的發展帶來了新的思路和方法。ChatGPT的應用也帶來了更多的機會和挑戰，促進了人工智慧技術的進一步發展。

目錄大綱

剛才示範了如何指定限定字數內的內文撰寫，接下來我們將以上面的文章標題為例，為各位示範如何進行長文撰寫。首先請各位可以依照下列方式為這篇長文設計目錄大綱。範例如下：

請用 "ChatGPT：人工智慧技術發展中的重要突破和成就" 這個標題規劃一篇長文的文章大綱

ChatGPT 回答內容

I. 引言

- 簡介ChatGPT的基本概念和背景
- 引出ChatGPT的重要性和對人工智慧技術發展的影響

II. ChatGPT的技術原理和應用

- 詳細介紹ChatGPT的技術原理和自然語言處理技術的發展歷程
- 分析ChatGPT的應用領域，包括智能客服、翻譯、寫作輔助等

III. ChatGPT的發展歷程

- 介紹ChatGPT的研究團隊和發展歷程
- 分析ChatGPT的不斷升級和改進，以及推動其發展的技術和算法

IV. ChatGPT的成功和成就

- 分析ChatGPT的成功原因，包括技術突破、算法和模型優化等方面
- 闡述ChatGPT對人工智慧技術發展的貢獻和影響，以及對人機交互和自然語言處理的影響

V. ChatGPT的問題和挑戰

- 分析ChatGPT在對話能力、偏見和誤判等方面存在的問題和挑戰
- 探討如何解決這些問題，包括算法和模型的改進、更好的數據集等方面

VI. ChatGPT的未來展望

- 分析ChatGPT未來的發展趨勢，包括更加智能化、更加人性化、更加多樣化等方面
- 探討ChatGPT的未來應用領域，以及對人類生活和工作的影響

VII. 結論

- 總結ChatGPT的重要性和成就，⋯⋯⋯⋯⋯⋯⋯⋯⋯獻和影響
- 強調ChatGPT的問題和挑戰，以⋯⋯⋯⋯⋯⋯⋯⋯⋯

內文撰寫

接下來的工作就是針對上面的大綱重點進行細部的內文撰寫工作，例如各位可以複製上述大綱中的 " 簡介 ChatGPT 的基本概念和背景 " 這段文字，再依下面的示範，要求 ChatGPT 協助完成內文工作。

 提示（prompt）詞

請將上面大綱中的 " 簡介 ChatGPT 的基本概念和背景 " 進行內文創作

 ChatGPT 回答內容

> ChatGPT是一種基於自然語言處理技術的人工智慧對話機器人，能夠模擬人類對話和回答問題。GPT代表"生成式預訓練模型"，是自然語言處理技術中的一種重要算法和模型。ChatGPT是由OpenAI開發的，該公司是人工智慧領域的領先者之一，也是人工智慧安全和負責任發展的倡導者。
>
> ChatGPT的背景是人工智慧技術的快速發展和自然語言處理技術的進步。自然語言處理是指機器對人類語言進行理解、處理和生成的技術。自然語言處理技術已經取得了重大的突破和進展，包括語音識別、機器翻譯、情感分析、信息檢索等方面。但是，要實現真正的人機交互和智能化對話，還需要更加高效和精確的自然語言處理技術。
>
> ChatGPT的出現填補了自然語言處理技術和人工智慧對話的巨大空缺，使得人機交互和智能化對話更加真實、自然和便捷。ChatGPT的應用領域非常廣泛，包括智能客服、翻譯、寫作輔助等，為企業和個人提供了更高效、準確和便捷的解決方案。
>
> 因此，ChatGPT的出現被視為人工智慧技術發展中的重要突破和成就，為人機交互和自然語言處理的進一步發展奠定了基礎。

內文延伸描述

提示（prompt）詞

請將 "ChatGPT 的應用領域非常廣泛，包括智能客服、翻譯、寫作輔助等，為企業和個人提供了更加高效、準確和便捷的解決方案。" 進行內文延伸

ChatGPT 回答內容

> ChatGPT的應用領域不僅僅局限於智能客服、翻譯和寫作輔助等方面，還可以應用於其他許多領域。比如，在醫療領域，ChatGPT可以協助醫生和護士更好地理解和解釋病人的病情，提供更加準確和個性化的治療方案。在金融領域，ChatGPT可以幫助銀行和金融機構處理大量的客戶詢問和諮詢，同時提高客戶滿意度和業務效率。
>
> 此外，ChatGPT還可以應用於教育、娛樂、社交等各個領域。在教育領域，ChatGPT可以作為一個智能化的教學輔助工具，為學生提供更加個性化、互動性強和有趣的學習體驗。在娛樂領域，ChatGPT可以作為一個智能的聊天機器人，和用戶進行有趣的對話，提供豐富多樣的娛樂體驗。在社交領域，ChatGPT可以作為一個智能化的聊天工具，幫助用戶更加輕鬆自然地和朋友進行對話和交流。
>
> 總之，ChatGPT的應用領域非常廣泛，可以應用於各個領域，為企業和個人提供更加高效、準確和便捷的解決方案，同時為人工智慧技術的發展和普及奠定了基礎。

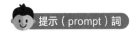

技能 07　**Excel 應用─查詢 Excel 函數語法**　〉

這裡我們將探討 ChatGPT 能如何幫助使用者更好地使用 Excel 函數。

提示（prompt）詞

請問 Excel 的函數有哪些類別

 ChatGPT 回答內容

Excel的函數可以分為多個類別，以下是一些常見的Excel函數類別：

1. 數學和三角函數：包括加、減、乘、除等基本數學運算，以及三角函數（如sin、cos、tan）等。
2. 文本函數：用於處理和操作文字，包括連接文字、提取文字、查找替換等（如 CONCATENATE、LEFT、RIGHT、FIND）。
3. 日期和時間函數：用於處理和計算日期和時間，包括日期加減、計算日期差、格式化日期等（如DATE、TODAY、DATEDIF）。
4. 條件函數：用於根據特定條件執行操作，如IF、SUMIF、COUNTIF等。
5. 查找和引用函數：用於在範圍中查找特定值或位置，如VLOOKUP、HLOOKUP、INDEX、MATCH等。
6. 統計函數：用於計算數據的統計特徵，如平均值、標準差、變異數等（如AVERAGE、STDEV、VAR）。
7. 財務函數：用於執行財務相關的計算，如利息、現值、未來值等（如PV、FV、RATE）。
8. 邏輯函數：用於執行邏輯判斷和操作，如AND、OR、NOT等。
9. 數組函數：用於處理和操作數組數據，如SUMPRODUCT、TRANSPOSE等。
10. 資料庫函數：用於在Excel資料庫中進行查找和操作數據，如DSUM、DCOUNT等。

這只是其中一些常見的函數類別，Excel還有許多其他的函數供您使用。

 提示（prompt）詞

Excel DCOUNT 函數語法是什麼？

 ChatGPT 回答內容

在Excel中，`DCOUNT` 函數用於從資料庫範圍中計算滿足指定條件的記錄數量。`DCOUNT` 函數的語法如下：

```scss
DCOUNT(database, field, criteria)
```

- `database`：資料庫範圍的引用，包含您要進行計數的資料。
- `field`：要計數的欄位的引用，表示要對哪個欄位進行計數。
- `criteria`：範圍或條件，用於指定計數的條件。

需要注意的是，`DCOUNT` 函數要求資料庫範圍具有列標題，並且每列只包含單一個資料庫記錄。

下面是一個例子，假設有一個資料庫範圍 `A1:C10`，其中包含姓名、性別和年齡等欄位。我們想計算年齡大於等於 30 歲的記錄數量，則 `DCOUNT` 函數的使用方式如下：

```less
=DCOUNT(A1:C10, "年齡", ">=" & 30)
```

在這個例子中，`A1:C10` 是資料庫範圍，`"年齡"` 是要計數的欄位，`">=" & 30` 是條件，表示年齡大於等於 30 歲。`DCOUNT` 函數將返回符合該條件的記錄數量。

請注意，條件可以是文字、數值、日期等，並使用比較運算符（如 `=`、`<>`、`<`、`>`、`<=`、`>=`）進行比較。

技能 08

Excel 應用─給定任務直接提供 Excel 函數的建議

接下來，我們將談論 ChatGPT 如何根據使用者提供的任務或需求，直接提供相關函數的建議，讓使用者能夠更迅速地找到解決方案。

 提示（prompt）詞

我如何能在 Excel 計算全班數學科目的平均及排名

 ChatGPT 回答內容

要在Excel中計算全班數學科目的平均值和排名，您可以按照以下步驟進行操作：

1. 在Excel中，將學生姓名放在第一列（通常是A列）的單元格中。
2. 將數學成績放在相應學生的列中。假設數學成績從B2開始，則數學成績的範圍為B2到Bn（n 表示最後一位學生的行號）。

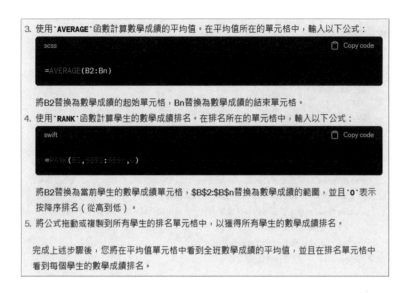

3. 使用 `AVERAGE` 函數計算數學成績的平均值。在平均值所在的單元格中，輸入以下公式：

```scss
=AVERAGE(B2:Bn)
```

將 B2 替換為數學成績的起始單元格，Bn 替換為數學成績的結束單元格。

4. 使用 `RANK` 函數計算學生的數學成績排名。在排名所在的單元格中，輸入以下公式：

```swift
=RANK(B2,$B$2:$B$n,0)
```

將 B2 替換為當前學生的數學成績單元格，$B$2:Bn 替換為數學成績的範圍，並且 `0` 表示按降序排名（從高到低）。

5. 將公式拖動或複製到所有學生的排名單元格中，以獲得所有學生的數學成績排名。

完成上述步驟後，您將在平均值單元格中看到全班數學成績的平均值，並且在排名單元格中看到每個學生的數學成績排名。

技能 09 ― Excel 應用―查詢 Excel 函數特殊色彩的代碼

在 Excel 中，使用特定的色彩可以幫助我們更好地視覺化資料，讓報表更易讀且具有吸引力。但是有時候，可能需要使用一些特殊的色彩，在這種情況下，我們可能需要查詢這些特殊色彩的代碼。例如：

 提示（prompt）詞

我如何從哪一個 Excel 函數來設定特殊色彩對應的 RGB 代碼和十六進位代碼是什麼？

ChatGPT 回答內容

在Excel中，您可以使用 `CELL` 函數來設定特殊色彩對應的RGB代碼和十六進位代碼。以下是相關的函數和語法：

1. `CELL` 函數：`CELL(info_type, reference)`
   * `info_type`：指定要擷取的資訊類型。對於色彩相關資訊，您可以使用以下值：
      * `"color"`：回傳儲存格的色彩索引。
      * `"colorindex"`：回傳儲存格的色彩索引。
   * `reference`：要擷取資訊的儲存格參照。
2. `GET.CELL` 函數：`GET.CELL(info_type, reference)`
   * `info_type`：指定要擷取的資訊類型。對於色彩相關資訊，您可以使用以下值：
      * `63`：回傳儲存格的RGB代碼。
      * `64`：回傳儲存格的十六進位色彩代碼。
   * `reference`：要擷取資訊的儲存格參照。

請注意，`CELL` 函數和 `GET.CELL` 函數的 `info_type` 參數值可能因Excel的版本和地區而有所不同。

以下是一個示例，假設您想要獲取A1儲存格的RGB代碼和十六進位色彩代碼：

1. 使用 `CELL` 函數：
   * RGB代碼：在B1儲存格中輸入以下公式：`=CELL("color", A1)`
   * 十六進位代碼：在C1儲存格中輸入以下公式：`=CELL("colorindex", A1)`
2. 使用 `GET.CELL` 函數：
   * RGB代碼：在B1儲存格中輸入以下公式：`=GET.CELL(63, A1)`
   * 十六進位代碼：在C1儲存格中輸入以下公式：`=GET.CELL(64, A1)`

輸入這些公式後，您將在B1和C1儲存格中看到相應的RGB代碼和十六進位代碼。請注意，當您更改A1儲存格的背景色彩時，B1和C1儲存格中的值也將隨之更新。

技能
10 **Excel 應用—取得 Excel 函數網路學習資源** ＞

　　AI 也可以提供網路學習資源或素材取得管道的查詢，這些資源可以讓使用者深入學習和掌握 Excel 函數的更多應用技巧。

能否提供有關 Excel 函數入門或應用的學習資源

ChatGPT 回答內容

當然！以下是一些學習Excel函數的資源，包括入門教程、網上課程和官方文件：

1. Microsoft Office Support：官方的Microsoft Office支援網站提供了Excel函數的詳細文件、教學和示例。您可以在此處找到Excel函數的完整列表、語法、使用示例和解釋：**Excel 函數**

2. YouTube：在YouTube上有許多Excel函數的教學影片，提供了視覺化和實際操作的學習體驗。您可以搜索關鍵字如 "Excel函數教學"，然後篩選出您想要的相關影片。

3. Coursera：Coursera是一個網上學習平台，提供了許多Excel相關的課程，包括函數的應用和進階技巧。您可以搜索 "Excel" 或 "Excel函數"，找到適合您的課程。

4. Udemy：Udemy是另一個知名的線上學習平台，提供了許多Excel相關的課程。您可以搜索 "Excel" 或 "Excel函數"，找到適合您的課程。

5. Exceljet：Exceljet是一個專注於Excel學習的網站，提供了豐富的Excel函數教學和指南。他們的**Excel**函數指南是一個很好的資源，包含了大量的函數示例和用法解釋。

6. Excel Easy：Excel Easy是一個針對Excel初學者的學習網站，提供了基礎和進階的Excel教學。他們的**Excel**函數教學將函數按照類別進行了詳細的介紹和解釋。

以上資源將幫助您開始學習和應用Excel函數。請根據您的需求和程度選擇合適的資源，逐步提高您在Excel中的函數應用能力。

Excel 應用─尋求練習 Excel 特定函數的合適資料集

技能 11

ChatGPT 能為您提供相關的資源和建議，幫助您找到適合的資料集，進而活用 Excel 函數。

提示（prompt）詞

我想練習 Excel VLOOKUP 函數的使用，可否實際提供一個具備多種資料欄位的資料集範本，方便我在 Excel 練習 VLOOKUP 函數的功能

當然，我可以提供一個具有多種資料欄位的範本資料集供您在Excel中練習VLOOKUP函數的使用。以下是一個示例資料集的範本：

學生編號	學生姓名	年齡	班級	科目	成績
001	Alice	18	A	數學	90
001	Alice	18	A	英文	85
002	Bob	17	A	數學	92
002	Bob	17	A	英文	88
003	Cathy	18	B	數學	87
003	Cathy	18	B	英文	95
004	David	17	B	數學	85
004	David	17	B	英文	90

這個範本資料集包含了學生編號、學生姓名、年齡、班級、科目和成績等多個資料欄位。您可以使用VLOOKUP函數來查找特定學生編號對應的學生姓名、年齡、班級、科目和成績等資訊。

例如，假設您想查找學生編號為"002"的學生姓名，可以使用以下的VLOOKUP函數：

```php
=VLOOKUP("002", A2:F9, 2, FALSE)
```

這個公式會在資料集中查找學生編號為"002"的資料行，並返回對應的學生姓名。您可以根據需要修改公式中的參數，例如查找不同的資料欄位或根據其他條件進行查找。

請注意，這只是一個示例資料集，您可以根據自己的需求和興趣來創建或擴充資料集，並使用VLOOKUP函數進行各種查找和資料分析的練習。

Google Office 應用—在 Google 文件與 試算表使用 ChatGPT

技能 12

GPT for Sheets™ 和 Docs™ 是一個用於 Google Sheets™ 和 Google Docs™ 的 AI 寫作工具，這個擴充功能完全免費。它允許您直接在 Google Sheets™ 和 Docs™ 中使用 ChatGPT。它建立在 OpenAI ChatGPT、GPT-3 和 GPT-4 模型之上。您可以用它來執行各種文字任務：寫作、編輯、提取、清理、翻譯、摘要、概述、解釋等。

這裡我們將介紹如何在 Google 文件和試算表中使用 ChatGPT。我們將引導您完成安裝 GPT for Sheets and Docs 擴充工具，取得 OpenAI API 金鑰並在 Google 文件和試算表中進行相應的設定，讓您能夠輕鬆地在這些平台中使用 ChatGPT 的強大功能。

安裝 GPT for Sheets and Docs 擴充工具

您可以按照以下步驟安裝 GPT for Sheets and Docs 擴充工具：

STEP
01 / 在 Google 輸入關鍵字「GPT for Sheets and Docs」

^{STEP}
02 找到 GPT for Sheets and Docs 的超連結

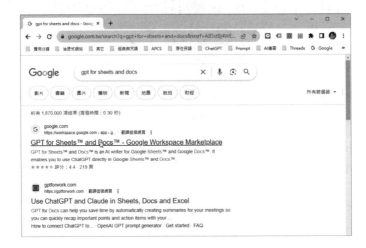

^{STEP}
03 看到這個視窗後點選「安裝」按鈕

^{STEP}
04 這邊按「繼續」

^{STEP}
\05/ 之後選擇目前打算使用的帳號

^{STEP}
\06/ 按下「允許」鈕

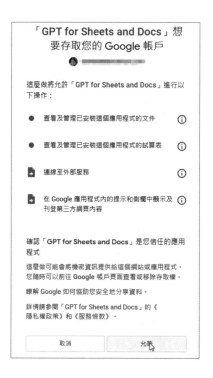

STEP 07 / 請再按「繼續」鈕

STEP 08 / 這樣就安裝完了，最後按下「完成」

取得 OpenAI API 金鑰

這個 API 金鑰是連接 GPT 模型所需的關鍵，讓您能夠在 Google 文件和試算表中使用 ChatGPT 功能。我們將解釋申請 API 金鑰的過程，並提供相關的注意事項。您可以按照以下步驟取得 OpenAI API 金鑰：

STEP
\01/ 請先到 OpenAI（https://openai.com/）申請 OpenAI 帳號

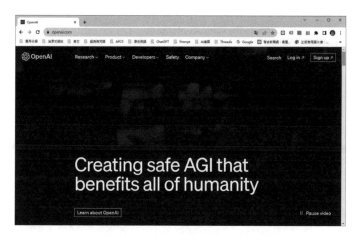

STEP
\02/ 如果已申請好 OpenAI 帳號，在上圖中按下「Log in」鈕，會出現下圖，接著選「API」

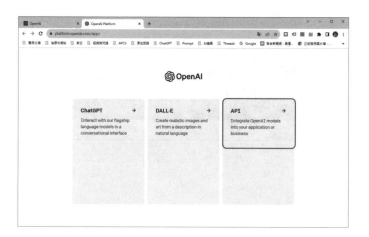

STEP
03 會出現下圖的「Welcome to the OpenAI platform」的歡迎畫面，如下圖所示

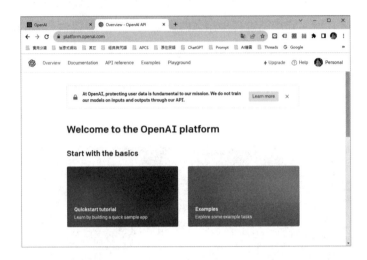

STEP
04 接著請按下個人帳號圖示鈕，並在下拉式清單中選擇「View API keys」

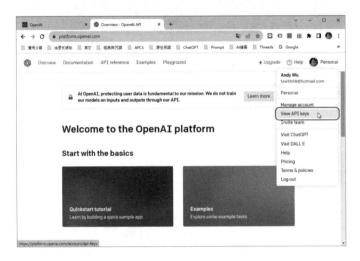

^{STEP}
\05/ 再按下「Create new secret key」鈕

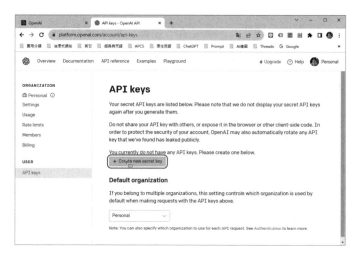

^{STEP}
\06/ 接著會出現下圖畫面，請接著按「Create secret key」鈕建立新密鑰

^{STEP}
\07/ 現在您的新 OpenAI API 金鑰已被建立，因為這個畫面只出現一次，所以請
記得先將這個金鑰複製到自己的文件檔案記錄起來，以便將來要設定金鑰時
會使用到。此處各位可以先按下金鑰右側的複製鈕將金鑰複製起來

在 Google 文件中設定 OpenAI API 金鑰

\STEP\ 要在 Google 文件中設定 OpenAI API 金鑰，首先請在您的「Google 雲端硬
01 碟」先新增一份 Google 文件檔案，接著執行「擴充功能 /GPT for Sheest ™
and Docs ™/Set API key」指令，如下圖所示：

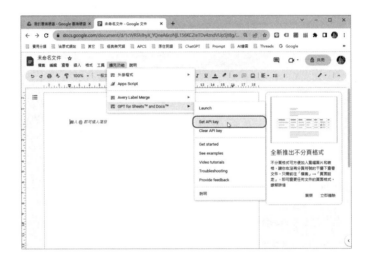

\STEP\ 按下「Ctrl+V」將剛才複製的 API key 貼入中間的文字方塊，各位可以先按
02 下「Check」來驗證這個 API key 是否有效？

STEP
03 檢查沒有問題，就可以按下「Save API key」鈕完成設定工作。

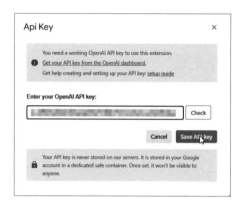

 Google Office 應用—Google 文件中輔助使用 ChatGPT

這裡介紹如何在 Google 文件中輔助使用 ChatGPT，進一步提升您的工作效率和文件處理能力。

開啟側邊欄（Launch sidebar）

這裡向您示範如何在 Google 文件中開啟 GPT for Sheets and Docs 的側邊欄。這個側邊欄提供了方便快捷的方式來與 ChatGPT 進行互動，讓您能夠即時生成文字、提問問題或進行專題報告的大綱規劃。

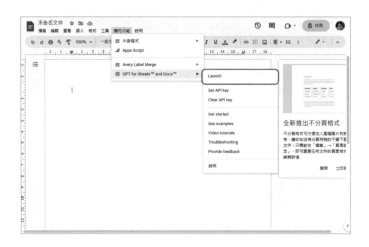

STEP
01 要開啟側邊欄（Launch sidebar），請執行「擴充功能 /GPT for Sheets ™ and Docs ™/Launch」指令：

STEP
02 接著在視窗的右側開啟側邊欄（Launch sidebar），如下圖所示：

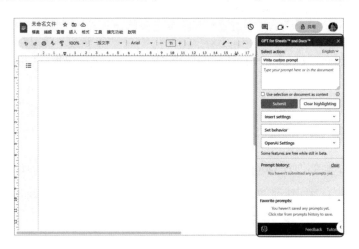

請 ChatGPT 規劃專題報告大綱

要請 ChatGPT 規劃專題報告大綱，只要在提示框（Prompt）輸入提問內容，接著接下「Submit」鈕，就可以馬上在 Google 文件中產生 GPT 的回答內容：

提示（prompt）詞

請幫我規劃人工智慧為人類帶來的好處與隱憂的專題報告大綱

技能 14

Google Office 應用—在 Google 試算表啟動 GPT 函數

STEP 01 首先請在您的「Google 雲端硬碟」新增一份 Google 試算表檔案，接著執行「擴充功能 /GPT for Sheet ™ and Docs ™/Enable GPT functions」指令，如下圖所示：

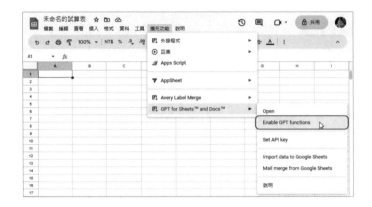

STEP
02 出現下圖的說明對話方塊，告知使用者已成功在 Google 試算表啟動 GPT 函數，請接著按下「確定」鈕

03 各位可以在 A1 儲存格輸入「=gpt」，就可以看到目前可以使用的 GPT 函數，而此處輸入的 GPT 函數的功能是在單個儲存格中獲取 ChatGPT 的結果。如下圖所示：

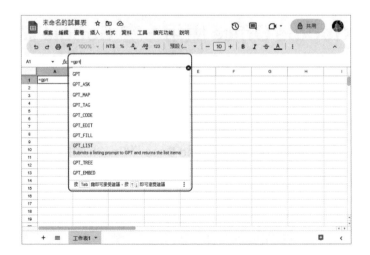

STEP 04 繼續輸入完成的函數，例如「=gpt(" 誰是王建民 ")」，如下圖所示：

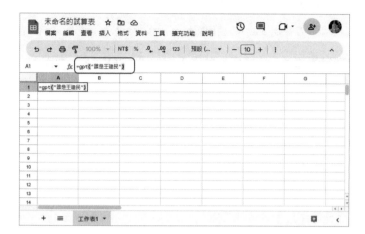

STEP 05 按下「Enter」鍵，就會直接在 A1 儲存格中產生 GPT 的回答內容：

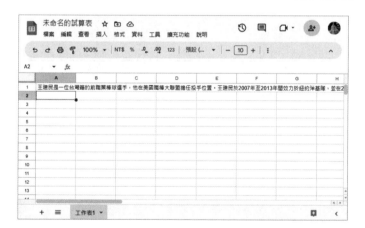

Tips OpenAI API 使用額度查詢

您可以透過以下步驟查看 OpenAI API 使用額度：

STEP 01 登錄到您的 OpenAI 帳戶，並進入您的「API Keys」頁面：

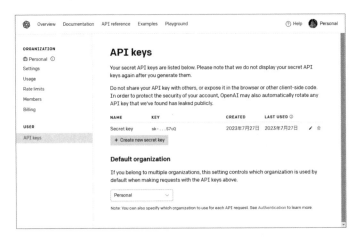

STEP 02 切換到「Usage」頁面，在該頁面上，您可以查看當前和過去的每月計費週期中您帳戶的配額使用情況

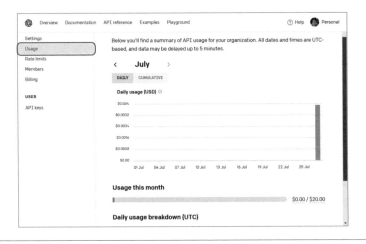

Google Office 應用—GPT 函數簡介與實例

GPT 函數是與 ChatGPT 模型相關的一系列功能,能夠實作資料處理、文字生成等多種任務。在 GPT for Sheets™ 和 Docs™ AI 寫作工具的擴充功能(或稱外掛程式)提供了許多簡單的自定義函數,例如:

- **GPT**:在單個儲存格中獲取 ChatGPT 的結果。

- **GPT_LIST**:在一列中獲取多個結果(每個儲存格一個項目)。

- **GPT_TABLE**:從提示中獲取項目表。

- **GPT_FILL**:從示例填充範圍。

- **GPT_FORMAT**:將表格資料清理成相同的格式。

- **GPT_EXTRACT**:從表格資料中提取實體。

- **GPT_EDIT**:編輯表格內容。

- **GPT_SUMMARIZE**:摘要表格內容。

- **GPT_CLASSIFY**:將表格內容分類到單一類別。

- **GPT_TAG**:將標籤應用於表格內容。

- **GPT_TRANSLATE**:翻譯表格內容。

- **GPT_CONVERT**:從表格轉換為 csv、html、json、xml 等。

- **GPT_MAP**:映射兩列值。

這些函數可以幫助您完成一些任務,例如:

- 生成部落格文章想法。

- 寫整段文字或程式。

- 清理姓名、地址、電子郵件或公司列表、日期、貨幣金額、電話號碼。

- 使用情感分析或功能分類對評論列表進行分類。

- 摘要評論。

- 編寫對在線評論的回覆。

- 處理 Google 廣告、Facebook 廣告等。

- 處理 SEO 標題、描述。

- 處理登入頁面副本。

- 管理和清理用於電子商務商店的產品目錄。

- 翻譯工作。

接下來的介紹重點，我們將以 GPT() 及 GPT_LIST() 兩個函數，來示範如何透過 GPT 函數的幫助，讓各位以自然語言的方式協助進行資料提取、資料排序、資料篩選、首字大寫及全部大寫、資料翻譯等工作。

實例一：資料篩選

我們將透過一個實例說明如何使用 ChatGPT 在 Google 試算表中進行資料篩選。這將幫助您從大量資料中篩選出所需訊息，節省您處理資料的時間和精力。我們將提供具體的步驟和操作示範，確保您能順利完成資料擷取任務。

◆ 原始工作表：（資料來源試算表：成績查詢.xlsx）

	A	B	C	D
1	姓名	科目	分數	
2	Alice	數學	85	查詢90分以上的同學
3	Bob	英文	70	
4	Alice	英文	90	
5	Charlie	數學	95	
6	Bob	數學	75	
7	Charlie	英文	80	

◆ 輸入函數指令：在 E2 儲存格輸入下列函數

```
=GPT(" 查詢成績 90 分以上 ",A1:C7)
```

E2	▼	fx	=GPT("查詢成績90分以上",A1:C7)				
	A	B	C	D	E	F	G
1	姓名	科目	分數				
2	Alice	數學	85	查詢90分以上的同學	=GPT("查詢成績90分以上",A1:C7)		
3	Bob	英文	70				
4	Alice	英文	90				
5	Charlie	數學	95				
6	Bob	數學	75				
7	Charlie	英文	80				
8							
9							
10							

◆ 執行結果：

E3	▼	fx					
	A	B	C	D	E	F	G
1	姓名	科目	分數				
2	Alice	數學	85	查詢90分以上的同學	姓名　科目　分數 Alice　英文　90 Charlie　數學　95		
3	Bob	英文	70				
4	Alice	英文	90				
5	Charlie	數學	95				
6	Bob	數學	75				
7	Charlie	英文	80				
8							
9							
10							

各位會發現 GPT 的回答內容會出現在 E2 儲存格中。如果我們希望將這些的回答內容分別存放在不同的儲存格，必須改用 =GPT_LIST() 函數。

◆ 輸入函數指令：

```
=GPT_LIST(" 查詢成績 90 分以上 ",A1:C7)
```

E2	▼	fx	=GPT_LIST("查詢成績90分以上",A1:C7)				
	A	B	C	D	E	F	G
1	姓名	科目	分數				
2	Alice	數學	85	查詢90分以上的同學	=GPT_LIST("查詢成績90分以上",A1:C7)		
3	Bob	英文	70				
4	Alice	英文	90				
5	Charlie	數學	95				
6	Bob	數學	75				
7	Charlie	英文	80				
8							
9							
10							

◆ 執行結果：

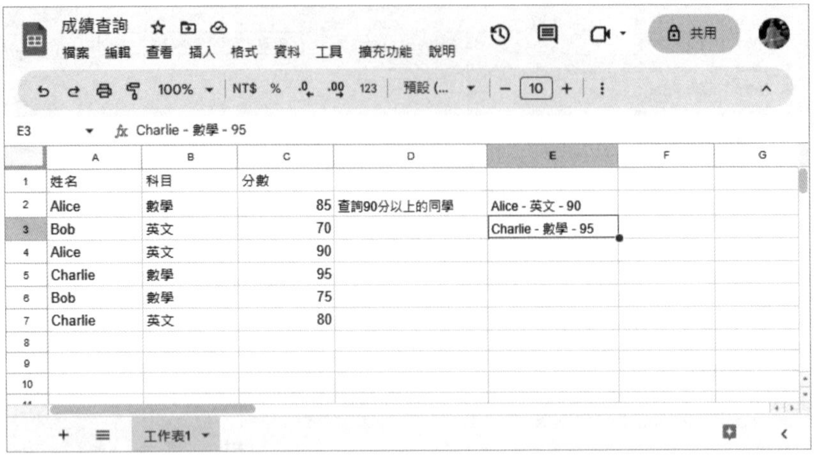

實例二：資料排序

在本小節中，我們將透過一個實例示範如何使用 ChatGPT 在 Google 試算表中進行資料排序。這將幫助您快速對資料進行排序，從而更好地理解和分析資料。我們將提供具體的步驟和排序範例，讓您能輕鬆地應用排序功能。

◆ 原始工作表：（資料來源試算表：資料排序.xlsx）

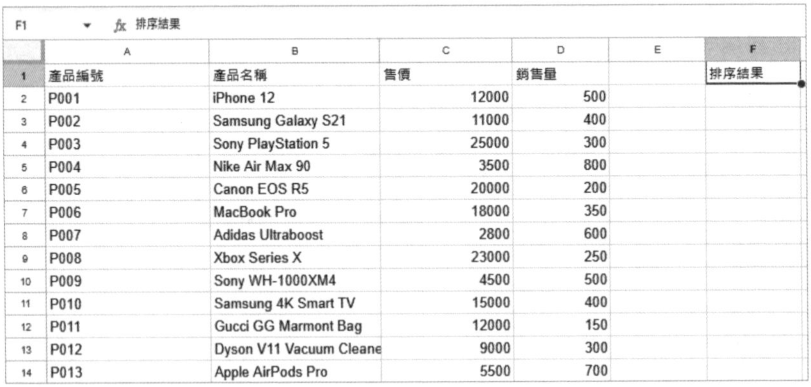

◆ 輸入函數指令：

```
=GPT_LIST(" 依銷售量由大到小排序 ",A1:D21)
```

	A	B	C	D	E	F	G	H
	產品編號	產品名稱	售價	銷售量		排序結果		
2	P001	iPhone 12	12000	500		=GPT_LIST("依銷售量由大到小排序",A1:D21)		
3	P002	Samsung Galaxy S21	11000	400				
4	P003	Sony PlayStation 5	25000	300				
5	P004	Nike Air Max 90	3500	800				
6	P005	Canon EOS R5	20000	200				
7	P006	MacBook Pro	18000	350				
8	P007	Adidas Ultraboost	2800	600				
9	P008	Xbox Series X	23000	250				
10	P009	Sony WH-1000XM4	4500	500				
11	P010	Samsung 4K Smart TV	15000	400				
12	P011	Gucci GG Marmont Bag	12000	150				
13	P012	Dyson V11 Vacuum Cleane	9000	300				
14	P013	Apple AirPods Pro	5500	700				
15	P014	LG OLED TV	18000	180				
16	P015	Rolex Submariner Watch	35000	100				
17	P016	Nintendo Switch	8000	400				
18	P017	Bose QuietComfort 35 II	3800	600				
19	P018	Dell XPS 15 Laptop	15000	250				
20	P019	Fender Stratocaster Guitar	10000	120				
21	P020	Hermès Birkin Bag	25000	80				

F2 *fx* =GPT_LIST("依銷售量由大到小排序",A1:D21)

◆ 執行結果：

F2 *fx* =GPT_LIST("依銷售量由大到小排序",A1:D21)

	A	B	C	D	E	F
1	產品編號	產品名稱	售價	銷售量		排序結果
2	P001	iPhone 12	12000	500		P004 - Nike Air Max 90 - 3500 - 800
3	P002	Samsung Galaxy S21	11000	400		P013 - Apple AirPods Pro - 5500 - 700
4	P003	Sony PlayStation 5	25000	300		P007 - Adidas Ultraboost - 2800 - 600
5	P004	Nike Air Max 90	3500	800		P017 - Bose QuietComfort 35 II - 3800 - 600
6	P005	Canon EOS R5	20000	200		P001 - iPhone 12 - 12000 - 500
7	P006	MacBook Pro	18000	350		P009 - Sony WH-1000XM4 - 4500 - 500
8	P007	Adidas Ultraboost	2800	600		MacBook Pro - 18000 - 350
9	P008	Xbox Series X	23000	250		P002 - Samsung Galaxy S21 - 11000 - 400
10	P009	Sony WH-1000XM4	4500	500		P010 - Samsung 4K Smart TV - 15000 - 400
11	P010	Samsung 4K Smart TV	15000	400		P016 - Nintendo Switch - 8000 - 400
12	P011	Gucci GG Marmont Bag	12000	150		P003 - Sony PlayStation 5 - 25000 - 300
13	P012	Dyson V11 Vacuum Cleane	9000	300		P012 - Dyson V11 Vacuum Cleaner - 9000 - 300
14	P013	Apple AirPods Pro	5500	700		P008 - Xbox Series X - 23000 - 250
15	P014	LG OLED TV	18000	180		P018 - Dell XPS 15 Laptop - 15000 - 250
16	P015	Rolex Submariner Watch	35000	100		P005 - Canon EOS R5 - 20000 - 200
17	P016	Nintendo Switch	8000	400		P014 - LG OLED TV - 18000 - 180
18	P017	Bose QuietComfort 35 II	3800	600		P011 - Gucci GG Marmont Bag - 12000 - 150
19	P018	Dell XPS 15 Laptop	15000	250		P019 - Fender Stratocaster Guitar - 10000 - 120
20	P019	Fender Stratocaster Guitar	10000	120		P015 - Rolex Submariner Watch - 35000 - 100

實例三：資料提取

在本小節中，我們將透過一個實例說明如何使用 ChatGPT 在 Google 試算表中進行資料提取。

◆ 原始工作表：（資料來源試算表：資料提取.xlsx）

	A	B
1	張三0912-345-678	
2	李四0923-456-789	
3	王五0934-567-890	
4	陳小明0945-678-901	
5	林大維0956-789-012	
6	許美美0967-890-123	
7	趙小芳0978-901-234	
8	吳大威0989-012-345	
9	鄭中華0910-123-456	
10	蔡佳琳0921-234-567	
11	朱明哲0932-345-678	
12	曾鄭美玲0943-456-789	
13	鍾正宏0954-567-890	
14	葉淑敏0965-678-901	
15	陸俊傑0976-789-012	
16	郭李怡君0987-890-123	
17	薛偉成0998-901-234	
18	賴宛儒0912-345-678	
19	周佩芬0923-456-789	
20	高陳翊庭0934-567-890	

B28 ▾ ƒx

◆ 輸入函數指令：

=GPT_LIST(" 請取出純數字的電話號碼 ",A1:A20)

B1 ▾ ƒx =GPT_LIST("請取出純數字的電話號碼",A1:A20)

	A	B	C
1	張三0912-345-678	=GPT_LIST("請取出純數字的電話號碼",A1:A20)	
2	李四0923-456-789		
3	王五0934-567-890		
4	陳小明0945-678-901		
5	林大維0956-789-012		
6	許美美0967-890-123		
7	趙小芳0978-901-234		
8	吳大威0989-012-345		
9	鄭中華0910-123-456		
10	蔡佳琳0921-234-567		
11	朱明哲0932-345-678		
12	曾鄭美玲0943-456-789		
13	鍾正宏0954-567-890		
14	葉淑敏0965-678-901		
15	陸俊傑0976-789-012		
16	郭李怡君0987-890-123		
17	薛偉成0998-901-234		
18	賴宛儒0912-345-678		
19	周佩芬0923-456-789		
20	高陳翊庭0934-567-890		

◆ 執行結果：

	A	B
1	張三0912-345-678	0912-345-678
2	李四0923-456-789	0923-456-789
3	王五0934-567-890	0934-567-890
4	陳小明0945-678-901	0945-678-901
5	林大維0956-789-012	0956-789-012
6	許美美0967-890-123	0967-890-123
7	趙小芳0978-901-234	0978-901-234
8	吳大威0989-012-345	0989-012-345
9	鄭中華0910-123-456	0910-123-456
10	蔡佳琳0921-234-567	0921-234-567
11	朱明哲0932-345-678	0932-345-678
12	曾鄭美玲0943-456-789	0943-456-789
13	鍾正宏0954-567-890	0954-567-890
14	葉淑敏0965-678-901	0965-678-901
15	陸俊傑0976-789-012	0976-789-012
16	郭李怡君0987-890-123	0987-890-123
17	薛偉成0998-901-234	0998-901-234
18	賴宛儒0912-345-678	0912-345-678
19	周佩芬0923-456-789	0923-456-789
20	高陳翊庭0934-567-890	0934-567-890

實例四：首字大寫及全部大寫

我們將透過一個實例說明如何使用 ChatGPT 在 Google 試算表中進行首字大寫及全部大寫的轉換工作。

◆ 原始工作表：（資料來源試算表：大寫.xlsx）

	A	B	C	D
1	姓名	首字大寫	國籍縮寫	國籍縮寫大寫
2	tsanming		roc	
3	michael		usa	
4	tetsuro		jp	
5	rohit		ko	

◆ 輸入函數指令：

```
=GPT_LIST(" 首字大寫 ",A2:A5)
```

B2	▼	fx	=GPT_LIST("首字大寫",A2:A5)	
	A	B	C	D
1	姓名	首字大寫	國籍縮寫	國籍縮寫大寫
2		=GPT_LIST("首字大寫",A2:A5)		
3	michael		usa	
4	tetsuro		jp	
5	rohit		ko	

◆ 執行結果：

	A	B	C	D
1	姓名	首字大寫	國籍縮寫	國籍縮寫大寫
2	tsanming	Tsanming	roc	
3	michael	Michael	usa	
4	tetsuro	Tetsuro	jp	
5	rohit	Rohit	ko	

◆ 輸入函數指令：

```
=GPT_LIST(" 全部大寫 ",C2:C5)
```

D2	▼	fx	=GPT_LIST("全部大寫",C2:C5)		
	A	B	C	D	E
1	姓名	首字大寫	國籍縮寫	國籍縮寫大寫	
2	tsanming	Tsanming		=GPT_LIST("全部大寫",C2:C5)	
3	michael	Michael	usa		
4	tetsuro	Tetsuro	jp		
5	rohit	Rohit	ko		

◆ 執行結果：

	A	B	C	D
1	姓名	首字大寫	國籍縮寫	國籍縮寫大寫
2	tsanming	Tsanming	roc	ROC
3	michael	Michael	usa	USA
4	tetsuro	Tetsuro	jp	JP
5	rohit	Rohit	ko	KO

實例五：資料翻譯

我們將透過一個實例說明如何使用 ChatGPT 在 Google 試算表中進行資料翻譯。

◆ 原始工作表：（資料來源試算表：翻譯.xlsx）

	A	B
1	中文句子	英文翻譯
2	衛生局近期發布了一份關於疫情防範的指導方針。	
3	請不要在公共場合放屁，這是不禮貌的行為。	
4	傳說中巫師擁有神秘的魔法力量。	
5	我喜歡在舒適的床上休息。	
6	請按照順序來填寫這份問卷調查。	
7	奶奶的家位於一條安靜的巷弄中。	
8	這個物體的形狀非常特別。	
9	叔叔決定戒除抽菸，以改善健康狀況。	
10	這個慈善機構致力於扶持弱勢團體。	

◆ 輸入函數指令：

```
=GPT_LIST("將句子翻譯成英文",A2:A11)
```

B2	▼	fx	=GPT_LIST("將句子翻譯成英文",A2:A11)	
	A			**B**
1	中文句子			英文翻譯
2	衛生局近期發布了一份關於疫情防範的指導方針。			=GPT_LIST("將句子翻譯成英文",A2:A11)
3	請不要在公共場合放屁，這是不禮貌的行為。			
4	傳說中巫師擁有神秘的魔法力量。			
5	我喜歡在舒適的床上休息。			
6	請按照順序來填寫這份問卷調查。			
7	奶奶的家位於一條安靜的巷弄中。			
8	這個物體的形狀非常特別。			
9	叔叔決定戒除抽菸，以改善健康狀況。			
10	這個慈善機構致力於扶持弱勢團體。			
11	這批貨物已經準備好出貨了。			

◆ 執行結果：

	A	B
1	中文句子	英文翻譯
2	衛生局近期發布了一份關於疫情防範的指導方針。	The Health Bureau recently issued a set of guidelines on epidemic prevention.
3	請不要在公共場合放屁，這是不禮貌的行為。	Please refrain from farting in public as it is considered impolite behavior.
4	傳說中巫師擁有神秘的魔法力量。	Wizards are said to possess mysterious magical powers.
5	我喜歡在舒適的床上休息。	I enjoy resting in a comfortable bed.
6	請按照順序來填寫這份問卷調查。	Please fill out this questionnaire in order.
7	奶奶的家位於一條安靜的巷弄中。	Grandma's house is located in a quiet alley.
8	這個物體的形狀非常特別。	The shape of this object is very unique.
9	叔叔決定戒除抽菸，以改善健康狀況。	Uncle has decided to quit smoking to improve his health condition.
10	這個慈善機構致力於扶持弱勢團體。	This charity organization is dedicated to supporting vulnerable groups.
11	這批貨物已經準備好出貨了。	This batch of goods is ready for shipment.

MEMO

14

AI 多國語言技巧與實例

本章將帶領讀者深入了解 AI 如何協助我們突破語言障礙，掌握多國語言技巧與
實例。

技能
01 關於「英語發音」的學習策略 ＞

在英語學習的道路上，掌握良好的發音是至關重要的一環。無論是在日常交流
還是專業場合，正確的發音都能夠提高溝通效果，增強自信心。

使用「發音單字」chrome 外掛擴充應用程式，可以幫助各位更好地說英語。聽
到任何英文單字正確的發音方式。改善您的發音。要取得這一個實用的外掛程
式，請在 Google 瀏覽器的「Chrome 線上應用程式商店」輸入關鍵字「發音」，可
以找到「發音單字」擴充應用程式（或者外掛程式）。這款擴充功能透過簡單安裝
即可開始使用，點擊「加到 Chrome」即可安裝，隨後在瀏覽器右上角點擊「發音
單字」圖示便能啟動，準備好即時發音與語音練習功能。

這款工具提供即時發音功能，讓使
用者能隨時點擊網頁上的英文單字並
立即聆聽發音，不論是英式或美式口
音都可自由選擇。無論是查詢單字發
音或確認正確讀法，都能即時獲得準
確答案，輕鬆解決發音疑問。此外，
語音練習功能讓您能錄製自己的發
音，並與標準發音進行對比，以便快
速識別改進空間，逐步提升發音準確
度。

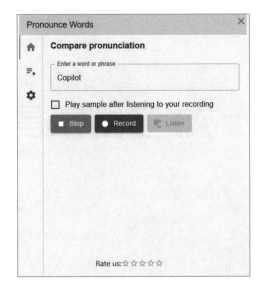

您只需在任意英文網站上，用滑鼠選取想聽的單字，點擊播放按鈕即可聆聽正確發音，或透過錄音功能來練習說話。錄製完成後，還能將錄音與標準發音進行對比，輕鬆識別並改善自己的發音，逐步提升語言能力。

學習「字彙」—提供單字分級表

在學習語言的過程中，字彙量的積累是不可或缺的一環，然而，許多人常感到記憶單字困難或難以運用。幸運的是，隨著人工智慧的發展，我們不再僅限於傳統的記憶方式。透過 ChatGPT 不僅能夠輕鬆獲取不同主題的單字表，還能進行字彙練習、同義詞對比、短文創作，甚至還能解答我們的字彙疑惑。ChatGPT 可以針對我們的需求量身打造學習資源，無論是想擴充基本字彙、理解字根詞綴，或是進行單字創意運用，它都能即時提供協助。

首先讓我們來看看如何運用 ChatGPT 作為字彙學習的得力助手，為您輕鬆打造豐富的英語字彙庫。

請提供適合初學者的英語單字分級表

🤖 ChatGPT 回答內容

以下是適合初學者的英語單字分級表，從最基本的字彙到較高階的詞彙，幫助學習者逐步擴展字彙量。

初級字彙 (Beginner Level)

適合剛接觸英語的學習者，主要涵蓋日常生活中常見的簡單單字。

1. People and Pronouns: I, you, he, she, we, they, my, your

2. Basic Nouns: cat, dog, car, book, school, friend, food, house, water

3. Common Verbs: go, come, eat, drink, see, like, make, take, play, walk

4. Adjectives: big, small, hot, cold, happy, sad, good, bad, easy, hard

5. Days and Months: Monday, Tuesday, January, February, etc.

6. Numbers: one, two, three...ten

7. Colors: red, blue, green, yellow, black, white

中級字彙 (Intermediate Level)

適合已具備基本英語理解能力的學習者，增強與他人交流和表達能力。

1. Family: mother, father, brother, sister, uncle, aunt

2. Places: park, store, library, office, hospital, market

3. Daily Actions: study, work, clean, cook, buy, sleep, wake, swim

4. Adjectives for Description: tall, short, long, new, old, beautiful, expensive, cheap

5. Weather Words: sunny, rainy, cloudy, windy, hot, cold

6. Foods: bread, rice, meat, salad, fruit, juice, milk

7. Time-related Words: morning, afternoon, evening, night, today, tomorrow

高級字彙 (Advanced Level)

適合進階學習者，提升對較抽象或具體情境的表達能力。

1. Occupations: teacher, doctor, engineer, artist, lawyer, scientist

2. Abstract Nouns: idea, truth, love, knowledge, success, failure

---

技能 03 學習「字彙」—建立主題式字彙表

透過主題式字彙表，我們可以針對特定情境或話題，如旅遊、商務、健康等，深入掌握字彙的意思、用法和搭配，進一步提升語言運用的靈活性。

提示（prompt）詞

幫我建立主題式字彙表，例如餐廳用語

ChatGPT 回答內容

餐廳用語主題字彙表

1. 基本名詞 (Nouns)

- menu - 菜單
- appetizer - 開胃菜
- main course - 主菜
- dessert - 甜點
- beverage - 飲料
- bill/check - 帳單
- reservation - 預訂
- table - 桌子
- waiter/waitress - 男服務生/女服務生
- chef - 廚師
- tip - 小費
- customer - 顧客
- seat - 座位

2. 常見菜餚與飲品 (Common Dishes and Beverages)

- salad - 沙拉
- soup - 湯
- steak - 牛排
- pasta - 義大利麵
- burger - 漢堡
- pizza - 披薩
- soda - 汽水
- juice - 果汁
- coffee/tea - 咖啡/茶
- wine - 紅酒
- beer - 啤酒
- water (still/sparkling) - 水（無氣/氣泡）

3. 動詞 (Verbs)

- order - 點餐
- serve - 服務
- recommend - 推薦
- choose/select - 選擇
- pay - 付款
- book/reserve - 預訂
- cancel - 取消
- taste - 品嚐
- enjoy - 享受
- ask - 詢問

4. 描述性形容詞 (Descriptive Adjectives)

- delicious - 美味的
- spicy - 辣的
- sweet - 甜的
- salty - 鹹的
- fresh - 新鮮的
- crispy - 酥脆的
- tender - 軟嫩的
- hot - 熱的
- cold - 冷的
- sour - 酸的

5. 常用片語 (Common Phrases)

- May I take your order? - 我可以為您點餐嗎？
- What would you like to drink? - 您想喝什麼？
- Is there anything you recommend? - 有什麼推薦的嗎？
- Can I have the bill, please? - 請給我帳單。
- Is this dish vegetarian? - 這道菜是素食嗎？
- Do you have any specials today? - 今天有什麼特別菜嗎？
- Can I make a reservation? - 我可以預訂座位嗎？
- Could we get some more water? - 可以幫我們加點水嗎？
- How spicy is this? - 這道菜有多辣？
- We'd like to share this dish. - 我們想一起分享這道菜。

6. 顧客常用表達 (Customer Expressions)

- I'm ready to order. - 我準備好點餐了。
- Could I see the menu, please? - 可以給我看一下菜單嗎？
- Can I get this without onions? - 這道菜可以不加洋蔥嗎？
- What's the soup of the day? - 今天的例湯是什麼？
- I'll have the... - 我要點......
- Can I pay by card? - 我可以用信用卡付款嗎？
- It was delicious, thank you. - 這很美味，謝謝。

技能 04 　學習「字彙」─建立指定專業領域字彙學習清單

　　在學習過程中，掌握特定專業領域的字彙是提升專業知識和表達能力的重要一步。無論是醫學、工程、法律，還是科技產業，每個領域都有獨特的字彙，了解並靈活運用這些專業字彙能幫助您更精確地理解資料、進行專業交流。本單元將介紹如何建立專業領域的字彙學習清單。

提示（prompt）詞

　　提供一個有關旅遊的字彙學習清單

ChatGPT 回答內容

　　以下是旅遊字彙學習清單，適合出國旅行、觀光或旅遊籌備時學習的英語單字和常用表達：

旅遊主題字彙清單

1. 旅行計畫 (Travel Planning)

- **itinerary** - 行程表
- **destination** - 目的地
- **travel agency** - 旅行社
- **reservation** - 預訂
- **passport** - 護照
- **visa** - 簽證
- **currency exchange** - 換匯
- **luggage/baggage** - 行李
- **packing list** - 打包清單
- **flight ticket** - 機票

2. 交通工具 (Transportation)

- **airport** - 機場
- **airplane/flight** - 飛機/航班
- **train** - 火車
- **subway/metro** - 地鐵
- **taxi/cab** - 計程車
- **bus** - 公車
- **car rental** - 租車
- **ferry** - 渡輪

技能 05　學習「字彙」一建立特定詞性字彙表　〉

　　建立特定詞性的字彙表是一種有效的學習方法，幫助學習者集中記憶某一詞性（如名詞、動詞、形容詞、副詞）的相關字彙，並熟悉其使用方式和搭配。

 提示（prompt）詞

請幫我找出英語最常用的動詞詞組

ChatGPT 回答內容

常用動詞詞組

1. **look after** - 照顧
   例句：*She looks after her younger brother every day.*

2. **look for** - 尋找
   例句：*I'm looking for my keys. Have you seen them?*

3. **look forward to** - 期待
   例句：*I'm looking forward to the weekend.*

4. **give up** - 放棄
   例句：*Don't give up on your dreams!*

5. **take off** - 起飛；脫下
   例句：*The plane will take off in 10 minutes.*

6. **take care of** - 照顧
   例句：*Please take care of my plants while I'm away.*

7. **put off** - 延期
   例句：*They decided to put off the meeting until next week.*

8. **put on** - 穿上
   例句：*She put on her coat before going outside.*

9. **turn on** - 打開（電源）
   例句：*Can you turn on the lights?*

10. **turn off** - 關掉（電源）
    例句：*Please turn off the computer when you're done.*

11. **come back** - 回來
    例句：*I'll come back in an hour.*

12. **get up** - 起床
    例句：*I usually get up at 7 am.*

13. **give back** - 歸還
    例句：*He gave back the book to the library.*

14. **run out of** - 用完
    例句：*We've ~~~~ of milk.*

技能 06　學習「字彙」—用指定字彙描述議題

透過精準運用特定字彙來描述各種議題，不僅可以加強語言的說服力和表達力，還能幫助學習者在特定情境中清晰、有效地溝通。

提示（prompt）詞

請用 5 個描述天氣的字彙寫一句話

ChatGPT 回答內容

> Here's a sentence using five weather-related words:
>
> "On a **sunny** morning, we decided to go hiking, but by noon it turned **cloudy** and **windy**, with a chance of **rain**, and later, a **storm** rolled in."
>
> 這句話包含了五個描述天氣的詞彙，呈現了天氣的變化情境。

技能 07　學習「字彙」—字根、字首與字尾

當我們深入探討字根、字首和字尾的組成結構，等於掌握了拆解單字的鑰匙，使學習不再僅依靠記憶，而成為一種邏輯分析的過程。本單元將帶領您探索如何透過字根、字首與字尾的辨識，大幅提高學習效率，輕鬆累積字彙量。例如我們可以提問：

● 請提供常見的字首及其意義。

● 請說明字尾 "-able" 在單字中的用法。

- 以單字為例，說明 "prefix" 和 "suffix" 的不同。

- 幫我找出含有 "eco-" 字首的 5 個單字並解釋其意義。

提示（prompt）詞

以單字為例，說明 "prefix" 和 "suffix" 的不同

ChatGPT 回答內容

在英語中，**prefix**（字首）和**suffix**（字尾）是加在單字根部之前或之後的詞綴，用來改變單字的意義或詞性。以下分別用例子說明它們的不同：

Prefix（字首）：

字首是加在單字開頭的部分，用來改變單字的意義。常見的字首有「un-」、「re-」、「pre-」等。

- **un + happy → unhappy**

  例句：The movie left her feeling unhappy.

  這裡的「un-」加在「happy」前面，表示「不快樂」，否定了原意。

- **re + start → restart**

  例句：We had to restart the computer.

  這裡的「re-」加在「start」前面，表示「重新」，指再次開始。

Suffix（字尾）：

字尾是加在單字結尾的部分，常用來改變詞性，如將動詞變成名詞或形容詞。常見的字尾有「-er」、「-ness」、「-able」等。

- **teach + -er → teacher**

  例句：She is a wonderful teacher.

  這裡的「-er」加在「teach」後面，表示「...的人」，使動詞變成名詞，意指「教師」。

- **kind + -ness → kindness**

  例句：His kindness touched everyone.

  這裡的「-ness」加在「kind」後面，使形容詞變成名詞，表示「仁慈」。

總結來說，字首(prefix)加在單字前面以改變意義（通常是加強或否定），而字尾(suffix)加在單字後面以改變詞性或詞義。

學習「字彙」—相近字彙用法的比較

在英語學習中，了解相近字彙之間的細微差異是提升語言精準度的關鍵。許多字彙在意義上看似相似，但在使用情境、語氣及搭配上卻存在差異，掌握這些細節可以避免誤用，並讓表達更加自然流暢。

請幫我區分同義詞 "big" 和 "large" 在用法上的差異

ChatGPT 回答內容

"Big"和"Large"這兩個單字在中文中都可以解釋為「大」，但在英語的用法上有一些細微的差異。以下是它們的主要區別和典型用法：

1. Big：偏向口語，常用於描述物體的尺寸或人事物的影響力

- Big 通常用於較口語化的情境，並且可以形容物體的尺寸、人或事件的影響力。
- 例如，形容一個物體、空間、年齡、影響力、重要性等。

常見例句：

- She has a big house.（她有一間很大的房子）→ 房子的尺寸
- It's a big problem.（這是一個大問題）→ 問題的嚴重性
- He is a big fan of basketball.（他是個超級籃球迷）→ 熱愛程度

2. Large：偏向正式，通常形容尺寸、數量，較少用於影響力或人際表達

- Large 通常用於較正式的場合，尤其是在形容尺寸、數量、面積等具體或抽象數值時。通常不會用來形容個人情感或影響力。
- 適合用於正式文件、書寫中以及形容特定測量或範圍。

常見例句：

- They live in a large apartment.（他們住在一間很大的公寓）→ 公寓的空間大小
- The company made a large profit.（公司賺取了大筆利潤）→ 利潤數量
- The library has a large collection of books.（圖書館有大量的書籍收藏）→ 書籍數量

總結：

- **Big**：偏向口語，描述物體的尺寸、影響力、個人情感或事件的重要性。

- **Large**：偏向正式，用於描述尺寸、數量或範圍。

這樣區分可以幫助我們在適合的情境下選擇正確的詞彙，提高表達的準確性和自然度。

技能 09　學習「字彙」—情緒或心境表達字彙表 ❯

無論是喜悅、憤怒、哀傷還是驚訝，不同的情緒有其專屬的字彙來傳達微妙的心理狀態。例如我們可以提問：

- 請解釋 5 個常用的情感表達字彙。

- 提供 10 個 " 快樂 " 相關的同義詞。

- 請說明 10 個與 " 健康 " 相關的關鍵字彙。

提示（prompt）詞

請解釋 5 個常用的情感表達字彙

ChatGPT 回答內容

以下是五個常用的情感表達字彙，每個字彙附有解釋和例句，幫助更好地理解這些詞的情境用法：

1. Joyful - 喜悅的

描述一種內心充滿快樂和滿足的感覺，通常用於形容開心或欣喜若狂的情境。

- 例句：She felt joyful when she finally achieved her goal.

（當她終於達到目標時，感到非常喜悅。）

2. Anxious - 焦慮的

指內心因擔心、害怕而緊張不安的狀態，特別是在面對不確定或可能有風險的情境下。

- **例句**：He was anxious about the upcoming exam.
  （他對即將到來的考試感到焦慮。）

3. Grateful - 感激的

指對他人的幫助或事物的存在心懷感謝，感覺到溫暖和滿足。

- **例句**：I am grateful for all the support from my family.
  （我對家人所有的支持感到感激。）

4. Frustrated - 挫折的

形容對事情不如意或無法達到期望時的沮喪和失落感，通常帶有一些憤怒或無奈的成分。

- **例句**：She felt frustrated after failing the test again.
  （她再次考試失敗後感到很挫折。）

5. Content - 滿足的

形容人對現況感到滿意，沒有過多的需求或渴望，感覺安逸和心滿意足。

- **例句**：He was content with his simple life in the countryside.
  （他對鄉村中簡單的生活感到滿足。）

 技能 10 學習「字彙」—特定學術寫作常用單字 ＞

　　在學術寫作中，使用適當且精準的字彙是傳達專業與權威的關鍵。與日常用語不同，學術寫作常用到一系列專業的表達方式，這些字彙有助於論述的條理性和說服力。

提示（prompt）詞

請列出描述學術寫作的 20 個常用單字

ChatGPT 回答內容

以下是 20 個在學術寫作中常用的單字，這些詞彙能提升寫作的專業性和清晰度，有助於表達論點、分析數據及描述研究結果：

1. **Analyze** - 分析

2. **Interpret** - 詮釋

3. **Evaluate** - 評估

4. **Significant** - 重要的

5. **Methodology** - 方法論

6. **Hypothesis** - 假設

7. **Data** - 數據

8. **Evidence** - 證據

9. **Theory** - 理論

10. **Results** - 結果

11. **Implications** - 含意

12. **Conclusion** - 結論

13. **Objective** - 目標

14. **Limitations** - 限制

15. **Variables** - 變數

16. **Concept** - 概念

17. **Context** - 背景

18. **Assumption** - 假定

19. **Framework** - 框架

20. **Findings** - 發現

學習「字彙」—建立字彙練習活動

學習字彙不僅僅是背誦單字,更需要透過多樣化的練習活動來鞏固記憶並增強應用能力。有效的字彙練習活動能幫助學習者在不同情境中靈活運用字彙,達到真正內化的效果。

請根據某主題設計一個字彙練習活動

ChatGPT 回答內容

以下是一個以「環境保護」為主題的字彙練習活動,旨在幫助學習者擴展與環境相關的英語字彙,並在實際情境中加以運用。

活動名稱:環境保護字彙卡片配對

活動目標:
幫助學習者認識並掌握環境保護主題下的關鍵字彙,能在討論環境話題時準確表達。

活動所需材料:

* 字彙卡片:每張卡片上寫有環保相關的單字和簡單的解釋(如"pollution – the presence of harmful substances in the environment")
* 例句卡片:包含使用字彙的例句(例:「Water pollution is one of the biggest problems facing our planet.」)

字彙清單(示例):

* Pollution(污染)
* Recycling(回收)
* Biodiversity(生物多樣性)
* Sustainable(永續的)
* Renewable Energy(可再生能源)
* Conservation(保護)
* Ecosystem(生態系統)
* Deforestation(森林砍伐)
* Carbon Footprint(碳足跡)
* Climate Change(氣候變遷)

活動流程

1. **分組配對**：將學習者分成兩人一組，並發放字彙卡片和例句卡片。

2. **卡片配對**：每組學習者需要將字彙卡片與相對應的例句卡片配對。這一步可幫助學習者在上下文中理解字彙。

技能 12 學習「字彙」—指定單字寫短文 ＞

透過撰寫包含指定單字的短文，學習者能夠更深入地理解單字的意涵、搭配和用法，並在實際情境中練習如何流暢自然地使用這些字彙。

提示（prompt）詞

用 10 個單字編寫一個關於日常生活的短文

ChatGPT 回答內容

Here's the short passage in English, using the 10 words: **morning, breakfast, work, lunch, coffee, friend, exercise, dinner, relax, sleep**.

Every **morning**, I wake up early and prepare a simple **breakfast**, usually toast and some fruit. After eating, I head out to **work** and start my busy day. Around noon, I go out for **lunch** with my colleagues. We usually pick something quick and easy, followed by a cup of **coffee** to refresh.

After work, I meet up with a **friend** to do some **exercise**, like jogging or working out, which helps me stay healthy and release stress. For **dinner**, I usually have a simple home-cooked meal. Then, I like to **relax** at home, reading a book or listening to music. At the end of the day, I get ready for **sleep**, resting well to face a new day tomorrow.

This short passage describes a simple, regular day from morning to night, showing a balanced daily routine.

學習「字彙」—單字記憶技巧

單字記憶技巧不僅僅是重複練習，更包含視覺化、聯想、分解等多種方法，讓學習者能在短時間內牢記更多字彙。

請提供單字記憶技巧，例如聯想法或字根分析

ChatGPT 回答內容

以下是一些常用的單字記憶技巧，這些方法可以幫助你更有效地記憶和理解英語單字：

1. 聯想法 (Association Technique)

透過將單字與已知的事物聯繫起來，形成有趣的聯想，幫助記憶。

- 例子：單字 "apple" 可以聯想到蘋果的形狀或顏色，甚至是口味。將單字與圖像或感受聯繫起來，可以加強記憶。例如「I picture an apple as a red fruit on a tree」可以幫助回憶單字。

2. 字根、字首、字尾分析 (Root, Prefix, Suffix Analysis)

了解字根、字首、字尾的意思，有助於理解和記住複合單字。

- 例子：
  - 字根：「dict」表示「說話」；predict（預測）= pre-（前）+ dict（說）
  - 字首：「un-」表示「否定」；unhappy（不快樂）= un-（不）+ happy（快樂）
  - 字尾：「-er」表示「...的人」；teacher（老師）= teach（教）+ -er（...的人）

3. 拆分法 (Chunking)

將單字拆分為更小的部分進行記憶，對於較長的單字特別有效。

- 例子：單字 "unbelievable" 可以拆分為 un + believe + able。拆分後理解每個部分的意思（un-表示否定，believe是「相信」，-able表示「能...的」），就能更容易記住整個單字的意思（令人難以置信的）。

4. 聲音和拼寫記憶 (Phonetic and Spelling Memory)

利用發音或拼寫特徵來記憶單字，特別是對於與母語發音相近的單字。

- 例子：單字 "phone" 可以記住它與「聲音」的意思有關聯（音近"聲音"），並注意拼寫中不發音的「p」，有助於記憶正確拼法。

5. 使用例句和語境記憶 (Contextual Learning)

將單字放入句子或真實情境中學習，這有助於記憶單字的意思和用法。

- 例子：使用 "environment" 造句：「Protecting the environment is everyone's responsibility.」透過真實句子的使用，可以幫助記住單字，並理解它在不同情境中的應用。

6. 視覺記憶法 (Visualization)

技能 14 學習「英語聽力」—Chrome 擴充應用程式

在提升英語聽力的過程中，利用數位工具可以有效增強學習效率。Chrome 擴充應用程式提供了豐富的聽力輔助功能，從字幕同步、播放速度調整，到即時字彙解釋，這些工具不僅能幫助理解內容，也讓學習過程更加靈活便捷。

提示（prompt）詞

請列出適合練習聽力的 Chrome 擴充應用程式

ChatGPT 回答內容

以下是一些適合練習聽力的Chrome擴充應用程式，這些工具可以幫助提升聽力理解能力並增強語言學習效果：

1. **Language Reactor (原名Language Learning with Netflix)**
   - 功能：與Netflix或YouTube搭配使用，提供雙語字幕，讓使用者即時對照翻譯，並查看詞彙或短語的意義。
   - 適合：想要在看影視內容的過程中練習聽力的學習者。

2. **Speechify**
   - 功能：將文字轉換為語音，支援多種語言和語速調整，適合用來增強聽力的工具。
   - 適合：需要大量聽取資訊並且希望調整語速的學習者。

3. TransOver
- 功能：當游鼠懸停在某單字上時自動顯示翻譯，也可以將整段句子翻譯並朗讀出來，幫助即時理解聽到的內容。
- 適合：對單字或短語的即時翻譯需求較高的使用者。

4. Read Aloud: A Text to Speech Voice Reader
- 功能：將網頁內容轉換成語音並朗讀，可調整語速及選擇不同聲音。
- 適合：希望聽取網站資訊並練習聽力的使用者。

5. YouTube Audio Speed Changer
- 功能：讓使用者在YouTube上調整語速，以便更輕鬆地跟上影片中的對話內容。
- 適合：想要根據自己需求調整影片播放速度以練習聽力的學習者。

6. Lingua.ly
- 功能：將網頁中的單字存成個人字彙表，並提供發音和例句，有助於在閱讀與聽力間互相輔助。
- 適合：需要同時增強聽力和單字記憶的使用者。

技能 15 學習「英語聽力」—聽力學習網站

優質的聽力學習網站，幫助您在多元化的聽力內容中磨練耳力，進一步提升英語理解力。

提示（prompt）詞

可以推薦一些免費的英語聽力學習網站嗎？

ChatGPT 回答內容

以下是一些免費的英語聽力學習網站，非常適合練習不同層次的聽力技巧：

1. **Voice of America - Learning English**
   - 這是美國之音（VOA）的學習英語網站，提供慢速的新聞和語音材料。內容涵蓋新聞、科技、文化等，分為不同級別，適合各種水平的學習者。
   - 網站連結：VOA Learning English

2. **BBC Learning English**
   - 英國廣播公司（BBC）提供多種免費的英語學習資源，包括聽力練習。內容涵蓋日常對話、新聞以及主題式教學影片，還提供聽力測驗，特別適合中級和高級學習者。
   - 網站連結：BBC Learning English

3. **Elllo (English Listening Lesson Library Online)**
   - Elllo 提供豐富的聽力練習材料，包含來自世界各地的口音。學習者可以選擇各類主題的聽力內容，並配有逐字稿及詞彙解釋，非常適合初級至中高級的學習者。
   - 網站連結：Elllo

4. **TED Talks**
   - TED Talks 涵蓋廣泛的主題，許多演講提供字幕，學習者可以透過這些影片練習聽力並擴展知識。TED 提供不同語言的字幕功能，非常適合中級以上的學習者。
   - 網站連結：TED

5. **ESL Lab (Randall's ESL Cyber Listening Lab)**
   - 這是一個專門為非英語母語者設計的聽力練習網站，內容依難度分為初級、中級和高級。每段聽力材料附有聽力測驗和討論問題，有助於加強理解。
   - 網站連結：ESL Lab

6. **Breaking News English**
   - 這個網站提供根據真實新聞改編的學習材料，涵蓋多層次的聽力練習和詞彙練習，每篇新聞提供音頻文件及相關練習，非常適合需要定期提升聽力技巧的學習者。
   - 網站連結：Breaking News English ↓

技能 16 學習「英語聽力」—Podcast 頻道

Podcast 是提升英語聽力的絕佳工具,豐富的內容和多樣的主題讓學習者能根據興趣選擇適合的音頻節目,並且隨時隨地進行聽力練習。透過 Podcast,不僅可以訓練聽力理解,還能接觸不同口音和真實的語言使用情境。

有哪些適合初學者的聽力練習 Podcast 頻道?

ChatGPT 回答內容

以下是一些適合英語聽力初學者的Podcast頻道,這些頻道語速較慢,內容簡單易懂,適合從基礎開始的學習者:

1. **ESL Pod**
   - ESL Pod 的內容專為英語非母語者設計,以日常生活和實用主題為主,語速較慢,且有逐句解釋,適合初學者練習基本會話及聽力理解。
   - 收聽連結:ESL Pod

2. **The English We Speak (BBC Learning English)**
   - 英國廣播公司製作的短篇Podcast,重點介紹常用的英語表達,單集時間不長且語速適中,每集包含日常英語片語的解釋和示範,非常適合初學者學習實用口語。
   - 收聽連結:The English We Speak

3. **Culips ESL Podcast**
   - Culips 提供的內容涵蓋日常對話、文化及語言學習小技巧,語速較為清晰,適合初學者逐步提升聽力理解能力,內容也包含日常英語的實用性教學。
   - 收聽連結:Culips ESL Podcast

4. **EnglishClass101**
   - EnglishClass101 提供多級別的英語學習課程,包括聽力和詞彙,適合從初學到高級。初學者可以選擇較簡單的課程來學習基本對話和詞彙。
   - 收聽連結:EnglishClass101

5. **Speak English Now**
   - 這個頻道的講解語速慢且清晰,提供簡單的英語情境對話。內容多圍繞基礎英語會話和詞彙,是初學者建立聽力和理解力的好選擇。
   - 收聽連結:Speak English Now

6. **6 Minute English (BBC Learning English)**
   - 這是一個6分鐘長的Podcast，每集選擇不同主題，透過簡短的對話練習聽力，同時學習新單字。主題豐富且語速適中，特別適合基礎以上的初學者。
   - 收聽連結：6 Minute English

這些Podcast頻道內容豐富，語速適合，並且針對初學者設計，可以幫助建立聽力基礎並增進理解力。

技能 17　學習「英語聽力」—YouTube 頻道

　　YouTube 是提升英語聽力的寶庫，擁有大量免費的影片資源，適合各種學習需求。從慢速英語到專業訪談，學習者可以依據自己的興趣和聽力水平，挑選合適的頻道進行練習。

　　請提供一些英語聽力學習的 YouTube 頻道

ChatGPT 回答內容

以下是一些適合英語聽力練習的 YouTube 頻道，各個頻道提供不同難度的內容和練習素材，非常適合英語學習者從基礎到進階的聽力練習：

1. **BBC Learning English**
   - 這個頻道提供豐富的英語學習影片，包括聽力、詞彙、語法和日常對話練習。內容針對不同級別的學習者，且包含一些簡短易懂的節目如 "The English We Speak" 及 "6 Minute English"。
   - 頻道連結：BBC Learning English
2. **English Addict with Mr. Duncan**
   - Mr. Duncan 是一位熱情的英語老師，他的頻道涵蓋多種主題，如詞彙、日常表達和文化背景知識，語速適中，解說清晰，非常適合初級和中級學習者練習聽力。
   - 頻道連結：English Addict with Mr. Duncan

3. **English with Lucy**
   - Lucy 的頻道提供許多關於英語聽力和口語的教學影片，涵蓋詞彙、發音技巧和實用對話練習。她的教學風格親切且清晰，適合初學者和中級學習者。
   - 頻道連結：English with Lucy

4. **Learn English with TV Series**
   - 這個頻道透過熱門美劇、電影等素材來學習英語。影片會解釋台詞中的俚語、發音和文化背景，讓學習者在有趣的情境中提升聽力。適合中級及以上學習者。
   - 頻道連結：Learn English with TV Series

5. **Rachel's English**
   - 專注於美式發音和聽力技巧的頻道。影片講解發音的細節和語音連接，適合希望提升聽力理解力和發音準確度的學習者。
   - 頻道連結：Rachel's English

6. **VOA Learning English**
   - 由美國之音（VOA）提供，語速較慢、用詞簡單，內容多樣，包括新聞、故事和文化背景，特別適合初學者和中級學習者練習聽力。

技能 18　學習「英語聽力」—特定主題練習資源 ＞

在學習英語聽力的過程中，針對特定主題進行練習有助於更精確地提升理解力和字彙量。無論是商業、科技、醫療，還是藝術、文化等，針對性的聽力練習能幫助學習者掌握專業術語及相關背景知識，提升實際應用能力。

 提示（prompt）詞

有沒有針對特定主題（例如商業或科技）的英語聽力練習資源？

🤖 ChatGPT 回答內容

以下是一些專注於商業和科技領域的英語聽力練習資源，適合想要在專業領域增進英語能力的學習者：

1. 商業英語

1. **Business English Pod**
   - 提供商業情境中的各類英語會話，如會議、談判、電話、簡報等。每集都有詳細解說和情境模擬，非常適合希望提升商務英語的學習者。
   - 網站連結：Business English Pod

2. **BBC Business Daily**
   - BBC 的商業新聞Podcast，涵蓋全球經濟趨勢、公司發展、創新等。內容語速適中，且適合中級以上學習者。
   - 收聽連結：BBC Business Daily

3. **The Wall Street Journal Podcasts**
   - 內容包括商業新聞、經濟趨勢及科技創新，每日更新，適合需要在專業領域練習聽力的學習者。語速較快，適合中高級學習者。
   - 收聽連結：The Wall Street Journal Podcasts

4. **Harvard Business Review Ideacast**
   - HBR 的Podcast節目，內容涵蓋領導力、創新、企業管理及最新商業趨勢，適合中高級學習者熟悉高階商業用語。
   - 收聽連結：Harvard Business Review Ideacast

5. **Talks at Google**
   - Google 邀請各行各業的專家分享見解，涵蓋商業、科技、文化等多方面，適合了解商業趨勢並練習專業聽力。
   - 頻道連結：Talks at Google

2. 科技英語

1. **TechCrunch Daily Crunch**
   - 這是一個短小精悍的科技新聞摘要Podcast，內容涵蓋科技界的最新發展、創業公司消息等，適合需要快速了解科技動態的學習者。
   - 收聽連結：TechCrunch Daily Crunch

技能 19 學習「英語聽力」—提高理解力技巧

　　提高理解力不僅僅依賴多聽，還需要掌握一些有效的技巧，從預測內容、關注語氣到辨別語境，這些方法都能幫助聽力訓練更加事半功倍。

提示（prompt）詞

聽力學習時有哪些提高理解力的有效技巧？

ChatGPT 回答內容

以下是一些提高英語聽力理解力的有效技巧，特別適合在學習過程中逐步提升：

1. **先聽整體，再聚焦細節**
   - 在第一次收聽時，不必專注於每個單字的意思，先理解大意，這樣可以讓大腦對內容有一個初步的框架，之後再回放聚焦細節。

2. **反覆聆聽**
   - 針對一段材料多聽幾次，從一開始抓住大意，到後續逐漸理解每個細節。每次重複聽的時候，可以嘗試理解更多單詞和語意。

3. **主動做筆記**
   - 記錄下聽到的重點詞彙或簡短的句子摘要，有助於抓住核心概念，並回顧重點內容。筆記過程可以幫助集中注意力，強化理解。

4. **利用逐字稿或字幕**
   - 如果材料提供逐字稿或字幕，可以在第一次聽完後參考。對照文字理解不清楚的部分，再次回放這些段落，逐步理解發音和語句結構。

5. **學習連讀與發音特點**
   - 英語口語中經常使用連讀、弱讀等特徵，初學者可以多注意這些語音現象，並練習模仿，熟悉語速較快的自然語流，有助於提升理解力。

6. **設定特定的聽力目標**
   - 在每次練習時可以設定一個小目標，例如"今天要學握3個新詞彙"或"這次聽完能理解文章主旨"。這樣能更有針對性地提升聽力技巧。

7. **自問自答加強記憶**
   - 聽完一段內容後，自己提問幾個關於內容的問題並嘗試回答。例如"這段對話的主題是什麼？"、"這段話中出現了哪些重要訊息？"這種自我測試可以加強理解和記憶。

8. **模仿練習**
   - 嘗試跟著音頻逐句模仿，模仿說話人的語速、語調和口音。這種模仿練習有助於加深對句子結構和用詞的記憶，並增強對語音的敏感度。

透過這些技巧，學習者可以逐步強化聽力的理解能力，同時提升在不同情境中的語言運用能力。

技能 20　學習「英語聽力」—TED 演講影片

　　TED 演講影片以其豐富的內容和多元的觀點，成為提升英語聽力的優質資源。每場演講涵蓋不同的主題，從科技創新到人生哲理，學習者可以透過 TED 影片訓練聽力並增廣見聞。同時，TED 演講多數附有字幕和逐字稿，便於學習者反覆練習、加深理解。

提示（prompt）詞

　　請列出適合聽力練習的 TED 演講影片

ChatGPT 回答內容

以下是一些適合聽力練習的 TED 演講影片，這些影片不僅語速適中、發音清晰，而且涵蓋多樣的主題，能夠幫助學習者提升聽力同時增加知識面：

1. 語言學習與教育相關

1. How to learn any language in six months - Chris Lonsdale
   - Chris Lonsdale 分享了學習新語言的技巧和方法，內容實用且語速適中，非常適合學習者尋求語言學習上的建議。

2. The first 20 hours — how to learn anything - Josh Kaufman
   - Josh Kaufman 解釋如何在20小時內學會任何新技能，並分享有效的學習技巧。內容生動，適合提升聽力並學習新方法。

2. 科技與未來

1. A robot that eats pollution - Jonathan Rossiter
   - 探討科技如何被運用來解決環境問題，特別是能消除污染的機器人，對科技和環境有興趣的學習者適合練習聽力並了解新趨勢。

2. What AI is — and isn't - Sebastian Thrun
   - Sebastian Thrun 講解人工智慧的定義及其應用，語速適中，是了解AI並增強專業聽力的好選擇。

3. 心理與個人成長

1. The power of vulnerability - Brené Brown

- Brené Brown 探討人際互動中的脆弱性及其重要性。內容引人入勝且容易理解，非常適合提升聽力的同時反思個人成長。

2. Inside the mind of a master procrastinator - Tim Urban

- Tim Urban 以幽默的方式解釋拖延症的根源，語速稍快但內容幽默易懂，適合挑戰自己聽力的學習者。

4. 全球議題與社會

1. The danger of a single story - Chimam ↓ a Ngozi Adichie

 技能 21

學習「英語聽力」—聽力測驗資源

聽力測驗是檢驗和提升聽力理解力的有效方式。透過系統化的測驗，學習者能評估自己的聽力水準、找出弱點，並針對性地進行加強訓練。如今有許多免費或付費的聽力測驗資源，涵蓋不同難度和主題，讓學習者能依照需求進行練習。

 提示（prompt）詞

請提供一些適合中級學習者的聽力測驗資源

🤖 ChatGPT 回答內容

以下是一些適合中級英語學習者的聽力測驗資源，這些資源提供多樣的測驗形式和內容，幫助學習者在練習聽力時評估理解力：

1. BBC Learning English – 6 Minute English

- 每集提供6分鐘的主題對話，內容涉及生活、科技、環境等，並附有詞彙解釋和聽力測驗題。語速適中且有字幕，適合中級學習者擴展聽力技巧。
- 測驗連結：6 Minute English

2. ESL Lab (Randall's ESL Cyber Listening Lab)

- 提供豐富的聽力測驗，按照初級、中級和高級分類。中級測驗的主題包括日常對話、旅行、工作等，聽完音頻後可進行小測驗，檢驗理解力。
- 測驗連結：ESL Lab

3. **TED-Ed 聽力練習**
   - TED-Ed 提供不同級別的聽力練習資源，可以選擇合適的中級影片進行學習。影片下方有測驗題和討論問題，幫助學習者加深對內容的理解。
   - 測驗連結：TED-Ed

4. **Listen A Minute**
   - 每篇音頻僅1分鐘，適合快速練習聽力。內容包含多樣的主題，並附有小測驗、填空和討論題。這個資源特別適合中級學習者做短時間的聽力練習。
   - 測驗連結：Listen A Minute

5. **Voice of America (VOA) Learning English – Intermediate Level**
   - VOA 的中級聽力練習資源包含慢速新聞和生活小故事，學習者可以聽完後進行理解測驗，內容涵蓋時事新聞、科學及文化，非常適合進階聽力練習。
   - 測驗連結：VOA Learning English

6. **Breaking News English**
   - 提供基於真實新聞的聽力練習材料，每篇新聞有多種難度選擇。中級學習者可以選擇難度適中的新聞並完成配套的聽力理解測驗。
   - 測驗連結：Breaking News English

技能 22　練習「口說能力」—改善口音

　　清晰的發音與自然的口音是流利口說的基礎，能增強溝通的自信和表達的準確性。改善口音不僅有助於提升聽者的理解度，還能讓自己在英語對話中更具親和力與專業感。

提示（prompt）詞

　　請問如何改善口音、流利度、自然度的技巧

ChatGPT 回答內容

改善口音、提升流利度和自然度的過程中，有以下一些有效技巧：

1. 改善口音

- **模仿和跟讀**：選擇母語者的音頻或影片，仔細聆聽並模仿發音。可以跟著音頻逐句跟讀，嘗試模仿語音、語調和語速。

- **重點音素練習**：針對特定難發的音素進行練習，例如 /r/、/l/、/th/ 等。利用發音視頻資源，學習口腔、舌頭和氣流的位置。

- **語調和語音連接**：學習英語的語調變化和連音技巧，使口音更自然流暢。多聽英語會話內容，觀察說話者如何連接單詞，如何強調句子中的重點。

2. 提升流利度

- **即興口說練習**：選擇一個話題，限制自己在短時間內以英語表達。逐漸加快語速，練習連續地思考和說話，增加即時反應能力。

- **使用句型模板**：多練習日常對話的基本句型，例如問候、提問、描述等，使自己在不同情境中能快速表達。

- **定期對話練習**：與語伴或使用語言學習應用程式進行定期的對話練習，累積更多會話經驗。

3. 提高自然度

- **學習母語者的語調**：語調是口語自然度的重要因素。多觀看英語影集、訪談或電影，模仿母語者如何在不同情境下表達情緒。

- **擴充詞彙與短語**：學習自然的連接詞、填充詞（如 "you know," "I mean," "actually"）等，並適當應用在對話中，使表達更具母語者風格。

- **練習情境應對**：針對不同情境設計對話練習，例如餐廳點餐、工作報告、電話對話等，增強真實情境中的反應和表達。

4. 錄音回聽

- **錄下自己的說話練習並回聽**，觀察口音、語速及語調是否自然，並與母語者的語音作對比。這樣可以發現細微的差異，逐步調整和改進。

5. 克服緊張並增強自信

- **不斷練習並尋找語伴**，在輕鬆的對話環境中練習，減少語言焦慮。多與語伴或老師互動，並從中獲得反饋，逐漸提升自信，讓表達變得更自然。

技能 **23** 練習「口說能力」—特定主題的口說練習對話

在口說練習中，針對特定主題進行對話練習能幫助學習者在特定情境下更加自信和流利地表達自己。無論是討論商業議題、旅行對話，還是社交場合的應對，特定主題的口說練習能有效強化相關字彙的運用和句型結構。

請提供練習關於入境主題或情境的口說練習

ChatGPT 回答內容

在「入境」情境中練習口說可以幫助您熟悉機場或邊境檢查的常見用語。以下是一個關於入境時的口說練習場景範例，涵蓋常見對話和用語，幫助您在此情境中應對自如：

情境描述：機場入境

對話角色

- Officer（邊境官員）
- Traveler（旅客）

練習對話

Officer: Welcome to [country]! May I see your passport, please?

Traveler: Sure, here it is.

Officer: Thank you. What is the purpose of your visit?

Traveler: I'm here for [business/tourism/study]. I'll be staying for about [X days/weeks].

Officer: I see. Do you have any accommodations arranged?

Traveler: Yes, I'll be staying at [hotel name or with a friend].

Officer: Do you have a return ticket or onward travel plans?

Traveler: Yes, here is my return ticket.

Officer: Great. And are you carrying any items to declare, like food, alcohol, or large amounts of cash?

Traveler: No, I'm not carrying anything to declare.

Officer: Alright, everything looks good. Enjoy your stay!

Traveler: Thank you!

技能 24　練習「口說能力」—口說練習的資源或平台

有許多專為口說練習設計的資源和線上平台,提供即時對話、語音分析和模擬對話情境,讓學習者能在安全、靈活的環境中練習英語表達。

提示(prompt)詞

請推薦口說練習的線上資源或 APP

ChatGPT 回答內容

以下是一些優質的口說練習資源和 APP,可以幫助您提升英語口語能力,增強流度度與自然度:

1. HelloTalk

- **特色**:提供語言交換的社群平台,您可以與母語者互相練習。還有文字轉語音、語音訊息等功能,有助於模仿母語者的發音和語調。
- **適合對象**:希望與母語者直接互動並進行語言交換的學習者。

2. Tandem

- **特色**:與 HelloTalk 類似,Tandem 可以讓您找到語伴並進行即時語音、影片通話。提供專業導師的選擇,適合有特定練習需求的學習者。
- **適合對象**:希望進行日常對話、提升口說流利度的學習者。

3. Cambly

- **特色**：專門提供英語學習者與母語者老師進行一對一口說練習，內容可以根據學習者需求設計，並隨時開始課程，練習時間靈活。
- **適合對象**：尋求專業口語指導或有特定口說主題需求的學習者。

4. Elsa Speak

- **特色**：針對發音的 AI 技術 APP，能針對您的發音進行精確的分析，提供詳細的改進建議。還有豐富的發音練習活動，可以提升發音準確性和自然度。
- **適合對象**：希望改善發音、接近母語者發音的學習者。

5. iTalki

- **特色**：iTalki 提供全球各地的專業老師，您可以根據個人需求選擇不同口音和教學風格的老師進行口說課程。適合針對特定情境的口語練習。
- **適合對象**：希望進行一對一課程，提升口說能力並獲得反饋的學習者。

6. Speak Pal

- **特色**：模擬真實場景對話，適合進行口說練習，特別是旅遊、餐廳、商務等常見情境。提供即時回饋，幫助學習者在場景中學習實用表達。
- **適合對象**：希望提升特定情境口說能力的學習者。

技能 25 練習「口說能力」—職場簡報的口說練習

在職場中，流利自信的簡報能力不僅能有效傳達資訊，還能展現專業形象。透過針對性的口說練習，學習者可以在準備職場簡報時更加熟悉專業字彙、提升表達流暢度，並掌握清晰的語調與語速。

 提示（prompt）詞

請提供用英語口說演講、面試等特定主題的內容建議

ChatGPT 回答內容

在英語口說演講和面試等特定主題中，擁有有條理的內容組織和明確的表達方式是成功的關鍵。以下是針對「演講」和「面試」的內容建議，包括結構和具體表達方式，幫助您在不同場合中自信地表達。

1. 英語演講

結構建議

1. **Introduction (引言)**
   - 開始時可以引用名言、提出問題或講述小故事來引起觀眾的興趣。
   - 簡要說明演講的主題並指出將涵蓋的幾個重點。
   - **Example:** "Good afternoon everyone! Today, I'm excited to talk to you about [topic]. By the end of this speech, I hope to inspire you to see [the main idea] in a new light."

2. **Main Body (主體)**
   - 將內容分為三個要點，每個要點都應包含說明和例子。
   - 使用過渡語來連接每個部分，使演講更流暢。
   - **Example:** "First, let's take a look at...," "Now moving on to the second point...," "Lastly, I want to address..."

3. **Conclusion (結論)**
   - 重申主題或提供總結，強調演講的重點。
   - 呼籲行動、給予觀眾思考的問題，或表達希望。
   - **Example:** "In conclusion, I hope this talk has shown you [the main takeaway]. Let's work together to make a difference by [call to action]..."

2. 英語面試

回答技巧與範例

1. **Self-Introduction (自我介紹)**
   - 簡潔介紹個人背景、職業經驗和專業技能，突出與應聘職位相關的經歷。
   - **Example:** "My name is [Your Name], and I graduated from [University] with a degree in [Field]. I have worked in [industry] for [X years], where I developed strong skills in [specific skills related to the job]."

技能 26 練習「口說能力」─角色扮演場景情境

角色扮演是一種有效的口說練習方式，無論是模擬商務會議、旅遊對話，還是社交場合的互動，角色扮演讓學習者能實際應用所學字彙與句型，並提高溝通的自信心。

提示（prompt）詞

請建立電影院購票角色扮演場景練習特定情境的表達

ChatGPT 回答內容

情境描述：電影院購票

角色

- Cashier（售票員）
- Customer（顧客）

對話示例

Customer: Hi, I'd like to buy a ticket for the 7 PM show of *[Movie Title]*.

Cashier: Sure! Let me check availability. Do you prefer any particular seat?

Customer: Yes, I'd like to sit somewhere in the middle, if possible.

Cashier: We have seats available in the middle row, as well as near the aisle. Which one would you prefer?

Customer: I'll take a middle seat, please.

Cashier: Great choice! Would you like a regular ticket or a VIP seat?

Customer: What's the difference?

Cashier: The VIP seats are larger and come with a complimentary drink and snack. They're $15, while the regular ticket is $10.

Customer: I'll go with the regular ticket, thank you.

Cashier: Perfect. That'll be $10. Will you be paying with cash or card?

Customer: Card, please.

Cashier: [Processes payment] Here's your ticket! The theater is down the hall to your right. Enjoy the movie!

Customer: Thanks a lot!

技能 27 提高「閱讀能力」―推薦資源

提升閱讀能力不僅需要不斷練習，還需要借助優質的學習資源來幫助理解和吸收內容。透過閱讀多樣化的材料，學習者可以擴展字彙量、加強理解能力，並培養分析思維。

 提示（prompt）詞

請推薦適合提升閱讀能力的網站

ChatGPT 回答內容

以下是一些優質網站，專門針對提升英語閱讀能力的需求，涵蓋不同難度和主題，適合各類學習者使用：

1. Breaking News English

- **內容**：提供簡化的新聞文章，涵蓋不同級別的閱讀材料，每篇文章附有詞彙解釋和練習題。
- **適合對象**：想透過真實新聞增強閱讀能力的學習者。
- **網站**：Breaking News English

2. News in Levels

- **內容**：將新聞分為三個難度級別，讓學習者依照閱讀能力選擇合適的內容，從簡單到較為複雜的表達方式。
- **適合對象**：希望逐步提升閱讀難度的初、中級學習者。
- **網站**：News in Levels

3. Read Theory

- **內容**：提供多層次的閱讀理解練習，每篇文章附有閱讀理解測驗，適合系統化提升閱讀能力。
- **適合對象**：想進行閱讀測驗練習，並即時獲取分數和回饋的學習者。
- **網站**：Read Theory

4. BBC Learning English - Words in the News

- **內容**：提供新聞文章並配有詞彙解析和短語解釋，適合用於學習新的新聞詞彙，增強時事理解。
- **適合對象**：對新聞英語感興趣，並希望增強詞彙量的學習者。
- **網站**：BBC Learning English - Words in the News

5. ESL Bits

- **內容**：包含許多有聲讀物和分級讀物，適合練習聽力和閱讀的雙重技巧，提供不同主題的閱讀材料。
- **適合對象**：喜歡搭配音頻練習閱讀的學習者，適合初、中級以上。
- **網站**：ESL Bits

技能 28　提高「閱讀能力」—閱讀速度的技巧

透過一些訓練方法和閱讀策略，學習者可以在不影響理解力的前提下加快閱讀速度，因此應對大量的閱讀需求。

 提示（prompt）詞

請提供關於增強英文閱讀速度的技巧或方法

 ChatGPT 回答內容

增強英文閱讀速度是一項有技巧的練習，透過一些有效方法可以在保證理解力的前提下加快閱讀。以下是幾個實用的技巧和方法：

1. 養成「視覺群組化」閱讀習慣

- 訓練眼睛一次閱讀多個單字，而不是逐字讀。可以將眼睛訓練成「掃視」模式，每次看一組2-3個單詞，這樣可以加快閱讀速度，尤其是對熟悉的句子結構。

2. 減少「回視」的習慣

- 回視是指閱讀時回頭看已經閱讀過的單字或句子。這種習慣會拖慢速度。建議專注當下的內容，除非有理解上的困難，否則避免回視。

3. 練習略讀與尋讀技巧

- **略讀**：在快速理解文章主旨時，可以不讀每一個單字，專注於抓住句子的關鍵詞，幫助掌握文章的整體大意。

- **尋讀**：尋找特定訊息或答案時，不必逐字閱讀，只關注特定的單詞、數據或概念，這樣可以節省時間。

4. 擴展視野，減少眼動次數

- 訓練閱讀時的視野範圍，盡量一次吸收多個單字，減少眼睛在句子中的跳動次數。可以用手指或筆在下方標示引導，使眼睛不會四處跳動，有助於流暢閱讀。

5. 避免心中默讀

- 很多人會在閱讀時無意識地「心中默讀」（subvocalization），即在心裡發音每個字。這種習慣會降低閱讀速度。可以透過意識地不去發音，專注於單字和詞義之間的聯繫來減少默讀。

6. 學習關鍵詞識別

- 在段落中，重點放在名詞、動詞等主要資訊單字，跳過冠詞、介詞等較不影響理解的單字。這樣可以迅速抓住核心訊息，減少時間浪費在細節上。

7. 定時閱讀練習

- 設定一段時間（如5-10分鐘），挑戰自己在不影響理解的情況下快速閱讀一篇文章。可以逐漸縮短閱讀時間，以提升適應速度。

8. 使用線上工具或應用程式　↓

- 使用閱讀速度訓練的工具或應用程式（如 Spreeder、Acceleread 等），這些工具會通過強制快

提高「閱讀能力」—提升閱讀理解力 ❯

　　提升閱讀理解力是強化語言能力和增進知識吸收的重要步驟。良好的閱讀理解力不僅幫助學習者快速抓住主旨，也能深度掌握文本中的細節與隱含意義。

提示（prompt）詞

請問如何提升閱讀理解力、分析重點句子的建議

ChatGPT 回答內容

提升閱讀理解力和分析重點句子的能力需要系統化的訓練與技巧，以下是一些實用的方法和建議：

1. 抓住文章的主旨和結構

- 在開始閱讀前，先快速掃視整篇文章，找出標題、每段的第一句和最後一句，這些通常能提供主要觀點。了解文章的大致主旨有助於後續更快抓住重點句。

2. 識別重點句型與過渡詞

- 常見的重點句型，如 "The main point is..."、"In summary..." 等，通常會提示段落的關鍵訊息。此外，過渡詞如 "however"、"therefore"、"for example" 等，能幫助理解句子之間的邏輯關係。

- Example: "Despite the challenges, the company has seen a 20% increase in revenue." 中的 "Despite" 表示轉折，提示這句可能是段落的重點。

3. 拆解複雜句子

- 碰到較長的句子時，可以將其分解成幾個部分，依次分析每個部分的意思。例如，先找出句子的主詞、動詞，然後理清每個從句的含義。這樣可以逐步了解句子的重點和邏輯結構。

- Example: "Although the project faced numerous delays, it was completed on time, thanks to the team's dedication and overtime efforts."

  - 分解為：1) 雖然項目延遲 2) 仍按時完成 3) 因為團隊的付出。

4. 使用問答技巧

- 閱讀每段後，嘗試自問自答："這段落的核心訊息是什麼？"、"有哪些具體的例子支持觀點？"這樣的自我提問能幫助強化理解，並迅速找出段落重點。

5. 學會略讀和尋讀

- 略讀 (Skimming) 能快速找到主旨，而尋讀 (Scanning) 有助於找到特定資訊。將這兩種技巧結合起來，有助於在長篇文章中有效率地抓住重點。

6. 擴展詞彙量，理解單詞在句中的作用

- 提升詞彙量能避免遇到生詞時理解停滯，也建議熟悉句中詞彙的作用，例如形容詞修飾名詞，副詞修飾動詞等，讓你更快辨別句子的主要信息。

技能 30　提高「閱讀能力」―閱讀練習題

透過系統化的閱讀練習題，學習者可以有效地提升閱讀理解能力和應試技巧。練習題不僅幫助您熟悉各類閱讀題型，還能加強對主旨、細節和邏輯關係的把握，進一步提高閱讀效率和準確度。

提示（prompt）詞

請提供閱讀練習題或題材

ChatGPT 回答內容

以下是一些適合進行閱讀理解練習的題材和題目建議，涵蓋不同主題和難度，有助於提高閱讀能力和理解力。

1. 新聞閱讀題材

- 題材：選擇國內外的新聞網站如 CNN、BBC、The New York Times，專注於短篇新聞。
- 練習題目：
    1. **摘要**：用一句話概括新聞的主旨。
    2. **細節問題**：文章中有哪些關鍵事件或數據？列出來。
    3. **推論**：根據文章內容，推測接下來的可能發展。

2. 故事與小說摘錄

- 題材：選擇經典小說片段或短篇故事，比如 Project Gutenberg 上的英文經典，或英語讀物系列中的簡化故事。
- 練習題目：
    1. **情節理解**：故事的主要衝突是什麼？
    2. **角色分析**：主角有哪些特徵？舉例說明。
    3. **情感與語氣**：作者想表達的情緒是什麼？哪些詞彙傳達了這種情緒？

3. 科普文章和報告

- 題材：可從 National Geographic、Scientific American 等網站中找到適合的文章，涵蓋環境、科技等主題。
- 練習題目：
    1. **主要概念**：文章的核心概念是什麼？

> 2. **比較與對比**：文章中提到的兩種現象或概念有何不同？
>
> 3. **因果分析**：文章如何說明某個結果的原因？
>
> **4. 商業與經濟文章**
>
> - **題材**：例如 Harvard Business Review、Forbes 的文章，聚焦商業策略、領導力和經濟動態。
>
> - **練習題目**：

提高「閱讀能力」—分解複雜句型的技巧

在閱讀過程中，掌握分解複雜句型的技巧，可以幫助學習者逐步理清句子的主幹和附加資訊，因此更快、更準確地抓住句意。

如何理解或分解複雜句型的技巧

ChatGPT 回答內容

理解和分解複雜句型的技巧需要一些策略，以便逐步分析句子的結構並掌握其含義。以下是幾個有效的技巧，幫助您在遇到複雜句子時更快理解：

1. 識別句子的主幹（主詞、動詞、受詞）

- 每個句子都有基本的主幹：主詞（subject）、動詞（verb）和受詞（object）。即使句子結構複雜，也可以先找到主幹，這樣可以理解句子的基本意思。

- **Example:** "The company, which was founded in 2000, has quickly become one of the leading firms in the industry."

    - 主幹：The company has become one of the leading firms.

2. 分辨修飾成分

- 複雜句通常包含修飾成分，如形容詞子句、副詞子句和分詞短語等。這些修飾成分可以去掉，先理解主要句意，然後再回頭解釋修飾語。

- **Example:** "The scientist, inspired by previous research, developed a new method that significantly improved the results."

- 主幹：The scientist developed a new method.
- 修飾成分：inspired by previous research, that significantly improved the results.

3. 利用標點符號做出分隔

- 複雜句中常用逗號、破折號和分號來分隔不同部分。標點符號通常標示出附加說明或並列結構，理解時可先跳過標點後的內容，再逐步解釋。
- Example: "The project, despite initial challenges, was completed successfully on time."
  - 主幹：The project was completed successfully.
  - 修飾成分：despite initial challenges.

4. 分解並列結構

- 複雜句中常見並列結構，由連接詞（如 and、or、but）連接的並列詞組或子句。可以先理解每一個並列部分的意思，再綜合成整體意思。
- Example: "She enjoys reading novels, studying history, and exploring new cultures."
  - 三個並列動作：enjoys reading novels, enjoys studying history, enjoys exploring new cultures。

提供「測驗題目」—提供練習測驗題目

技能 **32**

練習測驗題目是強化語言學習效果、檢測學習進展的有效方式。透過有針對性的測驗題目，學習者可以發現理解上的不足，並針對性地加強弱點。

提示（prompt）詞

請提供全民英檢初級的練習題目，涵蓋不同考試類型

ChatGPT 回答內容

以下是一些針對全民英檢初級（GEPT Elementary Level）的練習題目，涵蓋聽力、閱讀、寫作和口說四個部分，幫助您熟悉各類型題目，為考試做好準備。

1. 聽力部分

題型：圖片題

指示：根據播放的描述，選出最符合的圖片。

1. （播放音頻）"There is a boy reading a book on a bench in the park."

  - **選項**：A) 男孩在教室裡看書
    B) 男孩在公園的長椅上看書
    C) 男孩在床上看書
    D) 男孩在游泳池旁

題型：問答題

指示：聽取問題後，選擇正確的答案。2.（播放音頻）"Where is the nearest bus stop?"

  - **選項**：A) It's next to the library.
    B) I'll take a taxi.
    C) There are many buses.
    D) It's five dollars.

題型：簡短對話

指示：聆聽對話後，選出最適合的回應。3.（播放音頻）
A: "Are you going to the concert tonight?"
B: "Yes, I am. Do you want to come with me?"

  - **選項**：A) No, I don't like concerts.
    B) Yes, I already have a ticket.
    C) Sorry, I can't sing well.
    D) Yes, it's a sunny day.

 技能 **33** 提供「測驗題目」—測驗範例或模擬試題 ＞

透過範例題和模擬試題進行練習，是提升應試技巧和熟悉考試形式的關鍵。

 提示（prompt）詞

請提供 10 題大學生程度英語考試克漏字的模擬試題

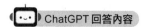
ChatGPT 回答內容

克漏字模擬試題

Passage 1: The Importance of Sleep

It is widely known that sleep plays a crucial role in our physical and mental well-being. During sleep, our bodies undergo essential repair processes, and our brains work to consolidate information learned throughout the day. In fact, a lack of sufficient sleep has been linked to a variety of health issues, such as weakened immune function, weight gain, and even mental health disorders. Despite these risks, many people continue to ___ (1) ___ sleep in favor of longer working hours or social activities.

1. **(A)** prioritize
   (B) sacrifice
   (C) regulate
   (D) increase

Furthermore, studies show that people who consistently sleep fewer than seven hours per night are more likely to experience difficulties with focus and memory. A key factor in improving sleep quality is maintaining a regular sleep schedule. Going to bed and waking up at the same time each day ___ (2) ___ our internal clocks, making it easier to fall asleep and wake up naturally.

2. **(A)** disturbs
   (B) resets
   (C) monitors
   (D) prevents

Passage 2: Environmental Awareness

As global temperatures continue to rise, the effects of climate change have become increasingly evident. From severe droughts to destructive hurricanes, it is clear that human activity has contributed to these environmental changes. Governments around the world are taking action by implementing stricter environmental policies, such as reducing carbon emissions and promoting renewable energy sources. However, these efforts alone are not enough. Individuals must also ___ (3) ___ their habits to reduce their personal environmental impact.

技能 34 提供「測驗題目」—專注於文法的練習題

　　語法是語言學習的基礎，透過文法練習題可以加強對語法規則的理解和應用能力。無論是動詞時態、冠詞使用，還是複雜句結構，精確的語法運用能讓表達更準確自信。

請提供專注於頻率副詞的 10 題練習題

頻率副詞練習題

指示：選擇最適合的頻率副詞填入句子，使句子意義完整。

1. Sarah ___ goes to the gym in the morning. She doesn't miss a single day.
   - (A) never
   - (B) always
   - (C) sometimes
   - (D) rarely

2. I ___ eat breakfast at home before going to work, but occasionally I grab something on the way.
   - (A) rarely
   - (B) usually
   - (C) never
   - (D) always

3. My parents ___ watch movies on weekends; it's one of their favorite activities.
   - (A) sometimes
   - (B) always
   - (C) rarely
   - (D) never

4. James is very health-conscious, so he ___ eats fast food.
   - (A) always

- **(B)** sometimes
- **(C)** rarely
- **(D)** usually

5. I ___ forget my keys at home, so I double-check before leaving.

- **(A)** never
- **(B)** often
- **(C)** always
- **(D)** rarely ↓

技能 **35** 提供「測驗題目」—解題策略或時間管理技巧

在測驗中，掌握有效的解題策略可以幫助您在答題時更快速且準確地找到正確答案，而合理的時間分配則能確保所有題目都能得到充分的處理。

 提示（prompt）詞

請提供 3 題多益考試題型「簡短獨白」的練習題

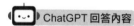 ChatGPT 回答內容

題目 1：廣播公告

聽力文本："Good afternoon, shoppers. We would like to inform you that our store will be closing in 30 minutes. Please bring your items to the cashier for checkout. Also, don't forget to take advantage of our special discounts on selected products. Thank you for shopping with us today, and we hope to see you again soon."

問題：

1. What is the purpose of this announcement?

- **(A)** To announce the store's closing time
- **(B)** To inform about a new product

- (C) To promote a membership program
- (D) To announce a holiday event

正確答案：(A) To announce the store's closing time

題目 2：公司會議通知

聽力文本："Attention, all employees. There will be a company-wide meeting this Friday at 10 a.m. in the main conference room. During the meeting, we'll discuss recent changes in company policies and review the progress of our ongoing projects. All department heads are required to attend, and other employees are encouraged to join as well. Please be on time."

問題：2. What will be discussed in the meeting?

- (A) Employee performance evaluations
- (B) Changes in company policies
- (C) A new office location
- (D) Employee holiday schedules

正確答案：(B) Changes in company policies

技能 36　提供「測驗題目」—特定主題提供測驗題

在學習語言時，針對特定主題進行測驗練習可以幫助學習者深入理解該主題的字彙和語法應用，進一步強化在實際情境中的運用能力。

提示（prompt）詞

請根據特定主題或情境提供測驗題

 ChatGPT 回答內容

職場會議情境測驗題

題型 1：聽力理解

聽力文本："Good morning, everyone. Before we start, I'd like to thank you all for coming to today's meeting. Our main agenda today is to discuss the recent sales report and outline our goals for the next quarter. First, we'll review the numbers from the past three months. Then, we'll look at strategies for boosting our performance, especially in regions where we saw a decline. Finally, we'll open the floor for any questions or suggestions. Let's aim to wrap up in an hour."

問題：

1. What is the purpose of the meeting?

   - **(A)** To introduce a new employee
   - **(B)** To review recent sales and set future goals
   - **(C)** To conduct training for new software
   - **(D)** To discuss budget cuts

正確答案：(B) To review recent sales and set future goals

2. How long is the meeting expected to last?

   - **(A)** 30 minutes
   - **(B)** 45 minutes
   - **(C)** 60 minutes
   - **(D)** 90 minutes

正確答案：(C) 60 minutes

題型 2：閱讀理解

閱讀段落："Our quarterly sales meeting will take place on Friday, March 10, at 10 a.m. in the main conference room. All department heads are required to attend. During the meeting, we will analyze sales data from the previous quarter, identify areas for improvement, and discuss

增進「寫作品質」—提升寫作品質的資源或工具

提升寫作品質不僅需要不斷的練習，也可以借助各類資源和工具來幫助自己進行修訂和優化。如今，有許多專為提升寫作而設計的線上工具和資源，可以幫助學習者改進語法、增強字彙多樣性，甚至提供寫作風格上的建議。

請推薦改善寫作品質的網站、書籍或應用程式

🤖 ChatGPT 回答內容

1. 網站推薦

- **Grammarly**
    - **簡介**：Grammarly 是一款非常受歡迎的語法和拼寫檢查工具，能即時糾正錯誤並提供風格建議，特別適合寫作的即時修正。
    - **適合對象**：所有級別的寫作者，特別是希望即時改善寫作精確度的學習者。
    - **網站**：Grammarly

- **Hemingway Editor**
    - **簡介**：Hemingway Editor 專注於改善寫作的簡潔性和可讀性，會標記出冗長句、被動語態等問題，幫助用戶寫出簡明的文章。
    - **適合對象**：希望提高文章流暢度和簡潔度的寫作者。
    - **網站**：Hemingway Editor

- **ProWritingAid**
    - **簡介**：ProWritingAid 是一款功能全面的寫作工具，提供語法檢查、風格建議和寫作結構分析，特別適合長篇寫作的修訂。
    - **適合對象**：專業寫作者、學術寫作和需要進行深度語法檢查的用戶。
    - **網站**：ProWritingAid

2. 書籍推薦

- 《On Writing Well》 by William Zinsser
  - 簡介：這本書是寫作清晰且具影響力的經典指南，包含實用的寫作技巧，尤其適合非小說寫作。
  - 適合對象：希望提升非小說類寫作、新聞報導或學術寫作的讀者。
- 《The Elements of Style》 by William Strunk Jr. and E.B. White
  - 簡介：這本書是語法和寫作風格的經典指南，提供了如何精簡語言、使用正確語法和建立清晰風格的建議。
  - 適合對象：所有寫作者，尤其是對語法和風格有高要求的學習者。

 技能 38 ‧ 增進「寫作品質」─改善段落結構

段落結構是寫作中不可忽視的關鍵，良好的段落組織能夠增強文章的流暢性，讓讀者更容易理解內容。

 提示（prompt）詞

請舉出如何豐富句型結構的建議和例子

▣‥▣ ChatGPT 回答內容

1. 使用不同的句子開頭

- 建議：避免每個句子都用相同的主詞開頭，可以嘗試以介詞短語、副詞或分詞短語開頭，使句子更具多樣性。
- 例子：
  - Before the meeting began, John reviewed his notes carefully.
  - Excited by the news, she immediately called her family.

2. 運用多種類型的句子結構

- 建議：結合簡單句、複合句、複雜句和複合複雜句，使表達更豐富。
- 例子：

- **簡單句**：The weather is nice.

- **複合句**：The weather is nice, so we decided to go for a hike.

- **複雜句**：Because the weather is nice, we decided to go for a hike.

- **複合複雜句**：The weather is nice, and because we don't have any work today, we decided to go for a hike.

3. 使用關係子句補充說明

- **建議**：在句中加入「who, which, that」等關係代詞引導的子句，為主詞或受詞提供更多細節。

- **例子**：

  - The book **that I borrowed from the library** was fascinating.

  - She is the kind of person **who always helps others**.

4. 嘗試使用分詞短語

- **建議**：分詞短語可以讓句子更簡潔，並在不失清晰的前提下提供補充說明。

- **例子**：

  - **Feeling exhausted,** he decided to take a break.

  - **Having completed the assignment,** she went out for a walk.

技能 39　增進「寫作品質」—增強文章連貫性

　　文章的連貫性是使寫作流暢自然、易於理解的關鍵要素。增強文章的連貫性需要使用過渡詞、語意一致的字彙以及清晰的邏輯結構。

提示（prompt）詞

　　請問如何提升文章流暢度和連貫性的技巧

ChatGPT 回答內容

1. 使用過渡詞銜接句子和段落

- **建議**：適當運用過渡詞（如 *therefore, however, in addition, for example, as a result* 等）來連接句子和段落，使讀者能清晰地理解句子之間的關係。

- **例子**：

    - 原句：*She didn't study for the test. She failed.*

    - 改寫：*She didn't study for the test; therefore, she failed.*

2. 維持主題的一致性

- **建議**：在段落中保持主題一致，不要突然轉換話題。每段應聚焦於一個中心思想，這樣可以讓讀者在一個段落中抓住主要訊息。

- **例子**：如果段落開頭提到「環境保護的重要性」，整段應聚焦於環境保護的原因或措施，而不是突然轉移到「工業發展」。

3. 巧妙運用主題句和支持句

- **建議**：在段落開頭使用主題句（Topic Sentence）表達主要觀點，接著用支持句提供細節、例子或說明，讓段落結構更清晰。

- **例子**：

    - 主題句：*Exercise has numerous health benefits.*

    - 支持句：*It can improve cardiovascular health, boost mental well-being, and increase energy levels.*

4. 運用指代詞和同義詞來避免重複

- **建議**：用指代詞（如 *this, that, these, those*）或同義詞來避免重複字詞，並保持內容連貫。

- **例子**：

    - 原句：*The project was challenging. The project required a lot of resources.*

    - 改寫：*The project was challenging. It required a lot of resources.*

5. 使用並列結構增強流暢感

- **建議**：運用並列結構（parallel structure）保持句子的節奏感，讓句子更易於閱讀。

- **例子**：

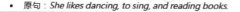

    - 原句：*She likes dancing, to sing, and reading books.*

技能 40 增進「寫作品質」—提高寫作修辭的建議

修辭是提升寫作質感的關鍵技巧,適當的修辭手法能夠增強表達的生動性和說服力,使文章更具吸引力。無論是比喻、排比還是反問,這些修辭手法都可以讓內容更具層次和感染力。

提示(prompt)詞

如何提高寫作修辭和用詞的建議

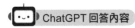

ChatGPT 回答內容

1. 運用比喻和類比

- 建議:使用比喻 (simile) 和類比 (analogy) 將抽象或複雜的概念具體化,使讀者更易理解和感受到文字的生動性。
- 例子:
  - 比喻:*Her voice was as soft as a whispering breeze.*
  - 類比:*Trying to change his mind was like moving a mountain.*

2. 活用擬人化手法

- 建議:將物品、概念或自然現象賦予人類特徵,能夠增強情感連結,使讀者對文章產生共鳴。
- 例子:
  - *The city never sleeps, its streets buzzing with endless energy.*
  - *The wind whispered secrets through the trees.*

3. 使用強而有力的動詞

- 建議:選擇動詞時,避免使用籠統的詞語,如「do, make」等,而是選擇更具動態感的動詞。
- 例子:
  - 原句:*She walked into the room.*
  - 改寫:*She strode into the room.*(strode 更具自信和力量感)

4. 精選形容詞和副詞增添細節

- 建議:適當加入形容詞和副詞使描述更具體,但要避免過度使用,以免文章冗長。
- 例子:

- 原句：*The flower is beautiful.*
- 改寫：*The flower is vibrantly beautiful, with petals that glow in the sunlight.*

5. 使用對比和反襯

- 建議：在描述情境或觀點時運用對比或反襯，能夠突顯差異並強調觀點。
- 例子：
  - *Despite his wealth, he lived a modest life, rarely indulging in luxury.*

技能 41　增進「寫作品質」—使寫作更具說服力 ⟩

在寫作中，說服力是讓讀者認同觀點、引發共鳴的重要因素。具說服力的寫作需要運用清晰的論點、有力的證據，以及合理的邏輯推理，才能有效地影響讀者的想法和態度。

 提示（prompt）詞

如何使寫作更具說服力

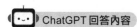 ChatGPT 回答內容

1. 確立明確的論點

- 建議：在開頭部分表明文章的主要論點或觀點，讓讀者清楚理解您希望傳達的重點。
- 例子：*Implementing a four-day workweek can increase productivity and improve employee well-being.*

2. 提供有力的證據支撐

- 建議：用具體數據、研究結果、事實或案例來支撐您的論點，使觀點更可信。數據和實例可以有效說服讀者，增強文章的權威性。
- 例子：*According to a study by Stanford University, remote workers showed a 13% increase in productivity compared to in-office employees.*

3. 運用對比強化論證

- 建議：對比不同觀點或情境，以突顯出自己的觀點優勢，讓讀者更容易認同您的立場。

- 例子：*Unlike a five-day workweek that can lead to burnout, a four-day workweek offers employees more time for rest and recovery, which enhances their overall productivity.*

4. 設立反駁論點並駁斥

- 建議：在文中呈現可能的反對意見，並提供合理的反駁，這樣能增強文章的說服力，讓讀者感覺您的觀點經得起推敲。

- 例子：*Some argue that reducing workdays might decrease productivity. However, evidence shows that shorter workweeks actually lead to more focused and efficient employees.*

5. 使用邏輯推理增強說服力

- 建議：運用因果關係、類比和邏輯推理來支撐觀點，使論述更具邏輯性和說服力。

- 例子：*If employees have more time to recharge, they are likely to be more productive and engaged when they are working.*

6. 善用情感訴求

- 建議：在適當的部分加入情感因素，讓讀者在情感上產生共鳴，例如使用人性化的例子來表達同理心或關懷。

- 例子：*Imagine the relief of a single parent who can now spend Fridays with their children without sacrificing their career.* ↓

技能 42　情境的造句　〉

　　透過模擬真實生活的場景，讓句子的學習不再只是機械記憶，而是融入實際的應用情境。無論是在日常對話、商務溝通，或是寫作表達中，能夠根據不同情境創造適合的句子，不僅能提升表達能力，還能讓語言更生動有趣。

提示（prompt）詞

　　請針對餐旅或餐飲領域主題名稱：「特殊飲食需求 Special Dietary Requirements」生成一男一如的英文情境對話，至少 10 到 16 句，並提供每一句對話角色及對話句子的繁體中文台灣用語的中文翻譯。

（表格式，column = 角色中文，句子中文，角色英文，句子英文）

以下是一段以「素食飲食需求 (Special Dietary Requirements)」為主題的情境對話，其中一位顧客詢問服務生關於餐廳的素食選項，並進行點餐。

角色中文	句子中文	角色英文	句子英文
顧客	你好！請問你們餐廳有素食選項嗎？	Customer	Hello! Do you have vegetarian options on the menu?
服務生	你好，有的！我們有幾道素食料理，也可以根據您的需求進行調整。	Server	Hello! Yes, we do. We have several vegetarian dishes, and we can adjust others to meet your needs.
顧客	太好了！那請問有沒有無蛋和無奶的選項呢？	Customer	Great! Could you tell me if you have any options without eggs and dairy?
服務生	當然。我們的「香烤蔬菜義大利麵」就是無蛋無奶的選項，完全符合素食需求。	Server	Absolutely. Our "Grilled Vegetable Pasta" is egg-free and dairy-free, meeting vegetarian requirements perfectly.
顧客	聽起來不錯！那這道料理會使用任何加工的調味料嗎？	Customer	Sounds good! Does this dish contain any processed seasoning?
服務生	不會，我們的食材都是新鮮的，並且使用天然香料調味，沒有任何加工調味料。	Server	No, all our ingredients are fresh, and we use natural herbs and spices, with no processed seasoning.
顧客	那我就點這道「香烤蔬菜義大利麵」。另外，還有其他的素食小點心嗎？	Customer	I'll go with the "Grilled Vegetable Pasta." Do you have any vegetarian appetizers as well?
服務生	有的！我們推薦「地中海沙拉」，它是純素料理，包含新鮮的蔬菜、橄欖和鷹嘴豆。	Server	Yes! I recommend the "Mediterranean Salad," which is entirely vegan, with fresh vegetables, olives, and chickpeas.
顧客	聽起來很好吃！那就幫我加上一份「地中海沙拉」。謝謝你！	Customer	That sounds delicious! Please add the "Mediterranean Salad" to my order. Thank you!
服務生	不客氣！我們會馬上為您準備，請稍候。	Server	You're welcome! We'll have that prepared for you shortly. Please enjoy your meal.

↓

這段對話展示了顧客和服務生之間關於素食需求的交流，並幫助顧客選擇符合其需求的菜品。

加強「文法課程」—提供文法的練習題 〉

語法是語言學習的基礎，透過反覆練習可以有效掌握各種語法規則，使表達更加準確、流暢。

 提示（prompt）詞

請提供關於感官動詞文法主題的練習題

ChatGPT 回答內容

以下是針對感官動詞（Sense Verbs）的文法練習題，幫助您熟悉感官動詞的使用。常見的感官動詞包括 *see, hear, feel, smell,* 和 *taste*，通常用來描述經歷或感受到的狀態。感官動詞之後可以接原形動詞（bare infinitive）或動詞 -ing 形式（V-ing）。

感官動詞練習題

選擇題：選擇正確的答案填空

1. I saw him ___ the guitar at the concert last night.

   - **(A)** plays

   - **(B)** playing

   - **(C)** played

   - **(D)** to play

   正確答案：(B) playing

2. She heard the phone ___ while she was in the kitchen.

   - **(A)** ringing

   - **(B)** ring

   - **(C)** rings

   - **(D)** to ring

   正確答案：(A) ringing

3. They watched the children ___ in the playground.

- (A) play
- (B) playing
- (C) played
- (D) plays

正確答案：(A) play

技能
44

加強「文法課程」—複雜句型和結構的解析

複雜句型和結構的掌握能讓語言表達更精確、更有層次，但這些句型往往也是學習者感到困難的部分。理解複雜句的組成、分析其邏輯結構，有助於在寫作和口語中運用更豐富的語法表達。

提示（prompt）詞

請問如何進行複雜句型和結構的解析

ChatGPT 回答內容

1. 識別主句的主幹（主詞 + 動詞 + 受詞）

- **建議**：每個句子都有一個基本的主幹，即主詞、動詞和受詞。先找出這個核心部分可以幫助您理解句子的主要意思。
- **例子**：
    - 句子：*The scientist, who was awarded the Nobel Prize, published a groundbreaking study.*
    - 主幹：*The scientist published a groundbreaking study.*

2. 識別從屬子句

- 建議：找出關係子句（如 *who, which, that* 引導的子句）和副詞子句（如 *when, because, if* 引導的子句），理解它們如何補充主句的信息。
- 例子：
  - 句子：*The book that she recommended was very interesting.*
  - 主句：*The book was very interesting.*
  - 從屬子句：*that she recommended*（修飾 *The book*）

3. 分解並列結構

- 建議：並列結構通常由 *and, or, but* 等連接詞連接，先分解每個並列部分，再理解整體意思。
- 例子：
  - 句子：*She enjoys reading, writing, and drawing.*
  - 三個並列部分：*reading, writing*, 和 *drawing*

4. 處理分詞短語

- 建議：分詞短語（如 *V-ing, V-ed* 短語）通常為主句提供補充說明，理解時可以先略過分詞短語，再回頭分析它的作用。
- 例子：
  - 句子：*Exhausted from the long journey, he decided to rest.*
  - 主幹：*He decided to rest.*
  - 分詞短語：*Exhausted from the long journey*（說明他為什麼需要休息）

加強「文法課程」—學習文法的資源或網站

技能 45

許多優質的線上資源提供了系統性的文法講解、互動練習和測驗，幫助學習者深入掌握各類語法知識，並且隨時隨地進行練習。

 提示（prompt）詞

請薦學習文法的資源或網站

ChatGPT 回答內容

1. Grammarly Handbook

- **簡介**：Grammarly 提供的語法指南，涵蓋文法的各個方面，適合查找具體的文法規則。此網站也有免費語法檢查功能，便於實時修正錯誤。

- **適合對象**：所有級別的學習者，特別是希望進行即時檢查和學習語法的用戶。

- **網站**：Grammarly Handbook

2. British Council - Learn English

- **簡介**：英國文化協會提供的英語學習網站，包含詳細的文法講解和各種練習題，還有互動視頻和遊戲，增強學習趣味性。

- **適合對象**：初學者到中級學習者。

- **網站**：British Council - Learn English

3. Purdue Online Writing Lab (OWL)

- **簡介**：Purdue 大學提供的線上寫作實驗室，涵蓋文法、句子結構、標點和寫作技巧，是一個非常全面的寫作和文法學習資源。

- **適合對象**：中級到進階學習者，尤其適合學術寫作需求。

- **網站**：Purdue OWL

4. EnglishPage.com

- **簡介**：該網站針對各種文法主題提供深入的講解和練習題，包括動詞時態、條件句、助動詞等，還有專門的文法練習頁面。

- **適合對象**：中級到進階學習者。

- **網站**：EnglishPage

5. Grammarly Blog

- **簡介**：Grammarly 的部落格提供豐富的文法文章和寫作指南，內容簡明易懂，適合需要快速查找文法知識的學習者。

- **適合對象**：所有級別，特別是希望快速查詢文法點的學習者。

- **網站**：Grammarly Blog

技能 46 **ChatGPT 的各類檢定「應考攻略」** 〉

面對各類語言檢定考試，掌握應考策略是取得高分的關鍵。透過系統化的準備和有效的應試技巧，可以大幅提升在考試中的表現。

 提示（prompt）詞

請簡介多益（TOEIC）考試的應考攻略

ChatGPT 回答內容

TOEIC（Test of English for International Communication）測驗主要評估考生的職場英語溝通能力，廣泛應用於國際商務環境。以下是一些有效的應考攻略，幫助提升多益成績：

1. 了解考試結構

- TOEIC主要分為 **聽力測驗（Listening）** 和 **閱讀測驗（Reading）** 兩部分，每部分包含100題，總分990分。
- **聽力** 部分包括照片描述、問答、簡短對話、簡短說明。**閱讀** 部分則包括填空、閱讀理解和雙篇文章題。
- 熟悉考試題型和各部分的考點，能幫助在答題時更有效率。

2. 增加單字量

- 多益詞彙多偏向商業、職場相關的字彙，例如合約、會議、財務等。建議多背商務詞彙並了解其常見搭配。
- 使用多益單字書或應用程式，循序漸進地掌握高頻詞彙。

3. 加強聽力技巧

- 聽力題型的關鍵在於抓住對話重點和關鍵訊息。建議練習時關注句子的開頭和結尾，往往包含最重要的訊息。
- 可以使用 BBC、VOA、TED 等免費的聽力資源，模擬不同口音和情境，提升聽力的適應性。

4. 閱讀理解訓練

- 多益閱讀測驗要求快速理解並答題，因此 閱讀速度 是關鍵。建議每天閱讀不同的文章題材，如新聞、商業報導、簡報等。
- 在練習中計時做題，並逐漸提高閱讀速度，訓練在限定時間內解題的能力。

5. 掌握文法重點

- 多益考試特別重視常用的職場語法，包括時態、語態、關係代名詞、從屬連接詞等。可以透過文法書、線上課程練習，熟悉多益的文法題型。
- 將文法規則與真實句子結合記憶，如 "We have finished the project" 強調現在完成式的應用。

6. 實際模擬考試

- 練習正式的多益模擬考試，依據正式考試的時間限制進行全套測驗。模擬考試可以提升做題速度，並熟悉考試氛圍。 ↓

技能
47
多國語言翻譯助手 ⟩

在全球化時代，多國語言的掌握成為溝通與學習的重要溝通工具。作為翻譯助手，ChatGPT 能快速、準確地提供多語言翻譯，從單詞到句子，甚至是段落級別的轉換，使跨語言交流更為便捷。

 提示（prompt）詞

請將下列文章翻譯成英文

教育部即將全面推動的全英語授課（English as a Medium of Instruction, EMI）政策，成功的關鍵當然就在於學生對於專業字彙（ESP）認識的多寡。背幾個專業字彙，雖然只是不折不扣的小問題，但是背大量專業單字，那可真是一個如假包換的大工程，如果能夠找出一種能夠短時間記住大量字彙的捷徑，那才真正能夠幫忙學生沉浸在全英語授課的體驗。「油漆式速記法」中對於單字的速記理論，就類似現代化工廠中的一貫化智慧生產線，加入了「大量速讀」、「圖像速記」與「多層次複習」三個環節，真正幫助學生在最短時間記下大量單字。

ChatGPT 回答內容

The Ministry of Education's upcoming policy to comprehensively implement English as a Medium of Instruction (EMI) hinges on one crucial factor: students' familiarity with specialized vocabulary (English for Specific Purposes, ESP). Learning a few professional terms might seem like a minor task, but memorizing a large volume of specialized vocabulary is indeed a significant undertaking. Discovering a shortcut to quickly retain a substantial number of terms would genuinely help students immerse themselves in an all-English learning experience. The "Paint-on Memory Technique" incorporates theories of rapid vocabulary memorization, resembling a fully integrated, intelligent production line in modern factories. By integrating "speed reading," "visual mnemonics," and "multi-level review," this technique effectively aids students in memorizing large amounts of vocabulary within a short period.

15

AI 職場應用技巧與實例

本章將深入探討如何有效應用 AI 技術於職場中的各種情境，並結合實例來展示其在不同領域中的實際應用。

技能 01 行銷應用—發想廣告郵件與官方電子報

電子郵件行銷（Email Marketing）與電子報行銷（Email Direct Marketing）的使用是許多企業慣用的行銷手法，由於費用相對低廉，加上可以追蹤，大大的節省行銷時間及提高成交率。ChatGPT 能為店家自動發想與生成電子郵件與電子報回信內容，只要下對指令，把您的行銷需求告訴 ChatGPT，輸入推廣的對象，需要促銷的產品，以及預期達到的目的，就能自動產出一封符合指定情境、信件內容的官方郵件與電子報，除了提高品牌知名度以外，也更加連結與消費者之間的關係。

 提示（prompt）詞

請幫忙寫一封商品推薦的官方電子郵件，商品資訊如下：

油漆式速記多國語言雲端學習系統（https://pmm.zct.com.tw/zct_add/）這套系統是利用本公司獨家發明的油漆式速記法原理所建構完成，配合教育部的全英語授課（English as a Medium of Instruction, EMI）與國際教育政策，內容包含了國內外十幾種著名的英語檢定與 20 種第二外語相關檢定（日、韓、德、西、法、越、泰、印尼）等，近期也將推出本土語學習系統（臺語、手語、客家語、原住民語），目前已開放六大類試用版本。

研發公司：榮欽科技股份有限公司

公司官網：www.zct.com.tw

業務代表：吳燦銘先生

ChatGPT 回答內容

尊敬的客戶您好，

感謝您對榮欽科技股份有限公司的油漆式速記多國語言雲端學習系統感興趣。我們的系統是利用本公司獨家發明的油漆式速記法原理所建構完成，配合教育部的全英語授課(English as a Medium of Instruction, EMI)與國際教育政策，內容包含了國內外十幾種著名的英語檢定與20種第二外語相關檢定(日、韓、德、西、法、越、泰、印尼等)，並且近期也將推出本土語學習系統(臺語、手語、客家語、原住民語)，目前已開放六大類試用版本。

我們相信這套系統能夠有效地協助您學習語言，無論是在工作、旅遊或學術方面。使用我們的系統，您可以學習並且熟練掌握不同的語言，進而擴大您的國際視野。

如果您對我們的產品有任何問題或者需要進一步的資訊，請聯繫我們的業務代表吳燦銘先生，他將竭誠為您服務。

謝謝您對我們產品的關注，期待您的回應。

此致
敬禮

榮欽科技股份有限公司

技能 02　行銷應用—生成社群與部落格標題與貼文

　　社群上發佈貼文的目的當然是盡可能讓越多人看到越好，一張平凡的相片，如果搭配一則好文章，也能搖身一變成為魅力十足的貼文。寫貼文時更要注意標題訂定，設身處地為使用者著想，了解他們喜歡聽什麼、看什麼，或是需要什麼，為貼文配上注目標題，這樣撰寫出來的標題與貼文較能引起共鳴。ChatGPT 能幫助絞盡腦汁的小編，讓它完美化身您的免費行銷專員，只要輸入正確店家名稱、文章關鍵字、活動主題、呈現的風格，如果還有一些特別需求，可以在指令加上字數和語氣的要求，加入目的可以讓標題更有效捕捉目光，就會自動產生對應的文章，快速生成符合各種平台所需的標題與貼文。

提示（prompt）詞

請寫出十個較會引人感興趣的關於林書豪（Jeremy Lin）的 Instagram post 標題

ChatGPT 回答內容

1. "我的首次CBA之旅：這裡是我新的家！CN🏀🏠"
2. "練球不只是在場上：我如何鍛鍊自己的心態和身體素質💪🏀"
3. "承諾是誓言，不是藉口：為什麼我選擇加入北京首鋼籃球隊🏆CN"
4. "每一個失敗都是一個機會：回顧我在NBA的職業生涯🏀🏀"
5. "來自紐約的祝福：感謝所有支持我的人🙏🏀 #NewYorkForever"
6. "我在CBA的第一個週年紀念：這是一個不可思議的經歷CN🏀❌"
7. "籃球是一個團隊運動：如何與我的隊友們建立更好的默契💚🏀"
8. "從運動員到企業家：我如何為我的未來做好準備🏀📷"
9. "做一個有影響力的領袖：我如何在場上和場下影響我的粉絲和支持者🏢🏀"
10. "成功不是最終目標：如何保持對籃球和生活的熱情和動力🔥🏀"

提示（prompt）詞

請寫出 " 每一個失敗都是一個機會：回顧我在 NBA 的職業生涯 🏀👟" 的 Instagram
post 貼文

ChatGPT 回答內容

大家好，今天我想談談我在NBA的職業生涯。作為一個職業籃球運動員，我經歷了許多高低 👍 👎
起伏，也經歷了很多失敗。但是我始終相信，每一個失敗都是一個機會。

當我第一次進入NBA時，我曾被視為一個不夠優秀的球員。我被忽略了，沒有被選中，也沒
有得到太多的關注。但這些挫折並沒有讓我放棄。相反地，我更加堅定了自己的信念，認為
只要努力，我就能夠在NBA中立足。

在NBA的生涯中，我經歷了很多失敗。有的是因為自己的技術不夠好，有的是因為缺乏經驗
和智慧。但是我並不會被這些失敗打敗。相反地，我會從中吸取教訓，努力變得更好。

我的NBA生涯並不是一帆風順的。我經歷過許多困難和挫折。但是我從中學到了很多東西，
也因此變得更加堅強和堅定。我的職業生涯給了我很多機會去成長和發展，讓我能夠在籃球
場上展現自己的技術和才華。

我希望我能夠在自己的職業生涯中，繼續成長和進步。我會繼續對自己的技術和才華保持挑戰和追求，因為我相信每一個失敗都是一個機會。謝謝大家的支持和關注，讓我能夠在籃球場上發光發熱！

對話範例：生成部落格文章

 提示（prompt）詞

請寫出十個值得推薦高雄旅遊景點的部落格文章標題

🤖 ChatGPT 回答內容

1. 「在城市中尋找自然：高雄最美公園推薦」
2. 「高雄必訪的五大文化景點」
3. 「探訪高雄最受歡迎的夜市美食」
4. 「別有洞天的高雄老街：鹽埕區探索之旅」
5. 「高雄必去的五大海灘，夏日好去處！」
6. 「品味高雄的特色小吃：旗津島上的美食之旅」
7. 「高雄必遊的四大主題公園，好玩好拍照！」
8. 「漫步高雄的後花園：旗津後勁湖風景區」
9. 「高雄必去的三大歷史建築，見證城市的發展」
10. 「從港口走入歷史：高雄港區文化之旅」

😀 提示（prompt）詞

請寫一篇上面標題「高雄必訪的五大文化景點」的部落格文章

🤖 ChatGPT 回答內容

高雄作為台灣南部的重要城市，不僅擁有豐富的自然景觀，還有著許多文化景點值得探訪。👍 👎
在這篇部落格中，我們要介紹高雄必訪的五大文化景點。

1. 高雄鳳山文化園區

   位於鳳山區的高雄文化園區，是由鳳山糖廠改建而成，保存了許多懷舊風格的建築，也展示了當地的歷史文化。遊客可以在這裡欣賞到許多藝術展覽，也可以參加各種文化活動。

2. 高雄市立歷史博物館

   高雄市立歷史博物館位於鼓山區，是一座專門收藏高雄市歷史文物的博物館。博物館內收藏了大量的古文物、照片、文獻等，展示了高雄市的歷史和文化發展。

3. 高雄市立美術館

   高雄市立美術館是一座現代藝術博物館，位於左營區，館內收藏了豐富的現代藝術作品，還經常舉辦各種主題展覽，吸引了眾多藝術愛好者前來參觀。

4. 旗津海上風景區

   旗津是高雄著名的觀光勝地之一，位於旗津區的海上風景區是遊客必訪的景點之一。遊客可以搭乘渡輪前往旗津，欣賞到美麗的海景和潔白的沙灘，還可以品嚐當地的海鮮美食。

5. 美麗島捷運站

   美麗島捷運站是高雄的地標建築之一，位於前鎮區，是高雄捷運紅線的轉運站。這座建築以其獨特的造型和豐富的藝術裝飾聞名，遊客可以在這裡拍照留念，也可以欣賞到許多藝術作品。

以上是高雄必訪的五大文化景點，每個景點都有其

提示（prompt）詞

請繼續

ChatGPT 回答內容

4. 高雄市立美術館

   高雄市立美術館位於高雄市鳳山區，建築外觀獨特，是一座現代風格的大型文化藝術建築，設計者是知名建築師周銘發。美術館內收藏著眾多珍貴的文化藝術品，包括中國古代青銅器、陶瓷、書畫等。另外，美術館也會不定期舉辦各種展覽，吸引著許多國內外的藝術愛好者前來參觀。

5. 高雄市立圖書館

   高雄市立圖書館位於高雄市苓雅區，是一座現代化的大型圖書館。圖書館內擁有豐富的圖書資源和電子資源，提供各種閱讀和學習場所，是高雄市民的重要學習場所之一。此外，圖書館也會舉辦各種文化活動，例如講座、展覽、讀書會等，深受市民喜愛。

以上就是高雄必訪的五大文化景點，每個景點都有其獨特的文化內涵，讓人感受到不同的藝術魅力。如果你想要深入了解高雄的文化風情，不妨安排一天時間來探訪這五大景點，相信一定會留下難忘的回憶。

行銷應用—發想產品特點、關鍵字與標題

在現代商業社會，創新和行銷是推動業務增長的核心。如何讓您的產品在競爭激烈的市場中脫穎而出，是每一個企業都面臨的挑戰。利用 ChatGPT 或 Copilot 這類工具可以幫助您發想產品特點、關鍵字和標題，提高行銷效果。

請教行銷產品的摘要特點

漆式速記多國語言雲端學習系統是什麼

Copilot 回答內容

「油漆式速記多國語言雲端學習系統」是一套利用「油漆式速記法」原理所建構完成的系統，透過速讀與右腦圖像記憶的輔助，幫助使用者在短時間內記下大量單字，對於學生快速取得語言相關證照、檢定，快速提升個人外語能力有意想不到的驚人效果 [1]。此系統包含了國內外十幾種著名的英語檢定與20種第二外語相關檢定及本土語言 [2]。

希望這些資訊對你有所幫助！如果你還有其他問題，歡迎再問我哦！ ☺

深入了解： 1. zct.com.tw　2. sdc.org.tw　3. yzu.edu.tw　4. zct.com.tw　　　1 之 20 ●

找出賣點的關鍵字

請列出漆式速記多國語言雲端學習系統介紹中的幾個重要關鍵字

當然可以！介紹中的重要關鍵字有「油漆式速記法」、「速讀」、「右腦圖像記憶」、「大量單字」、「語言相關證照、檢定」、「快速提升個人外語能力」、「國內外十幾種著名的英語檢定與20種第二外語相關檢定及本土語言」等等。希望這些資訊對你有所幫助！如果你還有其他問題，歡迎再問我哦！😊

2 之 20 ●

推薦行銷文案標題

提示（prompt）詞

我想寫一篇行銷文案，請列出針對上述幾個重要關鍵字重點，列出 5 個行銷文案的標題

Copilot 回答內容

當然可以！以下是我為您準備的5個行銷文案標題：

1. 用「油漆式速記法」，快速提升你的外語能力！

2. 油漆式速記多國語言雲端學習系統，讓你輕鬆應對各種語言檢定！

3. 油漆式速記多國語言雲端學習系統，讓你在短時間內記下大量單字！

4. 油漆式速記多國語言雲端學習系統，讓你的學習更有效率！

5. 油漆式速記多國語言雲端學習系統，讓你的學習更有成效！

希望這些標題能夠幫助到您！如果您還有其他問題，歡迎再問我哦！😊

3 之 20 ●

行銷應用—AI 寫 FB、IG、Google、短影片文案

社交媒體和網路廣告成為現代企業行銷的重要途徑。在本單元中，我們將會介紹如何使用 Copilot 來協助您撰寫不同平台的行銷文案和腳本，並提供一些有用的技巧和建議。包括撰寫 Facebook 社群行銷文案、IG 社群行銷文案、Google 平台的廣告文案，以及撰寫抖音短影片腳本和演講推廣的流程大綱。

撰寫 Facebook 社群行銷文案

請針對 " 油漆式速記多國語言雲端學習系統，讓你在短時間內記下大量單字！"
這個標題寫一篇適合 Facebook 平台的社群行銷文案

字數：200 字以內

廣告目標：吸引有大量背單字需求的使用者

文案風格：專業

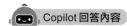

當然可以！以下是我為您準備的 Facebook 社群行銷文案：

「油漆式速記多國語言雲端學習系統」，讓你在短時間內記下大量單字！如果你正在準備各種語言檢定，或是想要快速提升自己的外語能力，那麼這個系統絕對是你不可錯過的好幫手！利用「油漆式速記法」原理所建構完成的系統，透過速讀與右腦圖像記憶的輔助，幫助使用者在短時間內記下大量單字，讓你的學習更有效率、更有成效！如果你有大量背單字的需求，那麼這個系統一定能夠滿足你的需求。現在就來體驗「油漆式速記多國語言雲端學習系統」，讓你的學習事半功倍！

4 之 20 ●

撰寫 IG 社群行銷文案

 提示（prompt）詞

請針對 " 用「油漆式速記法」，快速提升你的外語能力！" 這個標題寫一篇適合 IG 平台的社群行銷文案

字數：200 字以內

廣告目標：吸引有想快提升外語能力的的使用者

文案口吻：活潑、幽默

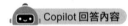 Copilot 回答內容

> 當然可以！以下是我為您準備的IG社群行銷文案：
>
> 「用「油漆式速記法」，快速提升你的外語能力！」如果你正在為了各種語言檢定而煩惱，或是想要快速提升自己的外語能力，那麼這個系統絕對是你不可錯過的好幫手！利用「油漆式速記法」原理所建構完成的系統，透過速讀與右腦圖像記憶的輔助，幫助使用者在短時間內記下大量單字，讓你的學習更有效率、更有成效！如果你想要快速提升自己的外語能力，那麼這個系統一定能夠滿足你的需求。現在就來體驗「油漆式速記多國語言雲端學習系統」，讓你的學習事半功倍！
>
> 5 之 20 ●

撰寫 Google 平台的廣告文案

 提示（prompt）詞

請針對 " 油漆式速記多國語言雲端學習系統，讓你輕鬆應對各種語言檢定！" 這個標題寫一篇適合 Google 平台的廣告文案

字數：200 字以內

文案口吻：活潑、幽默

Copilot 回答內容

當然可以！以下是我為您準備的Google廣告文案：

「油漆式速記多國語言雲端學習系統，讓你輕鬆應對各種語言檢定！」如果你正在為了各種語言檢定而煩惱，或是想要快速提升自己的外語能力，那麼這個系統絕對是你不可錯過的好幫手！利用「油漆式速記法」原理所建構完成的系統，透過速讀與右腦圖像記憶的輔助，幫助使用者在短時間內記下大量單字，讓你的學習更有效率、更有成效！如果你想要輕鬆應對各種語言檢定，那麼這個系統一定能夠滿足你的需求。現在就來體驗「油漆式速記多國語言雲端學習系統」，讓你的學習事半功倍！

6 之 20 ●

撰寫抖音短影片腳本

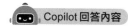

提示（prompt）詞

請針對 "油漆式速記多國語言雲端學習系統，讓你在短時間內記下大量單字！"
這個標題寫一篇一分鐘短影片腳本

必須以條列式方式呈現，且必須有短影片角色設定

字數：100字以內

Copilot 回答內容

當然可以！以下是我為您準備的一分鐘短影片腳本：

角色設定：

- 主角：一位正在為了各種語言檢定而煩惱的學生
- 配角：一位正在使用「油漆式速記多國語言雲端學習系統」的學生

場景設定：

- 主角正在圖書館裡焦急地背單字，但是進度卻緩慢
- 配角在旁邊輕鬆自在地背單字，並且進度神速

腳本內容：

1. 主角看到配角背單字進度神速，感到十分好奇。
2. 配角向主角介紹「油漆式速記多國語言雲端學習系統」，並且分享自己使用的心得。
3. 主角開始使用「油漆式速記多國語言雲端學習系統」，並且發現自己的背單字速度大幅提升。
4. 主角成功通過了語言檢定，感到非常開心。

如果你正在為了各種語言檢定而煩惱，或是想要快速提升自己的外語能力，那麼「油漆式速記多國語言雲端學習系統」絕對是你不可錯過的好幫手！現在就來體驗「油漆式速記多國語言雲端學習系統」，讓你的學習事半功倍！

8 之 20 ●

撰寫演講推廣的流程大綱

 提示（prompt）詞

我想去各學校以演講方式推廣行銷 " 油漆式速記多國語言雲端學習系統 "，請幫我規劃一個 90 分的演講流程的大綱

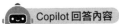 Copilot 回答內容

當然可以! 以下是我為您規劃的90分演講流程大綱:

1. 開場白 (5分)
- 自我介紹
- 簡單介紹「油漆式速記多國語言雲端學習系統」

2. 介紹「油漆式速記法」 (10分)
- 介紹「油漆式速記法」的原理
- 說明「油漆式速記法」如何幫助學生快速背單字

3. 介紹「油漆式速記多國語言雲端學習系統」 (10分)
- 介紹「油漆式速記多國語言雲端學習系統」的功能
- 說明「油漆式速記多國語言雲端學習系統」如何幫助學生快速背單字

4. 示範如何使用「油漆式速記多國語言雲端學習系統」 (20分)
- 示範如何使用「油漆式速記多國語言雲端學習系統」背單字
- 示範如何使用「油漆式速記多國語言雲端學習系統」應對各種語言檢定

5. 分享使用心得 (20分)
- 分享使用「油漆式速記多國語言雲端學習系統」的心得
- 分享使用「油漆式速記多國語言雲端學習系統」後的成果

6. Q&A 環節 (15分)
- 回答現場觀眾的問題

如果您需要更詳細的內容, 請告訴我, 我會盡力提供更詳盡的規劃。

行銷應用—利用 Copilot 發想行銷企劃案

行銷企劃案是企業制定行銷策略和計畫的重要工具。利用 ChatGPT 或 Copilot 這一智能創意輔助工具,可以幫助企業快速發想出多樣化的行銷企劃案,從而更好地應對市場變化和客戶需求。

請協助規劃三個行銷企劃案

 提示(prompt)詞

除了上述的文案撰寫及演講推廣之外,能否給我規劃三個行銷企劃案

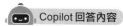 Copilot 回答內容

當然可以! 以下是我為您規劃的三個行銷企劃案:

1. 社群媒體行銷 (SNS 行銷)

• 在 Facebook、Instagram、Twitter 等社群媒體平台上建立品牌形象,並且透過精美的圖片、影片、文章等內容,吸引潛在客戶的注意力。

• 透過社群媒體平台上的廣告投放,讓更多人看到「油漆式速記多國語言雲端學習系統」的廣告,提高品牌知名度。

• 舉辦線上活動,例如線上講座、線上比賽等,吸引更多人參與。

2. 網路廣告行銷

• 在 Google、Yahoo 等搜尋引擎上投放廣告,讓更多人看到「油漆式速記多國語言雲端學習系統」的廣告。

• 在 YouTube 上投放廣告,讓更多人看到「油漆式速記多國語言雲端學習系統」的介紹影片。

• 在各大新聞網站上投放廣告,提高品牌知名度。

3. 合作行銷

• 與各大語言學校、補習班、教育機構等合作,推出「油漆式速記多國語言雲端學習系統」的課程,讓更多人知道這個系統。

• 與各大出版社合作,推出「油漆式速記多國語言雲端學習系統」的書籍,提高品牌知名度。

• 與各大企業合作,推出「油漆式速記多國語言雲端學習系統」的員工培訓計畫,提高品牌知名度。

以上是我為您規劃的三個行銷企劃案,希望能對您有所幫助! 如果您需要更詳細的內容或是有其他問題,請隨時告訴我。

10 之 20 ●

請推薦其他的行銷方式

提示（prompt）詞

直接按下回答框下方的「有沒有其他的行銷方式？」

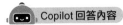

Copilot 回答內容

當然可以！以下是我為您提供的其他行銷方式：

4. 口碑行銷

- 邀請使用者分享使用心得，並且在社群媒體平台上分享，提高品牌知名度。
- 舉辦線下活動，例如語言學習交流會、沙龍等，讓更多人了解「油漆式速記多國語言雲端學習系統」。
- 與各大語言學校、補習班、教育機構等合作，推出試用計畫，讓更多人體驗「油漆式速記多國語言雲端學習系統」。

5. 內容行銷

- 在自己的官方網站上發布有關「油漆式速記多國語言雲端學習系統」的文章、影片等內容，提高品牌知名度。
- 在各大論壇、社群媒體平台上發布有關「油漆式速記多國語言雲端學習系統」的文章、影片等內容，提高品牌知名度。
- 舉辦線上講座、線上課程等，提供有關「油漆式速記多國語言雲端學習系統」的相關知識，吸引更多人了解這個系統。

以上是我為您提供的其他行銷方式，希望能對您有所幫助！如果您需要更詳細的內容或是有其他問題，請隨時告訴我。

11 之 20 ●

請總結行銷方式的效果

提示（prompt）詞

直接按下回答框下方的「這些行銷方式的效果如何？」

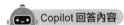

Copilot 回答內容

每一種行銷方式的效果都不同，以下是我為您整理的效果：

1. 社群媒體行銷（SNS 行銷）

- 可以提高品牌知名度，吸引更多人關注「油漆式速記多國語言雲端學習系統」。
- 可以透過社群媒體平台上的廣告投放，讓更多人看到「油漆式速記多國語言雲端學習系統」的廣告。

- 可以舉辦線上活動，例如線上講座、線上比賽等，吸引更多人參與。

2. 網路廣告行銷

- 可以讓更多人看到「油漆式速記多國語言雲端學習系統」的廣告。
- 可以在各大新聞網站上投放廣告，提高品牌知名度。

3. 合作行銷

- 可以與各大語言學校、補習班、教育機構等合作，推出「油漆式速記多國語言雲端學習系統」的課程，讓更多人知道這個系統。
- 可以與各大出版社合作，推出「油漆式速記多國語言雲端學習系統」的書籍，提高品牌知名度。
- 可以與各大企業合作，推出「油漆式速記多國語言雲端學習系統」的員工培訓計畫，提高品牌知名度。

4. 口碑行銷

- 可以邀請使用者分享使用心得，提高品牌知名度。
- 可以舉辦線下活動，例如語言學習交流會、沙龍等，讓更多人了解「油漆式速記多國語言雲端學習系統」。
- 可以與各大語言學校、補習班、教育機構等合作，推出試用計畫，讓更多人體驗「油漆式速記多國語言雲端學習系統」。

技能 06 職場應用—寫履歷

 提示（prompt）詞

姓名：吳建文　1980/7/10 出生　專長：程式設定，寫作，教學經驗豐，請幫忙寫一封履歷表

 ChatGPT 回答內容

履歷表

姓名：吳建文

出生日期：1980 年 7 月 10 日

專長：程式設定、寫作、教學經驗豐富

學歷

碩士學位，資訊工程，XXX 大學，畢業年份：20XX

學士學位，電腦科學，XXX 大學，畢業年份：20XX

工作經驗

電腦程式設計師，XXX 科技公司，20XX 年至今

設計、開發並維護軟體應用程式，並為公司客戶提供技術支援。

以 SCRUM 和 Agile 開發模式為基礎，維護並強化公司內部網站和資料庫系統。

教育培訓講師，20XX 年至今

帶領學生學習程式設計、網頁開發等相關課程。

設計、編寫並編輯課程材料，以達到良好的學習效果。

技能

熟練掌握 Python、Java、HTML、CSS、JavaScript 等程式語言

熟悉 Git 版本控制系統

具有良好的問題解決能力和溝通技巧

具有優秀的寫作和編輯能力

獲得獎項

XXX 程式設計比賽冠軍，20XX 年

XXX 學術研究論文獎，20XX 年

證書

XXX 認證工程師，20XX 年

XXX 認證教育訓練師，20XX 年

參與社會活動

協助當地學校的程式設計俱樂部活動，20XX 年至今

參與義工機構的科技培訓課程，為有需要的人提供技能支援，20XX 年至今

參考人

XXX 某公司程式設計經理

XXX 某大學教授

備註

提供筆試和面試證明文件，如需其他資訊，歡迎與我聯繫。

技能 07　職場應用─生成新聞文章

 提示（prompt）詞

請以專業科技記者角度幫忙寫一篇有關 ChatGPT 爆紅，並可能危及許多行業的專業新聞報導文章

ChatGPT 回答內容

近年來，自然語言處理技術的快速發展，讓許多自然語言處理相關的人工智慧應用程式逐漸進入大眾視野，其中一個最引人注目的應用就是 ChatGPT。ChatGPT 是由 OpenAI 開發的自然語言處理模型，憑藉其強大的文本生成能力，成為了近期最受矚目的人工智慧應用之一。

ChatGPT 的發展使得人工智慧技術能夠更加貼近人類語言理解能力，並且能夠以自然語言進行人機交互。與此同時，ChatGPT 也為許多行業帶來了潛在的威脅。在旅遊、餐飲、客服、電商等領域，ChatGPT 的應用正在逐漸擴展，並有可能替代傳統的人工客服，這將對相關行業帶來重大影響。

雖然 ChatGPT 的發展帶來了許多應用上的機會，但同時也引起了人們的擔憂。由於 ChatGPT 可以模擬人類語言，甚至可以讓人難以分辨是機器還是人類在進行對話，這可能會引起許多倫理和隱私方面的問題，例如使用 ChatGPT 進行欺詐、輿論操縱等。因此，必須進一步研究 ChatGPT 的潛在風險，並加強監管和管理措施。

總體而言，ChatGPT 的發展對於人工智慧技術的發展帶來了極大的助力，但同時也面臨著許多挑戰和風險。未來，科技界和監管機構應該密切關注 ChatGPT 的應用和發展，探索其更多的應用場景，並提出相應的監管措施，以確保 ChatGPT 的應用不會對社會產生負面影響。

技能 08　職場應用—文案寫作幫手　〉

寫作有了 ChatGPT 的幫助，從文章結構到語言風格，都可以得到專業的建議。例如，當您寫一篇關於環保的文章，但不知道如何開始，您可以詢問 ChatGPT 提供一個吸引人的開頭。

 提示（prompt）詞

我想寫一篇關於環保的文章，能給我一個引人入勝的開頭嗎？

🤖 ChatGPT 回答內容

> 當然可以！以下是一個環保主題文章的引人入勝的開頭：
>
> ---
>
> 在一個時代，當地球的每一個角落都受到環境退化的威脅時，環保不再只是一個選擇，而是一個必須。從塑料污染的海洋到由於氣候變化而日益嚴重的極端天氣事件，我們的家園正在發出求救信號。但是，這不僅僅是一個警告，而是一個機會。一個機會讓我們重新評估我們與自然的關係，一個機會讓我們採取行動，不僅僅是為了我們自己，而是為了我們的後代和整個生態系統。現在是時候站起來，開始我們的綠色革命，一步一步地走向一個更綠色、更可持續的未來。
>
> ---
>
> 希望這可以幫到你！如果你需要更多的幫助或想要討論更多的細節，請讓我知道。

寫作不僅僅是將文字放在紙上，更需要考慮文章的結構、語言的風格和目標讀者的需求。

- **文章結構**：一篇結構清晰的文章可以幫助讀者更容易理解您的觀點。例如，您可以問：

提示（prompt）詞

我想寫一篇關於氣候變遷的文章，你能幫我規劃一下大綱嗎？

ChatGPT 回答內容

當然可以！以下是一個氣候變遷文章的大綱，它涵蓋了一系列重要的主題和子主題，可以幫助你組織和規劃你的文章：

1. 引言

• 氣候變遷的定義
• 當前的全球情境

2. 氣候變遷的證據

• 極端天氣事件的增加
• 冰川融化和海平面上升
• 生態系統的變化

3. 氣候變遷的原因

• 人類活動的影響
  • 燃燒化石燃料
  • 森林砍伐
• 自然因素
  • 太陽輻射變化
  • 火山活動

4. 氣候變遷的影響

• 對人類社會的影響
  • 經濟影響
  • 健康影響
• 對自然環境的影響
  • 生物多樣性的減少
  • 生態系統的破壞

● **語言風格**：不同的寫作目的和讀者群體需要不同的語言風格。您可以詢問：

提示（prompt）詞

我正在寫一篇給中學生的科普文章，你能給我一些建議讓語言更加生動有趣嗎？

ChatGPT 回答內容

1. 使用生動的語言和比喻

- 利用比喻和擬人法：用比喻來解釋複雜的概念，或者用擬人法來賦予抽象的概念一些"人性"。
- 創建視覺化的描述：使用描述性的語言來幫助讀者形成心靈畫像。

2. 故事化

- 創建故事：用故事來展示科學概念或現象，可以使內容更具吸引力。
- 使用案例研究：提供真實的案例研究來說明某一點，可以使內容更具說服力。

3. 互動元素

- 問題和答案：在文章中提出問題，並在稍後提供答案，可以保持讀者的興趣。
- 小測驗或活動：提供小測驗或活動，可以讓讀者更好地理解和記住內容。

4. 用戶友好的格式

- 使用子標題：子標題可以幫助讀者更好地跟蹤他們正在讀的內容。
- 使用列表和點綴符號：這可以使內容更易於掃描和理解。

5. 用心靈圖或圖表來輔助解釋

- 創建心靈圖：心靈圖可以幫助讀者更好地理解和記住內容。
- 使用圖表和圖形：這些可以幫助解釋複雜的概念。

6. 保持語言簡單和直接

- 避免行業術語：盡量避免使用可能使中學生感到困惑的行業術語。
- 簡短的句子：使用簡短、清晰的句子來傳達信息。

希望這些建議對你有幫助！如果你有任何其他問題或需要更多的指導，請讓我知道。

- **修辭技巧**：使用適當的修辭技巧可以使您的文章更具說服力。例如：

提示（prompt）詞

我想在文章中強調森林的重要性，有什麼修辭技巧可以用嗎？

ChatGPT 回答內容

1. 比喻和隱喻

- **心臟比喻**：將森林比喻為"地球的心臟"，強調它們在生態系統中的核心角色。
- **肺比喻**：將森林比喻為"地球的肺"，強調它們在氧氣和二氧化碳的交換中的作用。

2. 擬人化

- **森林作為守護者**：將森林描述為自然界的"守護者"或"護衛"，強調它們保護生物多樣性和環境的角色。

3. 重複

- **Anaphora（首句重複）**：通過在段落的開頭重複相同的詞或短語來創建強烈的節奏和強調。
- **Epistrophe（尾句重複）**：在段落的結尾重複相同的詞或短語，來強調某一點。

4. 對比

- **Juxtaposition（並列）**：將森林的健康狀態與受損狀態進行對比，以強調其重要性。
- **Antithesis（對立）**：使用對立的概念或圖像來強調森林的重要性。

5. 強調語言的力量

- **Hyperbole（誇張）**：使用誇張來強調森林的重要性和它們所面臨的威脅。
- **Rhetorical Question（修辭問句）**：使用修辭問句來引導讀者思考森林的重要性。

6. 視覺化

- **Vivid Imagery（生動的意象）**：使用生動的意象來描繪森林的美麗和它們在生態系統中的角色。

希望這些建議能對你有所幫助！如果你有任何其他問題或需要更多的指導，請讓我知道。

SEO 攻略—SEO 關鍵字研究

技能 09

關鍵字研究是 SEO 的核心步驟。建置網站前，了解使用者搜尋行為和意圖、分析數據和競爭對手非常重要，並應定期檢討和更新關鍵字策略。可應用實例包括向 ChatGPT 請求關鍵字清單生成。

請幫我生成一個包含10個關鍵字清單，這些關鍵字與「速記法」有關

ChatGPT 回答內容

以下是與「速記法」相關的10個關鍵字清單：

1. 速讀記憶
2. 記憶術
3. 記憶技巧
4. 圖像聯想
5. 心智地圖
6. 關鍵詞聯想
7. 連鎖法
8. 分類法
9. 記憶宮殿
10. 視覺化技巧

這些關鍵字涵蓋了速記法常見的技巧和方法，有助於增強學習和記憶能力。

SEO 攻略—關鍵字分類的技巧

利用 ChatGPT，我們可以根據關鍵字特點或使用者的搜尋動機進行分類，提供更精準的資訊。

提示（prompt）詞

將關鍵字以表格方式呈現，並且依照其搜尋意圖分類為工具、課程、方法論或應用進行分組

ChatGPT 回答內容

以下是依照搜尋意圖將「速記法」關鍵字分類為「工具」、「課程」、「方法論」和「應用」的表格：

關鍵字	分類
記憶術	方法論
記憶技巧	方法論
圖像聯想	方法論
心智地圖	工具
關鍵詞聯想	方法論
連鎖法	方法論
分類法	方法論
記憶宮殿	工具
視覺化技巧	方法論
速讀記憶	課程

這樣的分類有助於瞭解每個關鍵字的實際應用場景和學習目的。

技能 11

SEO 攻略—生成 SEO 的吸睛標題

在 SEO 中，標題至關重要，直接影響使用者的第一印象與點擊意願。我們可以利用 ChatGPT 生成一個吸引人、符合 SEO 規範的標題。

提示（prompt）詞

請給我五個較會引人感興趣文章標題並符合 SEO 規範，與關鍵詞「油漆式速記法」相關

[🤖] ChatGPT 回答內容

以下是五個符合 SEO 規範且引人興趣的文章標題，與「油漆式速記法」相關：

1. 「油漆式速記法」入門：讓你的記憶力瞬間提升的簡單技巧

2. 油漆式速記法完整攻略：如何用顏色和聯想快速記憶資訊

3. 從零開始學油漆式速記法，快速掌握高效記憶的秘訣！

4. 油漆式速記法的五大優勢，讓學習與記憶不再費力！

5. 油漆式速記法實例解析：如何運用顏色標記實現高效記憶

這些標題針對讀者的興趣點，使用具體詞語如「入門」、「完整攻略」、「快速掌握」等，引導讀者進一步了解油漆式速記法的價值和應用。

技能 **12**

SEO 攻略—DIY 您的頁面描述

〉

　　頁面描述（Meta description）是一段位於 HTML 中的簡要文字，提供給搜尋引擎和使用者作為網頁內容摘要，通常顯示於搜尋結果頁（SERP）的點擊連結下方。雖然 Meta 描述不直接影響 SEO 排名，但它如同廣告文案般吸引點擊，讓使用者快速預覽頁面內容並理解其價值。

[👤] 提示（prompt）詞

請以繁體中文寫一個 meta description，標題為「油漆式速記法」及關鍵字為「速記方法」，只需撰寫頁面描述（Description），字數在 100 個以內。

[🤖] ChatGPT 回答內容

Description: 探索「油漆式速記法」的核心技巧，結合顏色和關鍵字聯想，讓您輕鬆掌握速記方法，提升記憶效率。了解如何透過視覺化與分類法，快速記憶複雜資訊，助您在學習中脫穎而出。

SEO 攻略—301 轉址程式碼生成

301 轉址（301 redirect）是將 URL 永久導向至另一 URL 的方法，常用於網站重組和頁面重新定向。利用 .htaccess 檔案設定 301 轉址規則，可以透過簡單的程式碼完成 URL 重定向。行銷人員可以請求 ChatGPT 協助生成 301 轉址程式碼，僅需簡單指令即可獲取所需規則，無需程式背景即可快速完成設置。

請幫我生成 .htaccess 301 重新導向規則：將 /index.html 轉址到 / zct_add /、將 intro.zct.com.tw 子網域轉址到 zct.com.tw 子網域

🤖 ChatGPT 回答內容

以下是 `.htaccess` 中的 301 重新導向規則，可以將 `/index.html` 轉址到 `/zct_add/`，並將 `intro.zct.com.tw` 子網域轉址到 `zct.com.tw`：

```apache
# 將 /index.html 轉址到 /zct_add/
RewriteEngine On
RewriteCond %{REQUEST_URI} ^/index\.html$
RewriteRule ^(.*)$ /zct_add/ [R=301,L]

# 將 intro.zct.com.tw 轉址到 zct.com.tw
RewriteCond %{HTTP_HOST} ^intro\.zct\.com\.tw$ [NC]
RewriteRule ^(.*)$ https://zct.com.tw/$1 [R=301,L]
```

這些規則會永久地（301）轉址指定的 URL，並確保用戶和搜尋引擎訪問更新後的位置。

技能 14 SEO 攻略—提供 robots.txt 建議

robots.txt 是放置在網站根目錄下的 ASCII 編碼文字檔案,用於告知網路爬蟲哪些頁面可被存取,哪些則應排除。這檔案幫助搜尋引擎正確理解網站的爬取規則,並避免索引不必要的頁面。根據網站需求,可透過適當的 robots.txt 設定,控制搜尋引擎的爬取行為,確保重要頁面順利索引、非必要頁面排除在外。

提示(prompt)詞

請幫我生成 robots.txt 規則,以下是所需的 robots.txt 規則,以阻止搜尋引擎索引指定的頁面或檔案:禁止索引 /wp-admin/ 目錄下的所有內容,禁止索引包含 /feed/ 目錄的所有頁面,以及禁止索引任何 svg 檔案。

ChatGPT 回答內容

以下是符合您需求的 `robots.txt` 規則:

```plaintext
User-agent: *
Disallow: /wp-admin/
Disallow: */feed/
Disallow: /*.svg$
```

規則說明:

- `Disallow: /wp-admin/`:禁止搜尋引擎索引 `/wp-admin/` 目錄下的所有內容。

- `Disallow: */feed/`:禁止索引包含 `/feed/` 目錄的所有頁面。

- `Disallow: /*.svg$`:禁止索引所有 `.svg` 檔案。

SEO 攻略—自動生成 hreflang 標籤

商業網站通常需要為不同地區和語言提供多版本內容,而 hreflang 標籤是一種 HTML 屬性,能幫助搜尋引擎了解內容的語言與目標受眾。這對於網站的國際化 SEO 至關重要。網站管理者可利用多語言標籤生成器,輸入各語言版本的 URL,快速生成正確的 hreflang 標籤,明確指出頁面語言和受眾地區。不僅提升搜尋引擎排名,還優化使用者體驗,讓使用者更容易找到適合的語言版本頁面。

提示 (prompt) 詞

請幫我生成多語言標籤生成器 -hreflang 標籤,包含語言及地區代碼,並將預設語言設定為繁體中文的台灣,其他語系包含使用英文的美國、使用日文的日本、使用韓文的韓國、使用越南文的越南、使用印尼文的印尼、使用泰文的泰國

ChatGPT 回答內容

以下是符合您需求的 `hreflang` 標籤範例,可放置於網頁的 `<head>` 區域,以便搜尋引擎識別各語言版本的地區設定:

```html
<link rel="alternate" href="https://example.com/" hreflang="zh-TW"> <!-- 繁體中文 (台灣) 預
<link rel="alternate" href="https://example.com/en-us/" hreflang="en-US"> <!-- 英文 (美國)
<link rel="alternate" href="https://example.com/ja-jp/" hreflang="ja-JP"> <!-- 日文 (日本)
<link rel="alternate" href="https://example.com/ko-kr/" hreflang="ko-KR"> <!-- 韓文 (韓國)
<link rel="alternate" href="https://example.com/vi-vn/" hreflang="vi-VN"> <!-- 越南文 (越南
<link rel="alternate" href="https://example.com/id-id/" hreflang="id-ID"> <!-- 印尼文 (印尼
<link rel="alternate" href="https://example.com/th-th/" hreflang="th-TH"> <!-- 泰文 (泰國)
<link rel="alternate" href="https://example.com/" hreflang="x-default"> <!-- 預設語言設定為
```

標籤說明:

- `hreflang="zh-TW"`:繁體中文 (台灣),設為預設語言版本。
- `hreflang="en-US"`:英文 (美國)。
- `hreflang="ja-JP"`:日文 (日本)。
- `hreflang="ko-KR"`:韓文 (韓國)。
- `hreflang="vi-VN"`:越南文 (越南)。

- `hreflang="id-ID"`：印尼文 (印尼)。
- `hreflang="th-TH"`：泰文 (泰國)。
- `hreflang="x-default"`：搜尋引擎的預設版本，指向台灣繁體中文。

　　將這些 hreflang 標籤放置於網站的 <head> 區域，搜尋引擎即可辨識並顯示正確的語言和地區版本。請根據網站架構調整 href 屬性的值，以確保連結至各語言和地區的正確頁面。

16

CHAPTER

功能強大的 AI 外掛
擴充功能

本章中，我們將介紹一些可以進一步提高 ChatGPT 效能和實用性的外掛擴充程式。

技能 01　Voice Control for ChatGPT—練習英文聽力與口說能力

　　Voice Control for ChatGPT 這個 Chrome 的擴充功能，可以幫助各位與來自 OpenAI 的 ChatGPT 進行語音對話，可以用來利用 ChatGPT 練習英文聽力與口說能力。它會在 ChatGPT 的提問框下方加上一個額外的按鈕，只要按下該鈕，該擴充功能就會錄製您的聲音並將您的問題提交給 ChatGPT。接著我們就來示範如何安裝 Voice Control for ChatGPT 及它的基本功能操作。

　　首先請在「chrome 線上應用程式商店」輸入關鍵字「Voice Control for ChatGPT」，接著點選「Voice Control for ChatGPT」擴充功能：

接著會出現下圖畫面，請按下「加到 Chrome」鈕：

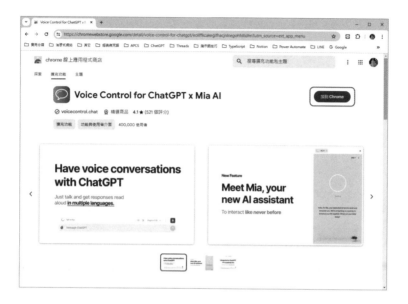

出現下圖視窗後，再按「新增擴充功能」鈕：

　　完成安裝後，準備用口語發音的方式向 ChatGPT 提問，請按下如下圖的「麥克風」🎤 鈕，第一次執行要求要取用您電腦系統的「麥克風」裝置，只要允許「Voice Control for ChatGPT」外掛程式取用，接著按下「麥克風」鈕，就進入語音輸入的環境，當「麥克風」鈕被按下後就會變成紅色 ▶，表示已等待對麥克風講話，例如筆者念了「what is the Python language」，講完後，再按一次「麥克風」鈕，就會立即被辨識成文字，向 ChatGPT 提問。

　　而此時 ChatGPT 會同步輸出回答的文字內容，同時會將所有的回答內容以所設定的語言念出，例如此處我們設定為「English(US)」，就可以聽到純正的美式英語，這個過程就是非常好的聽力練習機會。

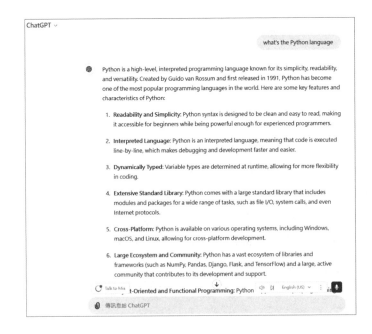

接著我們可以繼續練習我們的英語口說能力,再以講英文的方式向ChatGPT進行提問,例如我又問了「how can I start」,此時ChatGPT會同步以英語文字及口音的方式回答,各位就可以接著練習聽第二個回答內容的聽力練習,以這種方式來與ChatGPT進行互動,利用「Voice Control for ChatGPT」這個外掛程式的擴充功能,透過ChatGPT練習英文聽力與口說能力,相信各位的英語口說及聽力一定有大量練習的機會與進步的空間。

To start learning Python, follow these steps:

1. **Install Python:**

   - Go to the official Python website: python.org.
   - Download the latest version of Python for your operating system (Windows, macOS, or Linux).
   - Follow the installation instructions. Make sure to check the option to add Python to your PATH during installation.

2. **Set Up a Development Environment:**

   - Use a text editor or an Integrated Development Environment (IDE) to write Python code. Some popular choices include:
     - **VS Code** (free, with extensions for Python).
     - **PyCharm** (Community Edition is free).
     - **Jupyter Notebook** (great for data science and interactive coding).
   - Install the editor or IDE of your choice.

3. **Learn the Basics:**

how can I start

技能 02 ｜ ChatGPT Writer（回覆 Gmail） ＞

這個外掛程式可以協助生成電子郵件和訊息,以方便我們可以更快更大量的回覆信件。請依之前找尋外掛程式的方式,在「chrome線上應用程式商店」找到「ChatGPT Writer」,並按「加到Chrome」鈕將這個擴充功能安裝進來,如下圖所示:

安裝完 ChatGPT Writer 擴充功能後，就可以在 Gmail 寫信時自動幫忙產出信件內容，例如我們在 Gmail 寫一封新郵件，接著只要在下方工具列按「ChatGPT Writer」圖示鈕，就可以啟動 ChatGPT Writer 來幫忙進行信件內容的撰寫，如下圖的標示位置：

請在下圖的輸入框中簡短描述您想寄的信件內容，接著再按下「Generate Email」鈕：

才幾秒鐘就馬上產生一封信件內容，如果想要將這個內容插入信件中，只要按下圖中的「Insert generated response」鈕：

就會馬上在您的新信件加入回信的內容，您只要填上主旨、對方的名字、您的名字，確認信件內容無誤後，就可以按下「傳送」鈕將信件寄出。

這項功能當然也可以應用在回信的工作，同樣在要回覆的信件中按下「ChatGPT Writer」圖示鈕，就可以啟動 ChatGPT Writer 來幫忙進行信件內容的撰寫。

接著簡短描述要回信的重點，並按下「Generate Reply」鈕：

快速地產生回信內容，如果想要將這個內容插入信件中，只要按下圖中的「Insert generated response」鈕即可。

技能 03　Perplexity–Ask AI（問問題）

　　Perplexity 是一家位於美國加州舊金山的科技公司，2022 年由前 OpenAI 研究員 Aravind Srinivas 創立。公司致力於開發先進的 AI 搜尋引擎平台，整合多種 AI 模型，為使用者提供精確、即時的答案，旨在建立安全且有益的大眾 AI 環境。

　　Perplexity 的搜尋引擎被形容為「維基百科與 ChatGPT 的結合」，整合大型語言模型與搜尋功能，不僅提供準確資訊，還支援對話式互動，帶來更佳使用體驗。該平台在回應複雜查詢方面相當有成效，且答案的可靠性和即時性獲得廣泛認可。

　　此外，Perplexity 積極推動 AI 技術的普及，透過科技論壇和研討會分享研究成果。其開放共享的態度為其在業界贏得了廣泛支援。總的來說，Perplexity 不僅在產品和商業表現上取得成功，更在 AI 領域留下深遠影響，有望繼續引領行業發展，創造未來技術的更多可能性。

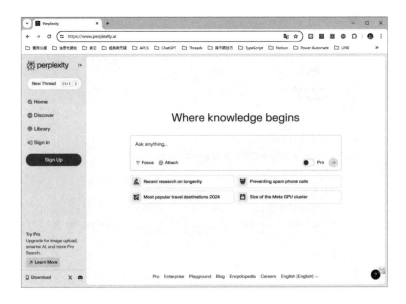

要在 Chrome 瀏覽器加入「Perplexity–Ask AI」擴充功能，首先請在「chrome 線上應用程式商店」輸入關鍵字「Perplexity」，接著點選「Perplexity–Ask AI」擴充功能：

接著會出現下圖畫面，請按下「加到 Chrome」鈕：

出現下圖視窗後,再按「新增擴充功能」鈕:

接著出現已將這個擴充應用功能加到 Chrome 瀏覽器的視窗:

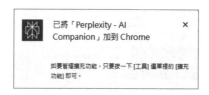

然後請按下 Chrome 瀏覽器的「擴充功能」鈕,會出現所有已安裝擴充功能的選單,我們可以按 鈕,將這個外掛程式固定在瀏覽器的工具列上:

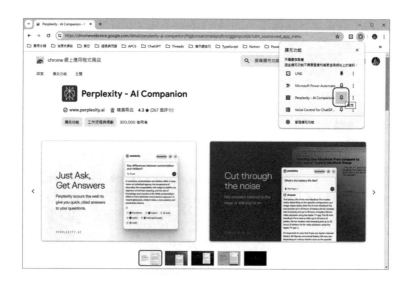

當該圖釘鈕圖示變更成 📌 外觀時，就可以將這個擴充功能固定在工具列之上：

接著在瀏覽網頁時，在工具列按一下「Perplexity–Ask AI」擴充功能的工具鈕 ▦，就可以啟動提問框，只要在提問框輸入要詢問的問題，例如下圖中筆者輸入的「博碩文化」，就可以依所設定的查詢範圍找到相關的回答。

各位可以設定的查詢範圍包括：「All」、「This Domain」、「This Page」。如下圖所示：

Perplexity 的 Ask AI 擴充功能提供三種查詢範圍設定，讓您靈活選擇所需的查詢範圍：

- **All**（全部）：在整個網路上查詢，從全網資訊中找到最相關的答案。

- **This Domain**（本網域）：限制查詢於當前網域內，適合查詢特定網站內的資訊。

- **This Page**（本頁面）：僅查詢當前網頁內容，方便找到頁面內的特定資訊。

這三種查詢範圍提供了即時、準確的回答，無論您需要全網資訊、特定網域內容，或是頁面內答案。

YouTube Summary with ChatGPT & Claude（影片摘要）

「YouTube Summary with ChatGPT & Claude」是一個免費的 Chrome 擴充功能，可讓您透過 ChatGPT AI 技術快速觀看的 YouTube 影片的摘要內容。首先請在「chrome 線上應用程式商店」輸入關鍵字「YouTube Summary with ChatGPT」，接著點選「YouTube Summary with ChatGPT & Claude」擴充功能：

接著會出現下圖畫面，請按下「加到 Chrome」鈕：

出現下圖視窗後，再按「新增擴充功能」鈕：

完成安裝後，各位可以先看一下有關「YouTube Summary with ChatGPT」擴充功能的影片介紹，就可以大概知道這個外掛程式的主要功能及使用方式：

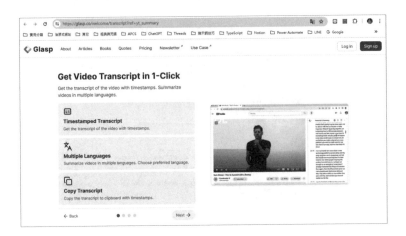

接著我們就以實際例子來示範如何利用這項外掛程式的功能，首先請連上 YouTube 觀看想要快速摘要了解的影片，接著按「YouTube Summary with ChatGPT」擴充功能右方的展開鈕：

就可以看到這支影片的摘要說明，如下圖所示：

※ 網址：youtube.com/watch?v=s6g68rXh0go

在上圖中各位可以看到一個工具列 ，由左到右的功能分別為「Find Summary Article」、「Summarize Video(Open New Tab)」、「Jump to Current Time」、「Copy Transcript(Plain Text)」四項功能。其中：

- 「Find Summary Article」會找到摘要文章，如下圖所示：

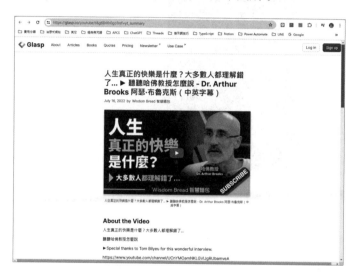

- 「Summarize Video(Open New Tab)」會啟動 ChatGPT 來查看該影片的摘要功能，如下圖所示：

- 「Jump to Current Time」則會直接跳到目前影片播放位置的摘要文字說明，如下圖所示：

- 「Copy Transcript(Plain Text)」則會複製摘要說明的純文字檔，各位可以依自己的需求貼上到指定的文字編輯器來加以應用。例如下圖為摘要文字內容貼到 Word 文書處理軟體的畫面。

其實 YouTube Summary with ChatGPT 這款擴充功能，它的原理就是將 YouTube 影片字幕提供給 ChatGPT，而 AI 聊天機器人就可以根據這個字幕的文字內容，快速摘要出這支影片的主要重點。您也可以直接使用 Copilot 上面的問答引擎，輸入「請幫我摘要這個網址影片：https://www.youtube.com/watch?v=s6g68rXh0go」，也能得到這個影片的摘要。

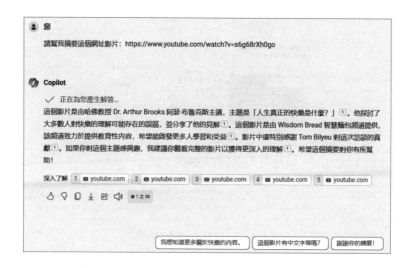

技能 05 **ChatGPT—網站和 YouTube 影片摘要** ❯

「ChatGPT—網站和 YouTube 影片摘要」擴充功能利用 OpenAI 的 ChatGPT 進行文章摘要，只需點擊滑鼠，即可快速取得網頁主要內容，無需離開當前頁面。適用於新聞、文章、研究報告和部落格等內容，這款 AI 助手提供精確且高品質的即時摘要，幫助您快速掌握重點。

首先請在「chrome 線上應用程式商店」輸入關鍵字「ChatGPT」，接著點選「ChatGPT—網站和 YouTube 影片摘要」擴充功能：

接著會出現下圖畫面，請按下「加到 Chrome」鈕：

我們可以按 📌 鈕，將這個外掛程式固定在瀏覽器的工具列上，當該圖釘鈕圖示變更成 📌 外觀時，就可以將這個擴充功能固定在工具列之上，如下圖所示：

當在工具列上按下⊙圖示鈕啟動擴充功能時，會先要求登入 OpenAI ChatGPT，當使用者登入 ChatGPT 之後，以後只要在所瀏覽的網頁按下⊙圖示鈕啟動「ChatGPT—網站和 YouTube 影片摘要」擴充功能時，這時候就會請求 OpenAI ChatGPT 的回應，透過這個 AI 助手立即摘要該網頁內容或部落格文章，如下列二圖所示：

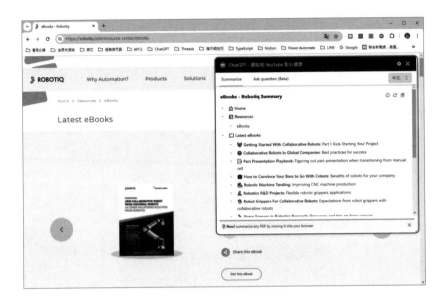

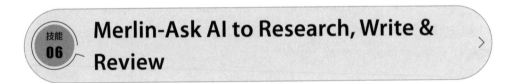

技能
06

Merlin-Ask AI to Research, Write & Review

「Merlin-Ask AI to Research, Write & Review」外掛讓您在任意網站上使用 OpenAI 的 ChatGPT，支援 Google 搜尋、YouTube、Gmail、LinkedIn、Github 等多個平台，免費提供交流、寫作與研究支援。

首先請在「chrome 線上應用程式商店」輸入關鍵字「Merlin」，接著點選「Merlin-Ask AI to Research, Write & Review」擴充功能：

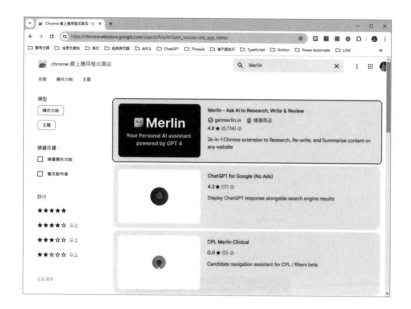

接著會出現下圖畫面，請按下「加到 Chrome」鈕：

　　啟動 Merlin 擴充功能會被要求先行登入帳號，此處筆者按了「Sign up with Google」進行登入動作。

接著在要了解問題的網頁上，選取要了解的文字並按右鍵，在快顯功能表中執行「Give Context to Merlin」指令：

接著就會出現如下圖的視窗：

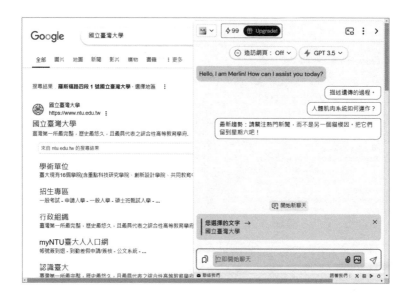

只要直接按下 Enter 鍵，Merlin 就會回答關於所選取文字「國立臺灣大學」的摘
要重點。

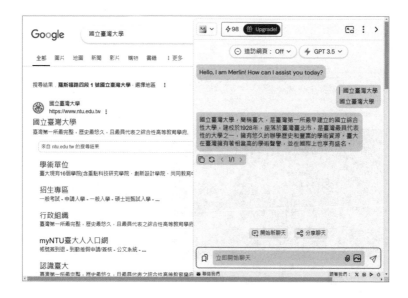

如果您還有其他問題要問 Merlin，還可以直接在提問框輸入問題，例如下圖為「請簡介該校的學術成就」，Merlin 就會立即給予它的摘要性回答，如下圖所示：

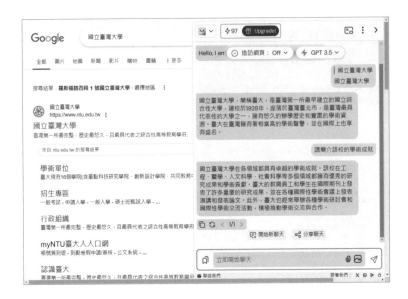

以下三圖則是分別將 Merlin 應用在 YouTube、Facebook（臉書）及 LinkedIn（領英）網站的示範畫面：

- YouTube

- Facebook（臉書）

- LinkedIn（領英）

ChatGPT for Google—側邊欄顯示 ChatGPT 回覆

技能 07

　　「ChatGPT for Google」是一款免費的瀏覽器擴充功能，支援 Chrome、Edge 和 Firefox。安裝後，搜尋引擎結果頁的側邊欄將顯示 ChatGPT 的回覆內容，讓您在搜尋時同時獲取搜尋引擎和 ChatGPT 的資訊，提升搜尋效率。首先在 Google 瀏覽器的功能表選單中執行「更多工具 / 擴充功能」指令：

接著按「開啟 Chrome 應用商店」鈕：

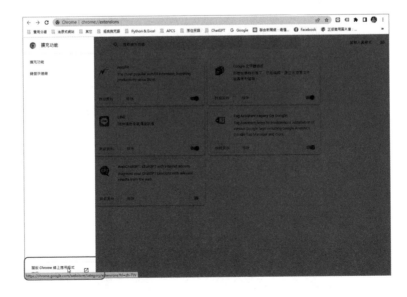

輸入關鍵字「chatGPT for google」：

點選「ChatGPT for Google」擴充功能的圖示鈕：

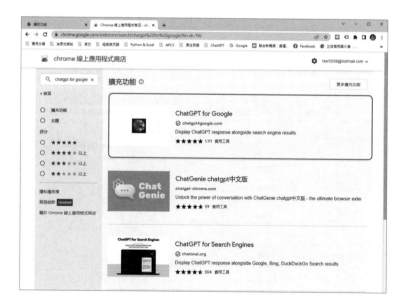

按一下「加到 Chrome」鈕：

再按「新增擴充功能」

會出現下圖視窗顯示已將「ChatGPT for Google」加到 Chrome。

接著在 Google 引擎中輸入要問的問題，例如「請推薦高雄一日遊」，在 Chrome 的右側會先要求登入 OpenAI，請按下「Login On OpenAI」鈕：

登入後再按「Back to Search」鈕：

就可以看到右側已透過 ChatGPT 產生使用者所詢問的問題內容，如下圖所示：

各位可以試著輸入另外一個問題，例如：「林書豪是誰」，就可以馬上在右側的
ChatGPT 的回答框中看到回答內容。

另外在「擴充功能」的頁面還提供搜尋功能，如果想移除或暫停某一特定的擴充功能，都可以在這個頁面上進行處理。

技能 08

網頁外掛程式「WebChatGPT」

「WebChatGPT」是一款 Chrome 擴充功能，提升 ChatGPT 的 AI 體驗。由於 OpenAI 限制 ChatGPT 的資料僅到 2021 年，當遇到較新議題時，回應可能不完整。有了 WebChatGPT，ChatGPT 可以從 Google 獲取即時數據，並根據最新搜尋結果生成答案，讓您更靈活地客製化所需資訊。至於如何在您的 Chrome 瀏覽器安裝 WebChatGPT 外掛程式，首先可以在 Google 搜尋引擎輸入「如何安裝 WebChat GPT」，就可以找到「WebChatGPT: ChatGPT with internet access」網頁，如下圖所示：

請用滑鼠點選該連結，連上該網頁，接著按下圖中的「加到 Chrome」鈕：

出現下圖視窗詢問是否要新增「WebChatGPT: ChatGPT with internet access」這項外掛程式的擴充功能：

只要直接按上圖的「新增擴充功能」鈕，就可以將「WebChatGPT: ChatGPT with internet access」加入到 Chrome，完成外掛程式「WebChatGPT」的安裝工作。如下圖所示：

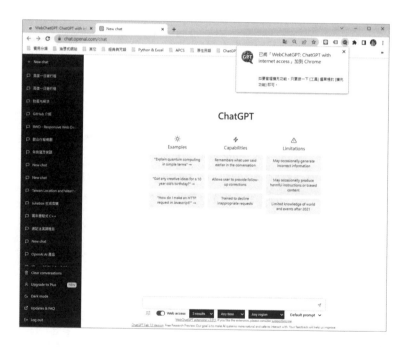

接下來，我們將用相同的問題來對比未安裝與已安裝 WebChatGPT 擴充功能時 ChatGPT 的回答差異。下圖顯示的是未安裝 WebChatGPT 前的回答，由於 ChatGPT 的資料僅更新至 2021 年，因此無法提供 2023 年土耳其地震的相關資訊。

> 請簡述土耳其大地震的災情

2020年10月30日，土耳其爆發了規模為7.0的大地震，震央位於伊茲密爾省，波及周邊多個城市。此次地震造成了275人死亡，超過1,000人受傷，數千人失去家園。其中，伊茲密爾省和馬尼薩省受災最為嚴重。

當地政府和救援隊伍在地震發生後立即展開搜救行動，許多志願者也加入到救援行列中。土耳其政府也啟動了國家災難應急計劃，派出大量救援隊伍前往災區協助搜救和提供援助。

此次地震對當地居民的生活造成了巨大影響，許多人失去了家園，許多商店和建築物也被推毀，當地社區和經濟面臨重大挑戰。隨著時間的推移，當地政府和國際社會都在積極提供援助和支持，幫助當地居民重新恢復正常生活。

安裝 WebChatGPT 後，ChatGPT 會先列出網頁搜尋結果，並根據最新資訊整理出更符合需求的回答，如下圖所示。

Web search results:

[1] "土耳其和敘利亞在2月6日發生了嚴重的地震，造成房屋倒塌、至今數千人死亡。地震學家認為，該地區的問題「不是地震會不會來，而是什麼時候來」，並呼籲未來應改善建築防震能力。[啟動LINE推播] 每日重大新聞通知 周一在土耳其和敘利亞發生的強震央，已有超過7800人死亡，還有不計其數的傷者，…"
URL: https://www.storm.mg/article/4723207

[2] "震發當天淩晨4時30分，土耳其總理府成立了以埃傑維特總理為首的危機委員會，協調和指揮全國搶險救災工作，德米雷爾總統和埃傑維特總理當天分別前往受災最嚴重的科加埃利省視察災情。土耳其政府以及紅新月會等機構在地震後數小時發起全國範圍的搶險救災工作：土衛生部緊急動員各省的醫生、護士前往地震災區搶救受傷居民，並向災區派去了近百輛救護車…"
URL:
https://baike.baidu.hk/item/%E5%9C%9F%E8%80%B3%E5%85%B6%E5%A4%A7%E5%9C%B0%E9%9C%87/10995942

[3] "土耳其宗座代牧：務必立刻啟動救援。（梵蒂岡新聞網）土耳其南部和敘利亞北部於2月5日跨6日夜間發生7.8級強列地震，造成至少數千人死亡、成千上萬人受傷。歐洲明愛會立即投入救援工作，意大利主教團已提撥50萬歐元作為第一筆援助經費。災區教會神長在地震後首日接受本新聞網採訪，講述了當地的情況，敘利亞阿勒頗加色丁禮主教奧多（Antoine Audo）說…"
URL: https://www.vaticannews.va/zht/world/news/2023-02/turkey-syria-earthquake-bishop-church-testimonies-first-day.html

Current date: 2023/2/27

Instructions: Using the provided web search results, write a comprehensive reply to the given query. Make sure to cite results using [[number](URL)] notation after the reference. If the provided search results refer to multiple subjects with the same name, write separate answers for each subject.
Query: 請簡述土耳其大地震的災情
Reply in 中文

2023年2月6日，土耳其和敘利亞發生了7.8級大地震，造成嚴重災情，該地震造成了數千人死亡和成千上萬人受傷[1][3]。地震導致房屋倒塌和道路崩塌，災區的居民面臨缺乏食水、食物和醫療救援的困境[1]。此次地震對土耳其南部的科加埃利省和敘利亞北部的艾德利卜省等地造成了嚴重影響[2]。

地震發生後，土耳其政府迅速成立了危機委員會，全國各地展開了救援和復原工作[2]。土耳其衛生部動員各省的醫生和護士前往災區搶救受傷居民，並派出了大量的救護車[2]。除政府和救援機構外，許多國際組織和機構也提供了援助和支持[3]。

整個災情對當地居民造成了極大的打擊，他們需要持續得到援助和支持，特別是在重建和復原方面[1][3]。

也就是說：「WebChatGPT: ChatGPT with internet access」這個 Chrome 外掛程式會將所搜尋到的網頁查詢結果，結合到 ChatGPT 的回應內容，換個角度來說，結合了 ChatGPT 與 Google 搜尋，就能突破 ChatGPT 只能整理學習 2021 年以前資料的限制。

各位應該注意到，當您安裝完 WebChatGPT，請打開您的 ChatGPT 平台，會發現對話框下已經出現了「Search on the web」，以及「Any Time」「Any Region」等多個選項，這些選項的意義分別告知 ChatGPT 聊天機器人要從多少個搜尋結果來作答、所設定的時間及地區範圍為何？

我們再來看另外一個例子，如果我們想請 ChatGPT 幫忙整理台灣 2022 九合一選舉結果，就可以將「Search on the web」設定 3 results、搜尋時間設定為「Past year」、搜尋區域設定為「Taiwan」，這種情況下，ChatGPT 就可以根據所搜尋到的網頁內容，迅速整理出更符合期待且資訊較新的回答內容。如下圖所示：

提示（prompt）詞

請幫忙整理台灣 2022 九合一選舉結果

ChatGPT 回答內容

Web search results:

[1] "（中央社網站）九合一選舉及18歲公民權修憲複決11月26日投開票，全台21個縣市中，國民黨囊括13縣市，拿下六都中的4席，包括台南市、新北市、桃園市及台中市，民進黨取得台南市、高雄市、嘉義縣、屏東縣、澎湖縣等5縣市，民眾黨則攻下新竹市，苗栗縣、金門縣則由無黨籍拿下。嘉義市長選舉投票日期因有參選者過世依選罷法延至12月18日，結果出爐國民黨再拿一席。1111218九合一選舉開票出爐 自定專屬清單掌握得票情形 以下為縣市長當選名單：台北市長 蔣萬安（國民黨）蔣萬安當選台北市長 讚陳時中、黃珊珊是可敬對手 新北市長 侯友宜（國民黨）侯友宜：林佳龍所提政見 可調整的會全力完成 桃園市長 張善政（國民黨）張善政勝選 承諾讓桃園變成亞洲智慧科技新都 台中市長 盧秀燕（國民黨）"
URL: https://www.cna.com.tw/news/aipl/202211265003.aspx

[2] "今天進行的九合一地方選舉，將選出新一屆的直轄市長、直轄市議員；縣市長、縣市議員；鄉鎮市長等9類地方公職人員，並有《18歲公民權修憲複決 …"
URL: https://udn.com/news/story/8596/6786963

[3] "民進黨今年九合一選舉挫敗，縣市長選舉得票率僅41.62%，國民黨得票率為50.03%。議員席次分析 分析全國所有縣市議會席次，國民黨今年減少27席，占比40.3%；民進黨增加39席，占比提升至30.4%；民眾黨首度挑戰九合一選舉就拿到14席，以台北市的4席為最多。（中央社製圖）若把全國所有縣市議會席次加總來看，國民黨長期居於優勢地位，即使2014年減少33席，仍維持4成以上占比。 2018年民進黨輸掉53席，國民黨增加8席，第三勢力大有斬獲，無黨籍增加31席。"

URL: https://www.cna.com.tw/news/aipl/202211275002.aspx

Current date: 2023/2/27

Instructions: Using the provided web search results, write a comprehensive reply to the given query. Make sure to cite results using [[number](URL)] notation after the reference. If the provided search results refer to multiple subjects with the same name, write separate answers for each subject.
Query: 請幫忙整理台灣2022九合一選舉結果
Reply in 中文

2022年台灣的九合一選舉於11月26日舉行，選出新一屆的直轄市長、直轄市議員、縣市長、縣市議員、鄉鎮市長等9類地方公職人員[2]。在本次選舉中，國民黨共拿下13個縣市，包括台北市、新北市、桃園市及台中市等[1]；民進黨取得台南市、高雄市、嘉義市、屏東縣、澎湖縣等5縣市[1]；民眾黨攻下新竹市[1]；苗栗縣、金門縣則由無黨籍拿下[1]。嘉義市長選舉因有參選者過世而延至12月18日投票，最終國民黨再奪下該席位[1]。

就議員席次而言，國民黨在本次選舉中減少27席，占比40.3%；民進黨增加39席，占比提升至30.4%；民眾黨在其首度參選九合一選舉時，即拿下14席，其中以台北市的4席為最多[3]。綜觀全國所有縣市議會席次，國民黨長期居於優勢地位，即使在2014年減少33席後，仍維持4成以上占比。2018年民進黨輸掉53席，國民黨增加8席，而第三勢力則大有斬獲，無黨籍席次也增加31席[3]。

17

CHAPTER

多元的 AI 資源、工具
與平台

這章介紹了各種實用的 AI 資源、工具與平台，涵蓋從聊天機器人到圖像生成、語音輸入和視覺辨識等多方面的功能，適合不同需求的學習者或創作者使用。

Google Gemini 聊天機器人特色

Google Gemini 是一款具備自然語言處理、多功能性、個性化服務及多平台支援的智慧型聊天機器人，提供流暢、靈活且貼合使用者需求的互動體驗。它具備快速回應、多語言支援、情境理解等多種特色，能在各類場景中提供準確且個性化的回答。無論是查詢資訊、生成內容，還是進行語音對話，Gemini 都能幫助使用者高效完成任務。

首先，Gemini 具備先進的自然語言處理能力，能夠理解並生成自然流暢的對話，提供更貼近人類的溝通體驗，讓使用者與其互動時感到真實、自然。這項技術不僅適用於日常問答，更能有效提升對話品質，適應多種語境需求。

此外，Gemini 不僅限於回答問題，還具備多功能性，能協助使用者完成生產力任務，例如設定提醒、搜尋資訊等，成為生活與工作上的全方位助手。更重要的是，它能根據使用者的偏好與使用習慣提供個性化服務，讓每次互動都更具針對性與實用性，滿足個別需求。

Gemini 的多平台支援讓它能無縫執行於智慧型手機、平板電腦和桌面電腦等多種裝置上，無論何時何地，使用者都能享受到其便利與靈活性。這些特點綜合起來，使 Google Gemini 成為一款極具實用性和多樣性的智慧型聊天機器人，滿足多樣化的使用需求。而這些特色使得 Google Gemini 成為一款非常實用和靈活的聊天機器人。

技能 02　登入 Gemini

　　Gemini（https://gemini.google.com/app?hl=zh-TW）的登入流程簡單快捷，我們可以用 Google 帳號登入，確保使用者可以順利進入並開始探索其豐富的功能。

技能 03　快速上手 Gemini

　　Gemini 擁有直觀的介面和多元化的功能，讓使用者能夠輕鬆完成資訊查詢、內容生成和對話互動等多種任務。

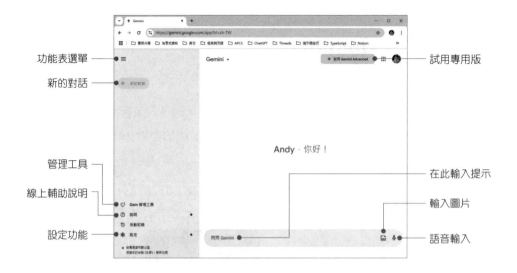

功能表選單
新的對話
管理工具
線上輔助說明
設定功能

試用專用版
在此輸入提示
輸入圖片
語音輸入

接著就可以在下方提問,例如輸入「請比較 ChatGPT、Gemini 及 Copilot 三款聊天機器人」,會看到類似下圖的回答畫面:

問題回答的下方可以看到如下圖的 Gemini 回應的圖示：

由左至右的功能說明如下：

- **將回覆標記為喜歡**：這可能有助於系統了解您的偏好，並在未來提供更符合您
  需求的回覆。

- **將回覆標記為不喜歡**：這有助於系統改善未來回覆的品質。

- **重新生成回覆**：可以修改生成回覆的方式。

- **分享與匯出**：提供了方便的分享與匯出功能。

- **查證回覆內容**：Google Gemini 除了能生成高品質的文字回覆外，還具備了強大
  的「查證回覆內容」功能，這讓使用者能更安心地信賴 Gemini 提供的資訊。這
  項功能會使用 Google 搜尋來比對 Gemini 生成的回覆內容，並提供相關的搜尋結
  果。如此一來，使用者就能夠快速地查證 Gemini 的回覆是否準確，以及是否有
  其他相關資訊可以參考。查證完畢後就可以按「查看結果」，會有類似下圖的畫
  面：

● 更多鈕：按下後可以看到下圖畫面，可以複製回答內容或回報法
律問題。

Gemini 語音輸入

Google Gemini 提供了語音輸入功能，使得與聊天機器人的互動更加方便快捷。
要利用 Gemini 語音輸入，必須先按下「使用麥克風」鈕：

第一次使用會要求存取麥克風的權限。

例如筆者選擇「造訪這個網站時允許」，以後在 Gemini 只要按下「使用麥克風」鈕就會進入「 取中」的狀態，這時就能以語音輸入的方式下達提示詞：

例如用語音輸入「請簡介高雄一日遊的景點。」會輸出類似如下的查詢結果：

Gemini 分享與匯出

技能 05

Gemini 提供靈活的分享功能，讓使用者可以針對特定對話片段生成公開連結，方便透過各種訊息應用程式或社群媒體與他人分享。這不僅能讓使用者快速分享有趣或有用的對話內容，還能邀請他人提供回饋或建議。此外，若需要展示整個對話過程，使用者也可以選擇生成完整的對話連結，這樣的功能特別適合用於學習記錄或展示 Gemini 的全面能力。

更為便利的是，Gemini 支援圖片分享功能。當使用者在對話中上傳圖片後，分享對話時圖片將一同顯示，並提供下載選項，使視覺內容的分享更為完整與便捷。這些功能讓 Google Gemini 成為一個靈活且實用的 AI 工具，適合多樣化的需求與情境。

使用分享與匯出功能，使用者只需在 Gemini 應用程式中找到想分享或匯出的對話，點選「分享及匯出」圖示後選擇「分享」或「匯出」。接著，可以選擇分享的範圍，無論是特定提示與回覆還是整個對話內容，系統都會根據選擇生成公開連結或開始匯出檔案。

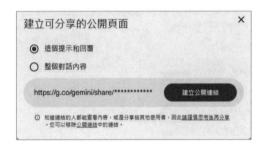

按下上圖「建立公開連結」鈕，會出現下圖畫面：

Gemini 的匯出功能為使用者提供了靈活的資料處理選項，讓對話內容的儲存與分享更加便捷，不論是與同事分享討論結果，還是進行學術或商業上的深度分析，都可以輕鬆實現。

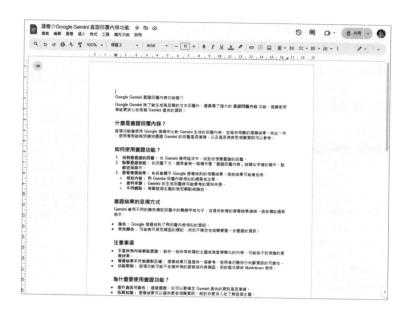

技能 06 ▶ 閱讀網址生成網站摘要內容

利用 Google Gemini 的網站摘要功能，可以快速獲取網頁的核心內容，節省閱讀和資訊篩選的時間。無論是長篇文章、新聞報導，還是專業文獻，Gemini 能夠提取其中的關鍵資訊，為使用者提供精簡而有用的摘要。

您只要給它一個網址，它就能快速瀏覽整個網頁，並將最重要的資訊濃縮成一段精簡的摘要。Google Gemini 的這項功能展現出極高的效率與智能，讓使用者在資訊瀏覽與處理上更加輕鬆便捷。

更重要的是，Gemini 支援高度客製化，使用者可以指定特定資訊需求，例如提取文章結論、作者資訊或是高頻率關鍵字，確保每次輸出的內容都符合需求，增加資訊精確度。此外，Gemini 支援多語言處理，無論是中文、英文或其他語言的網頁，皆能流暢分析，使跨語言資訊獲取變得輕鬆無比。

提示（prompt）詞

請閱讀以下網址生成網站摘要內容：

https://www.drmaster.com.tw/

AI ChatBOT 回答內容

這是一篇關於博碩文化股份有限公司的文檔。它討論了博碩文化股份有限公司、博碩好讀、校園圖書、MOCC認證、下載教學和元學堂。博碩文化股份有限公司是一家提供出版、教育和技術等各種服務的公司。

資料來源和相關內容 ∧ ⓘ

博碩文化股份有限公司

www.drmaster.com.tw

技能 07 在 Gemini 表格輸出回答內容 ⟩

在 Google Gemini 中，透過表格輸出，您可以更清晰地呈現資料、條列要點，並有效提升閱讀和分析的效率。

提示（prompt）詞

請參考底下的網址，給我表格式的摘要報告

https://www.zct.com.tw/

AI ChatBOT 回答內容

> 好的，根據您提供的網址 https://www.zct.com.tw/ ，我為您整理了一份關於築欽科技股份有限公司（ZCT）的表格式摘要報告，希望能幫助您更清楚地了解這家公司的服務和特色：
>
> | 特色 | 說明 |
> | --- | --- |
> | 公司名稱 | 築欽科技股份有限公司（ZCT） |
> | 主要業務 | 提供油漆式速記多國語言雲端學習系統、數位新知雲端創新學院等線上學習平台。 |
> | 服務對象 | 廣泛，包括學生、教師、 |
>
> ⊞ 匯出到試算表

技能 08　使用 Gemini 生成圖片

Google Gemini 不僅限於文字生成，還具備強大的圖片生成功能，讓使用者可以輕鬆建立各種視覺內容。無論是用於簡報、社交媒體還是創意設計，Gemini 的圖片生成功能都能快速滿足您的需求，提供專業且多樣化的圖片選項。

 提示（prompt）詞

請生成有許多顏色氣球的歡樂的生日派對的慶祝畫面的圖片。

AI ChatBOT 回答內容

如果要進一步利用這張圖片,可以直接按下滑鼠右鍵,就可以在快顯功能表看到多項的操作指令:

Gemini 的 AI 視覺辨識

Google Gemini 的 AI 視覺辨識功能能夠快速分析並識別圖片中的內容，提供即時而準確的圖像資訊。無論是辨識物體、場景，還是提取圖像中的文字，Gemini 的視覺辨識功能都能應對自如，幫助使用者快速獲取重要資訊。

 提示（prompt）詞

請以繁體中文回答上傳的圖片可能是哪裡的景點

──── 按此鈕上傳圖片

 AI ChatBOT 回答內容

這張照片中的神像是四面佛，是泰國的守護神之一。四面佛有四個面孔，分別代表著不同的祝福，所以深受泰國人和觀光客的喜愛。

四面佛常見於泰國，尤其是在曼谷，許多大型的購物中心或觀光景點附近都會有四面佛的神社。因此，這張照片的拍攝地點最有可能是在泰國的曼谷。

為什麼判斷是曼谷呢？

- **四面佛的普及性**：在泰國，四面佛無處不在，但以曼谷最為集中。
- **建築風格**：照片中的建築風格與曼谷市區常見的寺廟或神社相似。
- **花卉裝飾**：泰國人會用鮮花來供奉神明，照片中的花卉裝飾也是泰國常見的供品。

當然，這只是根據照片的視覺元素所做的推測。 如果要確定照片的拍攝地點，還需要更多的資訊，例如：

- 照片的拍攝時間
- 照片的拍攝地點的地理位置
- 照片中的其他細節

海報設計—使用 Ideogram

Ideogram 是一款強大的 AI 圖像生成工具，專注於將文字精確融入影像中，讓使用者能夠建立富有文字特色的生動畫面。Ideogram 提供了多種設計工具和範本，讓您能夠快速排版、編輯文字與圖片，並打造出吸引眼球的海報。透過 Ideogram，使用者可以靈活運用文字設計功能，無論是用於 Logo 或海報的設計，都能讓文字與影像自然融合。預設的 Logo 與海報風格模組，則進一步提升了作品的專業度和視覺吸引力。

Ideogram 的核心優勢在於其高精度的文字與圖像合成技術，使文字能夠貼近照片級的真實感，呈現出更真實的視覺效果。要開始使用 Ideogram，首先前往其官方網站 Ideogram 並使用 Google 或 Apple 帳號快速註冊並登入。

登入 Ideogram 後，您將進入主畫面。最上方的輸入欄位提供簡便的提示詞輸入功能，可用來生成圖片。畫面中間展示所有使用者生成的圖片，方便您瀏覽與獲取靈感；而右上角則包含帳號設定功能，便於進行個人化設置和管理帳戶。

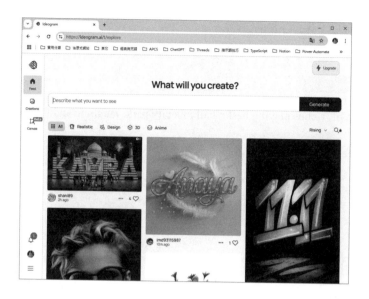

　　Ideogram 每日提供 10 次免費圖片生成額度，讓使用者可以體驗基本功能。此外，平台還提供兩種付費方案，滿足更多生成需求的使用者，提供更高的生成次數和附加功能，以便在創作過程中擁有更多靈活性和支援。更多方案詳情可參考 Ideogram（https://ideogram.ai/pricing）定價頁面。

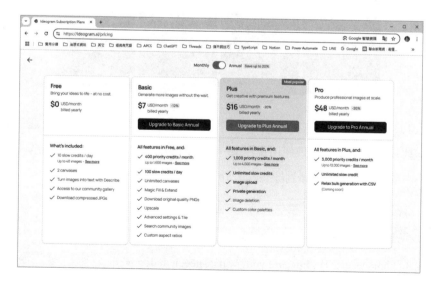

例如我們可以下達以下的提示詞：

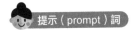 提示（prompt）詞

"A group of friends playing basketball in a city park, laughing and having fun."

〔一群朋友在城市公園裡打籃球，笑聲不斷，玩得很開心。〕

登入 Ideogram 後，只需在上方欄位輸入提示詞並選擇風格，即可快速生成圖片。本教學將指導如何有效運用提示詞，讓 Ideogram 不僅產生美觀的圖像，還能在圖片中準確融入文字，達到理想的設計效果。例如：

 提示（prompt）詞

A cute horse says "Hi, how are you?" on a speech dialog box

技能 11 Ideogram—優化 AI 圖像

優化 AI 圖像是提升視覺效果和細節品質的關鍵步驟。透過調整色彩、對比度、清晰度等多種圖像參數，您可以使生成的 AI 圖像更加符合專業標準，增強圖像的視覺吸引力。

「Magic Prompt」（魔法提示）功能可自動優化使用者的提示詞，為簡短或模糊的指令添加更豐富的描述，使生成的圖像更具視覺吸引力。例如，啟用「Magic Prompt」後，若生成的是小馬圖片，系統會自動添加細節，讓提示詞更完整，提升圖片的深度與效果。同時，使用者還能藉此學習如何撰寫更具創意的提示詞。

當啟用「Magic Prompt」時，生成的四張圖會依據不同豐富的提示進行變化，因此每張圖片的風格會呈現明顯差異，讓使用者在一次生成中享受到多樣化的視覺表現。

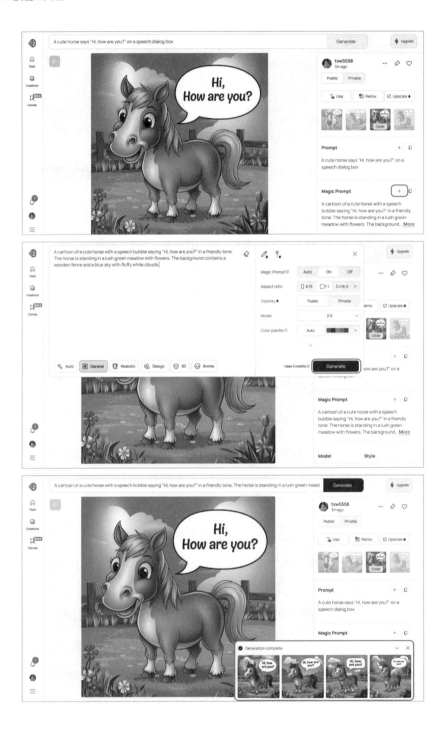

Ideogram—創意連拍

技能 12

創意連拍是一種展示多角度或動態過程的拍攝技巧，適合用於講述故事、記錄過程或表達豐富的視覺效果。透過創意連拍，您可以捕捉瞬間變化，並將多個片段組合成完整的視覺呈現，增添作品的趣味性和吸引力。例如我們可以下達以下的提示詞：

- " 喜怒哀樂的貓咪 " －生動的表情變化，從開心到生氣、難過到驚訝的四連拍。

- " 小狗的四連拍表情：開心、困惑、好奇、期待 " －適合呈現寵物表情的多樣性。

- " 卡通風格角色的不同情緒：微笑、皺眉、害羞、驚訝 " －針對卡通角色的細緻情緒刻畫。

- " 拍立得風格的四張人像：喜悅、思考、疑惑、大笑 " －適合人物肖像的多變表情拍攝效果。

- " 四連拍自拍：搞怪、微笑、耍酷、驚訝 " －適合人像或虛擬角色的自拍情境，增添趣味性。

提示（prompt）詞

A beautiful girl's four-photo selfie series: playful, smiling, cool, surprised.

執行結果：

 技能 13 多風格 AI 圖像生成神器—Stylar AI

Stylar AI 是一款靈活且強大的 AI 圖像生成工具，Stylar AI 提供多樣化的風格轉換功能，從經典油畫到現代抽象畫應有盡有。此外，使用者可以透過簡單的文字描述生成符合要求的圖像，並使用內建的編輯工具進行調整。完成的作品也可分享到社群平台。要使用 Stylar AI 請先連上官網（https://www.stylar.ai/）：

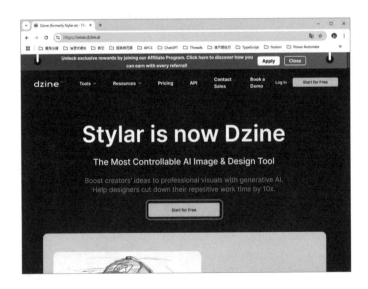

接著按下「Start for Free」鈕，會出現各種付費方案的說明畫面：

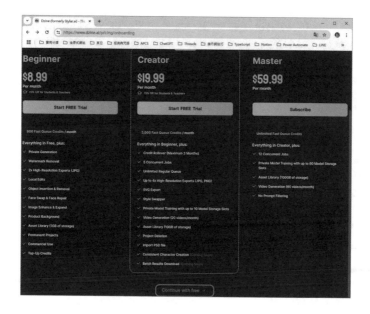

如果只是要先免費使用，可以直接按上圖畫面最下方的「Continue with free」，會開啟下圖視窗。首先請按「New project」開啟新專案：

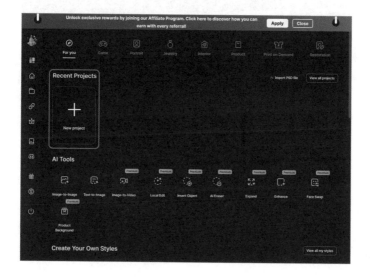

接著輸入專案名稱及相片尺寸比例：

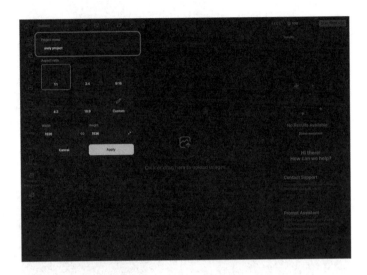

再按下「Apply」鈕，接著就可以設定輸出圖片的風格。

以下是 Stylar AI 主要功能介紹：

● **Upload**：上傳您自己的圖片作為基礎，Stylar AI 會根據您選擇的風格進行轉換。

● **Asset Library**：Stylar AI 提供豐富的素材庫，包括各種風格的圖片、模型等，供您選擇和使用。

- **Txt2Img**：輸入文字描述，Stylar AI 會根據您的描述生成對應的圖片。

- **Img2Img**：將一張圖片轉換成另一張圖片的風格。

- **Img2Video**：將靜態圖片轉換成動態影片，不過要使用這項功能。

- **AI Editor**：提供多種 AI 驅動的編輯工具，例如修復圖片、去除背景等。

- **Face kit**：針對人臉進行風格轉換或編輯。

- **Enhance**：提高圖片解析度，增加細節。

- **Product Background**：替換產品背景，用於電商產品圖製作。

 Stylar AI—根據文字描述生成圖像

首先我們先來示範如何根據文字描述生成圖像，在文字輸入框中輸入提示詞「請生成喜怒哀樂的貓咪」。

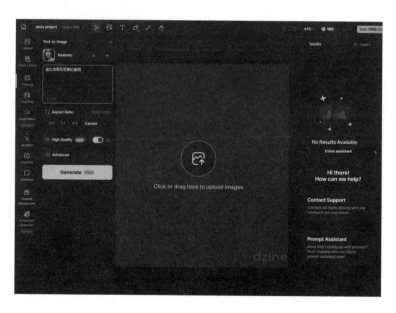

按下「Generate」鈕，就會根據該文字的提示生成 4 張圖片。各位只要將滑鼠移向喜歡的圖片，就可以在中間視窗看到較大的畫面，按兩下滑鼠左鍵，就會將該圖片移到畫布（canvas）。

技能 15　Stylar AI—將一張圖片轉換成另一張圖片的風格

您可以輕鬆將照片或圖片轉換成不同風格，如油畫、素描或抽象藝術風格，為作品注入全新生命。首先上傳一張自己的照片。選擇「卡通」風格。調整風格強度。

按下「Generate」鈕生成圖片。

Stylar AI—將靜態圖片轉換成動態影片

技能 16

在單元中,我們將探討如何利用 Stylar AI 將靜態圖片轉換為動態影片效果,首先上傳一張自己的照片,接著按下「Img2Viedo」鈕,不過目前要使用這項功能必須升級計畫,如下圖所示:

以 Copilot 繪製多格漫畫

技能 17

本單元將帶領您深入了解如何運用 Copilot 協助創作多格漫畫,讓您的故事和創意更具視覺吸引力。無論您是創作新手還是經驗豐富的藝術家,這些技巧都將幫助您提升漫畫創作的效率與品質。

 提示（prompt）詞

請繪製一個向女朋友祝賀生日快樂動漫風格的四格漫畫

AI ChatBOT 回答內容

正在為你創作這個四格漫畫，很快就好！✏️

技能 18

以 Removebg 刪除圖像背景

使用 Removebg（https://www.remove.bg/zh）進行背景移除，可以快速為圖像建立透明背景，適合各種設計和編輯需求。無論是人物照、產品圖，還是創意插圖，Removebg 都能高效識別並刪除背景，留下清晰的主體圖像，便於進行二次設計或搭配不同背景。

要將人物做去背景處理很簡單，一般的繪圖軟體就可以做到，您也可以使用線上的 removebg 進行快速去背處理。

❶將相片拖曳到此處

❷顯示去背的結果

❸按此鈕下載檔案

請將相片拖曳到網站上，幾秒鐘的時間就可以看到去背景的成果，按「下載」鈕可下載到您的電腦中。

技能
19

免費圖像及影片變臉工具—Faceswapper

Faceswapper（https://cn.faceswapper.ai/）是一款功能強大的 AI 換臉工具，能夠將人臉精確地替換到其他圖片中，實現出令人驚嘆的效果。這款工具依賴於深度學習技術，透過大量資料訓練，Faceswapper 能夠準確識別並匹配人臉特徵，並將

選定的面孔無縫融合到目標影像中，達到逼真的呈現效果。這款工具常用於娛樂、藝術創作以及社交媒體上的創意表達。

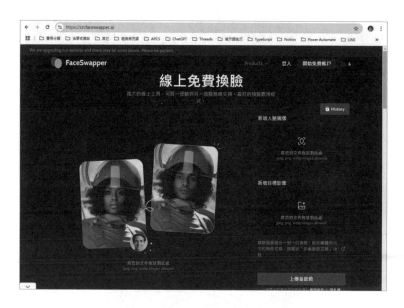

如果想了解價格收費方案，可以連上以下的網址（https://cn.faceswapper.ai/pricing）：

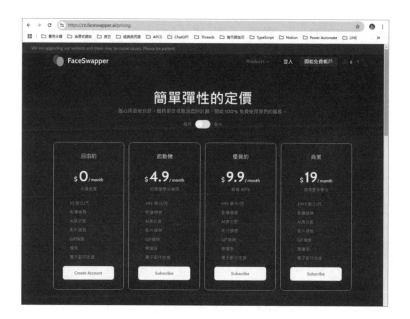

接著只要在官網首頁將兩張圖像分別拖曳到「新增人臉圖像」及「新增目標圖像」的上傳圖像區域，如圖所示：

接著按「上傳並啟動」，會出現下圖提示視窗：

處理完畢後就可以看到目標影像已產生變臉後的結果，如下圖所示：

只要按「下載」鈕就可以將該變臉後的圖片，下載到電腦端。另外，Faceswapper 也支援在影片中變換，作法類似，請先開啟下圖網頁（https://cn.faceswapper.ai/video-swap）：

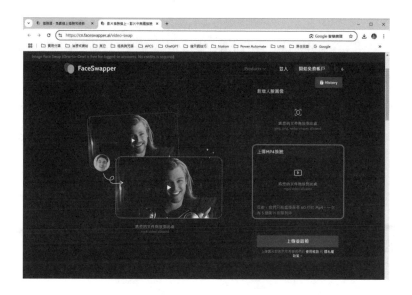

接著將圖像拖曳到「新增人臉圖像」，再將影片檔案拖曳到「上傳 MP4 變臉」的區域，最後「上傳並啟動」就會開始處理影片的變臉工作。

技能 20　初探 Coze AI 聊天機器人開發平台

Coze AI 聊天機器人開發平台是一個專為開發聊天機器人而設計的工具，用於建立和管理智慧型聊天機器人。無論是客戶服務、資訊查詢，還是互動式對話，Coze AI 都可以幫助開發者輕鬆設計符合需求的聊天體驗。這個平台提供了多種功能，包括：

● 自然語言處理（**NLP**）：支援多種語言的自然語言處理，幫助開發者建立能夠理解和回應人類語言的聊天機器人。

- **機器學習模型**：提供各種機器學習模型，讓開發者可以根據需求選擇和訓練模型，以提高聊天機器人的準確性和智能。

- **多平台支援**：支援在多種平台上運行聊天機器人，包括網頁、應用程式和社交媒體。

- **API 集成**：提供豐富的 API，方便與其他應用程式和服務進行整合，擴展聊天機器人的功能。

- **即時聊天功能**：支援即時聊天，讓使用者能夠與聊天機器人進行即時互動。

- **資料分析**：提供資料分析工具，幫助開發者了解使用者的行為模式和偏好，從而不斷改進聊天機器人的性能。

技能 21　註冊 Coze 平台與環境簡介

在開始使用 Coze 平台進行聊天機器人開發，必須先完成註冊並了解其操作環境。第一次連上官網（https://www.coze.com/home），會要求註冊：

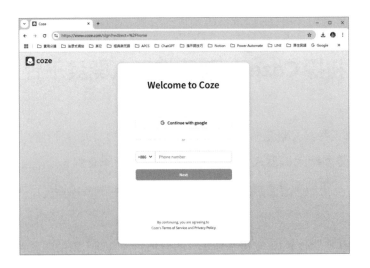

各位可以直接用 Google 去註冊登入或填寫資料進行註冊，註冊完畢後當連上官網時，就可以看到官方的首頁：

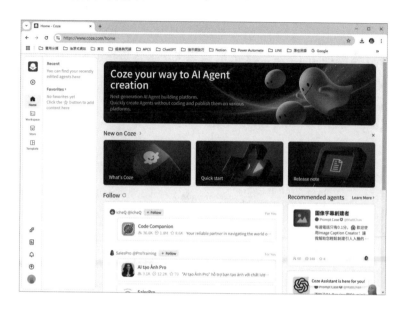

上圖畫面中「+」是用來新增 agent（代理機器人），Home 為首頁，Workspace 為工作區，在此頁面的 Personal 區塊下的「Development」可以看到所有已建立的機器人：（如果各位還沒有建立任何機器人，這個區域將會是空白）

技能 22　建立文字應答與圖片繪製 AI 機器人

本小節將介紹如何在 Coze 上建立 AI 機器人，並逐步指導您完成基本配置，幫助您快速開發出能夠回應使用者需求的智慧型聊天機器人。

STEP 01 在主畫面點選「Create agent」鈕：

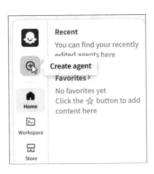

STEP 02 可以看到如下圖的機器人空白畫面：

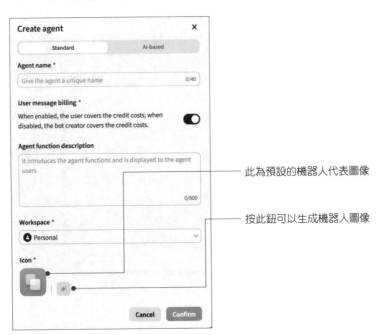

此為預設的機器人代表圖像

按此鈕可以生成機器人圖像

STEP 03 接著請填寫機器人的相關資料，例如「Agent name」為機器人名稱；「Agent function description」為機器人功能描述。如下圖所示：

STEP 04 最後按下「Confirm」鈕，就會產生機器人的一個基本框架，如下圖所示：

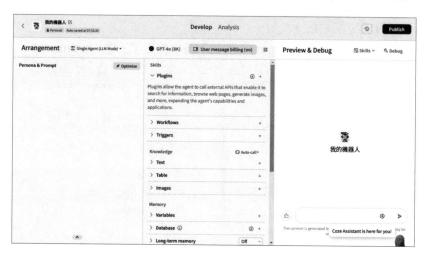

STEP
05 接著為機器人挑選要加入的 Plugins 功能，請先如下圖點選「Add plugin」
鈕

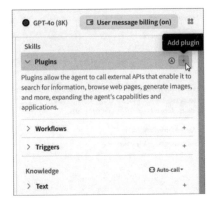

STEP
06 選擇要加入的 Plugins，並按下「Add」鈕，如下圖所示：

STEP
07 依序加入所要加入的 Plugins，例如下圖中加入了三個 Plugins：

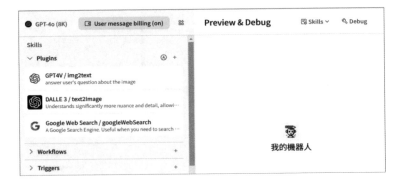

^{STEP}
08／接著就可以實測所加入機器人的功能，例如在提示框輸入提示詞（Prompt）
「請簡單推薦有哪些 AI 工具適合幫忙行銷」，馬上得到回答的內容：

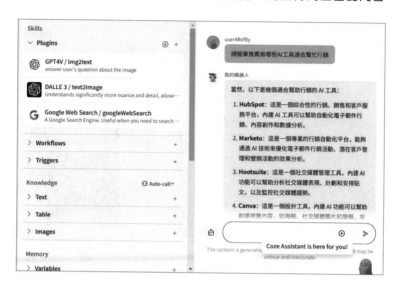

^{STEP}
09／這個機器人也可以繪圖，例如在提示框輸入提示詞（Prompt）「請繪製一
張很有歡樂氣氛的生日快樂卡片」，就會幫忙產生繪製的圖片：

STEP 10 如果要返回個人工作區，只需要按左上角的返回「<」鈕即可，如下圖指標位置：

在 COZE 平台的 Personal 工作區主要功能是為使用者提供個性化的工作環境，讓您可以更方便地管理和組織您的工作。在個人工作區可以看到目前各位所建立的機器人，如下圖所示：

技能 23　建立擷取影片重要資訊 AI 機器人

我們再來看另外一個例子，請參考上一個例子就可建立如下圖的機器人，請在「Agent name」及「Agent function description」填寫機器人的相關資料，如右圖所示：

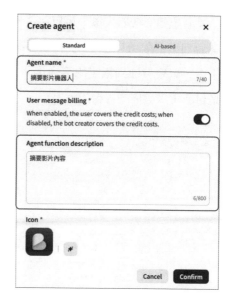

接著就可以為新建立的機器人挑選要加入的 Plugins 功能，如下圖的 Plugins：

技能 24 部署機器人到所需的平台 >

當各位建立機器人後，可以在螢幕右上角看到「Publish」鈕，只要按下這個鈕，就會列出目前可以發佈的平台，例如 Instagram、Messenger、Telegram、LINE 等平台，只要發佈到指定的平台後，未來在這類平台就可以使用這個機器人。下圖是目前可以發佈的平台：

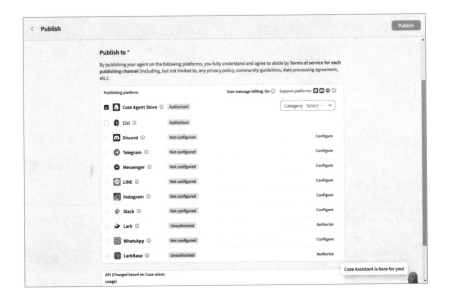

有興趣的人自己可以實作練習看看，不過有些較進階的功能還是要適當升級及付費。

A

APPENDIX

AI 資訊科技應用技巧
與實例

本單元將深入介紹如何靈活運用 AI 於資訊科技的多種場景,透過實際案例和操作技巧,讓讀者了解如何在實務中充分發揮 AI 的潛能,應對快速變化的科技挑戰。

ChatGPT 與程式語言—語法查詢

當您不確定某個程式語言的語法的使用方法時,可以直接詢問。例如:

提示(prompt)詞

在 Python 中,如何使用 for 迴圈來遍歷一個陣列?

ChatGPT 回答內容

在Python中,我們通常使用 `for` 迴圈來遍歷一個列表(在Python中,陣列通常被稱為列表)。以下是一個基本的例子,它展示了如何使用 `for` 迴圈來遍歷一個列表並打印出每個元素:

```python
my_list = [1, 2, 3, 4, 5]

for item in my_list:
    print(item)
```

在這個例子中:

* `my_list` 是一個包含五個元素的列表。
* `for item in my_list:` 這行代碼創建了一個 `for` 迴圈,它將遍歷 `my_list` 中的每個元素。在每次迴圈中,`item` 變量將被賦值為列表中的下一個元素。
* `print(item)` 這行代碼將在每次迴圈中打印出當前的 `item`。

當你運行這段代碼時，它將打印出：

```
1
2
3
4
5
```

 技能 02　ChatGPT 與程式語言一學習資源推薦

ChatGPT 可以根據您的學習需求推薦相關的學習資源。例如：

 **提示（prompt）詞**

我想深入學習 Java 的物件導向設計，有沒有推薦的書籍或線上課程？

ChatGPT 回答內容

書籍

1. **"Head First Object-Oriented Analysis and Design"** by Brett D. McLaughlin, Gary Pollice, and Dave West
   * 這本書提供了一個很好的介紹到物件導向分析和設計，並且它是以Java為例來解釋概念的。
2. **"Effective Java"** by Joshua Bloch
   * 雖然不是專門針對物件導向設計的，但它提供了許多關於如何有效地使用Java的物件導向特性的建議。
3. **"Java: The Complete Reference"** by Herbert Schildt
   * 這本書涵蓋了Java的所有方面，包括物件導向設計。

線上課程

1. **Coursera**
   * **"Object Oriented Programming in Java"** by University of California San Diego & Duke University

- 這門課程專注於 Java 的物件導向編程，並提供了大量的實戰經驗。

2. **Udemy**
   - **"Java Programming Masterclass for Software Developers"** by Tim Buchalka
   - 這門課程涵蓋了 Java 編程的所有方面，包括物件導向設計。

3. **Pluralsight**
   - **"Java Fundamentals: Object-Oriented Design"**
   - 如果你已經有一些 Java 基礎知識，這門課程可以幫助你深入理解物件導向設計。

YouTube

1. **"Java Brains"**
   - 這個 YouTube 頻道提供了一系列的 Java 教程，包括物件導向設計的基本概念。

2. **"Telusko"**
   - 這個頻道也提供了一系列的 Java 教程，其中包括物件導向設計的基本和進階概念。

 技能 **03** ChatGPT 與程式語言─為程式加註解 ⟩

　　註解是電腦語言中的重要元素，它們用於提供對程式碼的解釋、說明和文件化。我們也可以要求 ChatGPT 為程式加註解。例如：

 提示（prompt）詞

　　請以 Python 寫一支萬年曆的程式，並在程式中加上註解。

ChatGPT 回答內容

寫一支萬年曆程序可以使用 Python 的 `calendar` 模塊。下面是一個基本的萬年曆程序，它允許用戶輸入年份和月份，然後顯示該月的日曆：

```python
import calendar

# 提示用戶輸入年份和月份
year = int(input("請輸入年份："))
month = int(input("請輸入月份："))
```

Copy code

```
# 檢查輸入的年份和月份是否有效
if 1 <= month <= 12 and year >= 0:
    # 使用calendar模塊打印月曆
    print(calendar.month(year, month))
else:
    # 如果輸入無效，顯示錯誤消息
    print("輸入的年份或月份無效。")
```

在這個程式中：

- 我們首先導入 `calendar` 模塊。
- 然後，我們提示用戶輸入年份和月份，並將它們存儲為整數變量 `year` 和 `month`。
- 接著，我們檢查月份是否在1到12之間，並且年份是否大於或等於0，以確保我們有一個有效的日期。
- 如果日期有效，我們使用 `calendar.month(year, month)` 函數來打印該月的日曆。
- 如果日期無效，我們顯示一條錯誤消息。

希望這對您有幫助！如果您有任何問題或需要進一步的說明，請告訴我。

技能 04　ChatGPT 與程式語言─重構程式

重構程式是指對現有程式碼進行修改，以提升其結構、可讀性、性能和可維護性，同時保持原功能不變。這有助於改進程式碼品質並減少潛在錯誤風險。我們也可以要求 ChatGPT 重構程式（Refactoring）。例如：

 提示（prompt）詞

請為上一支萬年曆的程式進行重構程式（Refactoring）。

ChatGPT 回答內容

重構程式可以讓它更加模組化且易於閱讀和維護。下面的程式碼示例使用函數來分離日曆的生成和用戶輸入的處理，並添加了一個簡單的錯誤處理來處理無效的輸入：

```python
import calendar

def get_user_input():
    """取得用戶的輸入並回傳為整數值"""
    while True:
        try:
            year = int(input("請輸入年份："))
            month = int(input("請輸入月分："))
            if 1 <= month <= 12 and year >= 0:
                return year, month
            else:
                print("輸入的年份或月份無效，請重新輸入。")
        except ValueError:
            print("輸入不是有效的整數，請重新輸入。")

def print_calendar(year, month):
    """根據指定的年份和月份打印日曆"""
    print(calendar.month(year, month))

def main():
    """主函數用來執行程式"""
    year, month = get_user_input()
    print_calendar(year, month)

if __name__ == "__main__":
    main()
```

技能 05　ChatGPT 與程式語言—為程式加說明文件

為程式碼加入說明文件的重要性在於它可以提供對程式碼功能、使用方法和注意事項的清晰指引。這不僅有助於其他開發者更容易理解和使用程式碼，也使得程式碼更容易維護和協作。

提示（prompt）詞

請將這支新產生的萬年曆重構程式（Refactoring）以 Markdown 生成說明文件。

ChatGPT 回答內容

當然可以! 以下是使用 Markdown 格式撰寫的說明文件：

```markdown
# 萬年曆程式

這是一支簡單的萬年曆程式，能夠基於用戶輸入的年份和月份顯示對應的月份日曆。

## 程式結構

程式被分成三個主要的函數來提高可讀性和可維護性：

 `get_user_input()`：用於取得和驗證用戶的年份和月份輸入
 `print_calendar()`：用於根據指定的年份和月份打印日曆
 `main()`：主函數，用來控制程式的主要流程

另外，我們也有一個條件語句 `if __name__ == "__main__":` 來確保 `main()` 函數只在直

## 使用說明

1. 確保你的系統已經安裝了 Python。
2. 用一個文字編輯器打開程式文件。
3. 直接運行程式。
4. 依提示輸入所需的年份和月份。

### 範例

```sh
請輸入年份：2023
請輸入月份：9
    September 2023
Mo Tu We Th Fr Sa Su
          1  2  3
 4  5  6  7  8  9 10
11 12 13 14 15 16 17
18 19 20 21 22 23 24
25 26 27 28 29 30
```
```

ChatGPT 與演算法

ChatGPT 可以提供可能的解決方案或相關的演算法，幫助我們找到解決方案的線索。

提示（prompt）詞

我想從隨機100個數字中挑出出現次數最高的 3 個數字，請問有何方法可以幫忙做到

ChatGPT 回答內容

要從隨機100個數字中挑出出現次數最高的3個數字，您可以使用一個字典（或稱哈希表）來紀錄每個數字出現的次數，然後按照次數將數字排序，最後挑出前3個。以下是一個Python的方法：

```python
def top_3_frequent(nums):
    # 使用字典紀錄每個數字的出現次數
    freq_dict = {}
    for num in nums:
        if num in freq_dict:
            freq_dict[num] += 1
        else:
            freq_dict[num] = 1

    # 根據次數排序並取前三
    sorted_items = sorted(freq_dict.items(), key=lambda x: x[1], reverse=Tru
    return [item[0] for item in sorted_items[:3]]

# 生成100個隨機數字的示例
import random
random_nums = [random.randint(1, 100) for _ in range(100)]

print(top_3_frequent(random_nums))
```

這個方法先使用一個字典 `freq_dict` 來記錄每個數字在 `random_nums` 中的出現次數。然後，我們使用 `sorted` 函數按照次數對這些數字進行排序，並選擇次數最多的前三個數字。

注意：這種方法假設有三個或更多的獨特數字。如果有多個數字具有相同的出現次數且都在前三名，此方法只會返回其中的一部分。如果需要處理這種情況，您可能需要進一步修改上述代碼。

另外 ChatGPT 能協助我們評估和選擇最佳的演算法。

提示（prompt）詞

如果待排序的數字正好由大到小，如果希望能由小到大排序，這種情況下哪一種排序法較有效率

ChatGPT 回答內容

當待排序的數字已經由大到小排列時，這表示該序列已經是一個完全倒序的序列。在這種情況下，不同的排序算法的表現會有所不同。

1. 泡泡排序 (Bubble Sort): 這個算法會在每次迭代中交換相鄰的元素。在完全倒序的序列中，泡泡排序將需要最大的交換次數。效率非常低。

2. 選擇排序 (Selection Sort): 在每次迭代中，選擇排序會從未排序的部分選擇最小（或最大）的元素。在這種情況下，它的效率與其他情況相同，因為它總是執行相同的操作數。

3. 插入排序 (Insertion Sort): 這個算法在這種情況下表現得很好。因為每次當它嘗試插入下一個元素時，它會立即在最前面找到其位置。所以，當數據完全倒序時，插入排序比平常更快。

4. 快速排序 (Quick Sort): 快速排序的效率在很大程度上取決於它選擇的樞紐元素（pivot）。如果它始終選擇最小或最大的元素作為樞紐，那麼其效率將非常低。但如果它使用一個好的策略來選擇樞紐（如"中位數的中位數"策略或隨機選擇樞紐），它可以保持相對好的效率。

5. 合併排序 (Merge Sort): 這種算法的效率對於輸入的排序順序不敏感，因為它始終以相同的方式分解和合併序列。對於完全倒序的序列，它的效率與其他情況相當。

6. 堆排序 (Heap Sort): 堆排序的效率也與輸入的初始順序無關。

總之，對於完全倒序的序列，插入排序在這裡是特例，它的效率相對較高。但如果數據集非常大，像合併排序或堆排序這樣的分治法排序算法仍然是更好的選擇，因為它們具有O(n log n)的時間複雜度，而插入排序在最差情況下是O(n^2)。

ChatGPT 與資料結構

技能 07

資料結構在計算機科學和軟體開發中使用廣泛，我們利用 ChatGPT 協助各種類型的資料結構的理解與實作。

 提示（prompt）詞

請示範在鏈結串列中插入節點，程式可以請求使用者提供節點的資料和插入位置，然後生成將節點插入到指定位置的指令。

ChatGPT 回答內容

當然可以！以下是使用Python語言，示範如何在鏈結串列中插入節點的程式：

```python
class Node:
    def __init__(self, data):
        self.data = data
        self.next = None

class LinkedList:
    def __init__(self):
        self.head = None

    def display(self):
        current = self.head
        while current:
            print(current.data, end=" -> ")
            current = current.next
        print("None")

    def insert(self, data, position):
        new_node = Node(data)

        # 插入在開頭
        if position == 0:
            new_node.next = self.head
            self.head = new_node
            return
```

　　另外，陣列是一種常見且重要的資料結構，它能夠在連續的記憶體空間中儲存相同資料型別的元素。例如陣列元素搜尋，ChatGPT 能夠透過與使用者的對話，理解使用者的搜尋需求並生成相應的指令。

提示（prompt）詞

　　當使用者提供目標元素的值時，請示範如何進行陣列元素搜尋。

🤖 ChatGPT 回答內容

（此輸出結果只擷取部份畫面）

當您要在陣列中搜尋元素時，最直接的方法是使用線性搜尋。線性搜尋就是從陣列的第一個元素開始，逐一檢查每個元素，直到找到目標元素或檢查完所有元素為止。

以下是一個Python程式，展示如何使用線性搜尋在陣列中搜尋元素：

```python
def linear_search(arr, target):
    for i, value in enumerate(arr):
        if value == target:
            return i  # 返回找到的元素的索引
    return -1  # 如果沒找到，返回 -1


if __name__ == "__main__":
    # 示範陣列
    array = [10, 20, 30, 40, 50, 60, 70, 80, 90, 100]

    # 請求使用者輸入目標元素的值
    target = int(input("Enter the value you want to search for: "))

    # 搜尋
    index = linear_search(array, target)

    if index != -1:
        print(f"{target} found at index {index}.")
    else:
        print(f"{target} not found in the array.")
```

技能 08 ChatGPT 與遊戲設計 〉

如果各位想要開發哪一款遊戲拿不定主意時，這時不妨就來問問 ChatGPT 可以幫助各位開發哪些小遊戲。

 提示（prompt）詞

請列出 3 款不需要用到圖形技巧，只需純文字介面的小遊戲的名稱，而且這幾款遊戲你可以提供完整的 Python 程式碼給我參考

🤖 ChatGPT 回答內容

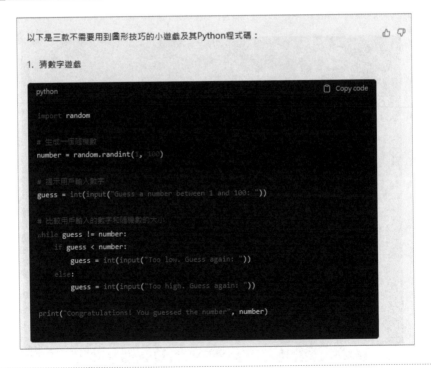

以下是三款不需要用到圖形技巧的小遊戲及其Python程式碼：

1. 猜數字遊戲

```python
import random

# 生成一個隨機數
number = random.randint(1, 100)

# 提示用戶輸入數字
guess = int(input("Guess a number between 1 and 100: "))

# 比較用戶輸入的數字和隨機數的大小
while guess != number:
    if guess < number:
        guess = int(input("Too low. Guess again: "))
    else:
        guess = int(input("Too high. Guess again: "))

print("Congratulations! You guessed the number", number)
```

以猜數字遊戲為例，我們可以要求 ChatGPT 協助生成遊戲的程式。

 提示（prompt）詞

請以 Python 生成一個猜數字遊戲。

ChatGPT 回答內容

以下是這個遊戲的Python程式碼：

```python
import random

def guess_number_game():
    # 1. 每隨機機造一個1至100之間的數字
    number_to_guess = random.randint(1, 100)

    attempts = 0

    print("Welcome to the Guess Number Game!")
    print("I have selected a number between 1 and 100, inclusive.")
    print("Try to guess it!")

    while True:
        # 2. 使用者嘗試猜這個數字
        try:
            guess = int(input("Enter your guess: "))
        except ValueError:
            print("Please enter a valid number.")
            continue

        attempts += 1

        # 3. 電腦給出提示
        if guess < number_to_guess:
            print("Too low!")
        elif guess > number_to_guess:
            print("Too high!")
        else:
            print(f"Congratulations! You've guessed the number in {attempts}
            break

if __name__ == "__main__":
    guess_number_game()
```

ChatGPT 與網路行銷

在數位行銷的浪潮中，ChatGPT 特別對電商文案撰寫有巨大助益，如產製品牌內容、線上客服、商品推薦等。例如產品描述是市場行銷的一個重要部分，ChatGPT 可以根據客戶的喜好、交易行為、興趣、偏好和需求，幫助行銷團隊確定目標受眾的偏好、興趣和痛點，生成更符合受眾的產品文案與提高消費者關注度，甚至協助大量生成創意雛形，還可以開發對應的市場行銷活動方案、符合社群平台所需的貼文與撰寫 YouTube 影片腳本，進而提高廣告的點擊率和轉換率，還具備自動摘要的能力，可以將長文摘要出文章重點。

提示（prompt）詞

請以至少 600 字介紹台灣

ChatGPT 回答內容

台灣是一個美麗的島嶼，位於東亞的中心地帶，北臨東海，東鄰太平洋，西接台灣海峽，南隔巴士海峽與菲律賓相望。台灣地理位置獨特，緯度介於北緯20°45'~25°56'之間，面積約有36,000平方公里，是世界上第38大的國家。

台灣擁有豐富的人文歷史，是一個多元文化的國家。先民們在台灣島上居住已有萬餘年歷史，歷經荷蘭、西班牙、清朝、日治時期等不同的政權統治，每個時期都留下了獨特的文化遺產，使得台灣文化綜合了多種不同文化的元素。

台灣的氣候溫和，四季分明，植被豐富，有各種不同的自然風光，如高山、海岸、溪流、森林、湖泊等等。其中，太魯閣、日月潭、阿里山等地區是著名的旅遊勝地，吸引了大量國內外遊客前來旅遊。

此外，台灣也是一個經濟發達的國家。自20世紀80年代開始，台灣的經濟快速發展，成為了亞洲四小龍之一。現在，台灣擁有高度發達的科技產業、製造業、金融業等，也是全球最大的積體電路製造商之一。台灣的經濟成就得益於政府的積極政策，也得益於勤奮的台灣人民。

> 台灣的人民熱情好客，友善而有禮。華人文化中講究的"以人為本"和"氣生財"在台灣得到了
> 充分體現。台灣的飲食文化豐富多彩，有許多美食是讓人流連忘返的，如台北的小吃、台南
> 的小吃、台中的豆花、嘉義的瘦肉粥等等。此外，台灣也是茶葉生產和茶文化的重要地區，
> 台灣茶

ChatGPT 與網頁設計

技能 10

JavaScript 是一種在網頁開發中極為主要的程式語言，因其具備將網頁變得更有互動性和動態效果的能力。例如想要請 ChatGPT 寫出 1 累加到 100 的程式，只需要輸入「請用 JavaScript 寫 1 累加到 100 可以在瀏覽器執行的程式」，按下「Enter」鍵向 ChatGPT 機器人詢問。

🤖 ChatGPT 回答內容

當然可以！以下是一個在瀏覽器中累加1到100的JavaScript程式：

1. 首先，我會提供一個HTML結構來顯示結果。
2. 然後，使用JavaScript進行計算並將結果顯示在HTML元素中。

```html
<!DOCTYPE html>
<html lang="en">
<head>
    <meta charset="UTF-8">
    <meta name="viewport" content="width=device-width, initial-scale=1.0">
    <title>1 to 100 Sum</title>
</head>
<body>

<!-- 顯示結果的區域 -->
<div>
    Sum of numbers from 1 to 100 is: <span id="result"></span>
</div>
```

```
<script>
    // 使用JavaScript累加1到100
    let sum = 0;
    for(let i = 1; i <= 100; i++) {
        sum += i;
    }

    // 將結果顯示在HTML中的指定位置
    document.getElementById('result').textContent = sum;
</script>

</body>
</html>
```

您可以將上述程式碼保存為一個 .html 檔案，然後用瀏覽器打開它。當您打開這個 HTML 頁面時，您將看到從 1 加到 100 的結果。

技能 11　ChatGPT 與 Power BI 大數據

這裡將介紹如何透過 ChatGPT 來輔助 Power BI 的資料視覺化任務。例如我們可以直接詢問 ChatGPT 有哪些可用的資料視覺化的輔助建議？

提示（prompt）詞

是否能提供有哪些可用的資料視覺化的輔助建議

ChatGPT 回答內容

當您需要將大量的數據以可視化的方式呈現時，選擇合適的資料視覺化方式非常重要。以下是一些常用的資料視覺化輔助建議，可讓您更好地理解和分析數據：

1. 柱狀圖/長條圖：顯示類別型數據的大小或頻率。
2. 折線圖：顯示連續型數據隨時間的變化趨勢。

3. 散點圖：展示兩個連續型數據之間的關係。

4. 圓餅圖：展示類別型數據在整體中的占比情況。

5. 熱力圖：用色彩深淺表示數據的密度和分布情況。

6. 地圖：將數據以地圖的形式展示出來，便於地理分析。

此外，還有其他形式的資料視覺化可供選擇，例如雷達圖、箱型圖、直方圖等。選擇合適的圖表類型取決於您想要展示的數據類型、目的以及受眾。ChatGPT可以幫助您進一步了解每種圖表類型的用途和優點，從而為您提供更精確的資料視覺化建議。

根據資料屬性挑選合適的視覺化圖表

 提示（prompt）詞

如果要比較台北部門與高雄部門的業績表現，使用哪一種圖表比較合適？

ChatGPT 回答內容

若要比台北部門與高雄部門的業績表現，可以使用直條圖或折線圖。使用直條圖能夠直觀地比較兩個部門的總銷售額或營收等指標，並且能夠明確地顯示兩個部門之間的差異；而折線圖可以更清楚地展示趨勢變化，以便更深入地了解業績表現的趨勢。選擇何種圖表，還需視數據的種類和比較的目的而定。

尋求練習資料視覺化的合適資料集

提示（prompt）詞

我想練習 Power BI 資料視覺化的各種圖表，可否實際提供一個具備多種資料欄位的資料集範本，方便我在 Power BI 練習資料視覺化的功能

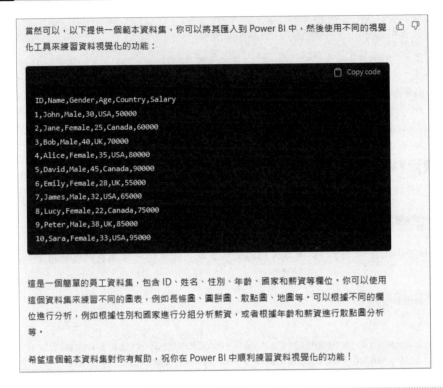

ChatGPT 回答內容

當然可以，以下提供一個範本資料集，你可以將其匯入到 Power BI 中，然後使用不同的視覺
化工具來練習資料視覺化的功能：

```
                                                    Copy code
ID,Name,Gender,Age,Country,Salary
1,John,Male,30,USA,50000
2,Jane,Female,25,Canada,60000
3,Bob,Male,40,UK,70000
4,Alice,Female,35,USA,80000
5,David,Male,45,Canada,90000
6,Emily,Female,28,UK,55000
7,James,Male,32,USA,65000
8,Lucy,Female,22,Canada,75000
9,Peter,Male,38,UK,85000
10,Sara,Female,33,USA,95000
```

這是一個簡單的員工資料集，包含 ID、姓名、性別、年齡、國家和薪資等欄位。你可以使用
這個資料集來練習不同的圖表，例如長條圖、圓餅圖、散點圖、地圖等。可以根據不同的欄
位進行分析，例如根據性別和國家進行分組分析薪資，或者根據年齡和薪資進行散點圖分析
等。

希望這個範本資料集對你有幫助，祝你在 Power BI 中順利練習資料視覺化的功能！

　　如果要取得這些練習資料，可以按下「Copy code」（或中文介面的「複製」）鈕，
再貼到 Excel 或其它資料來源的文件中，接著就可以將這個練習的資料集匯入
Power BI，去練習實作常用圖表的設計工作。

請 ChatGPT 回答圖表的設計建議

提示（prompt）詞

可否用繁體中文告訴我，使用漏斗圖表的設計建議

ChatGPT 回答內容

當你需要呈現一個流程中的步驟數據，例如網站註冊流程中的用戶轉換率，這時漏斗圖表可以非常有效地呈現這些數據。以下是一些使用漏斗圖表的設計建議：

1. 確定關鍵步驟：在設計漏斗圖表之前，請確保已經確定了整個流程中的關鍵步驟。如果漏斗中有任何步驟被省略或漏掉，那麼整個圖表的可信度就會受到影響。

2. 定義衡量指標：對於每個步驟，需要定義一個衡量指標來表示轉換率。例如，如果你想要分析註冊流程的轉換率，那麼你可以將每個步驟的轉化率定義為「轉換量/訪問量」。

3. 按順序排列步驟：在漏斗圖表中，步驟應按照流程順序進行排列，並且需要顯示每個步驟的轉換率。在進行漏斗圖表設計時，建議使用不同的顏色或圖示來區分每個步驟，以使圖表更加易於理解。

4. 強調重點：對於最關鍵的步驟，建議使用不同的顏色或圖示進行強調。這樣可以吸引讀者的注意力，讓他們更加關注流程中最關鍵的部分。

5. 監控轉換率：使用漏斗圖表可以方便地監控每個步驟的轉換率。如果發現某個步驟的轉換率低於預期，可以立即對流程進行調整，以提高整個流程的效率。

希望這些設計建議對你有所幫助，讓你在使用漏斗圖表時更加得心應手。

詢問 Power BI 資料視覺化工具適用的情境

提示（prompt）詞

請問在哪些情境適合使用哪一套資料視覺化工具軟體呢？

ChatGPT 回答內容

選擇資料視覺化工具軟體時，需要考慮以下因素：

1. 目的：首先，要考慮你想要達到的目的是什麼？你是要呈現數據報告、分析、洞察或者展示數據趨勢等等？不同的目的需要不同的工具，例如：

* 要製作精美的報告，可以使用Microsoft PowerPoint、Prezi、Canva等工具。
* 要進行數據分析，可以使用Tableau、Power BI、Google Data Studio等工具。
* 要展示數據趨勢，可以使用Chartio、Domo等工具。

2. 數據：不同的工具有不同的數據處理能力和格式支援，需要根據你的數據來選擇合適的工具。例如：

- 如果你的數據量較小,可以使用Excel等軟體進行數據分析和報告。
- 如果你的數據較大,需要處理實時數據,可以使用Spark等大數據處理工具。
- 如果你的數據需要與其他應用程式或系統進行整合,可以使用API或Webhook進行數據整合。

3. 使用者:最後,需要考慮使用者的需求和技能。例如,如果你的團隊已經熟悉Excel,那麼使用Excel進行數據分析和報告可能更為方便和高效。如果你的團隊需要編寫自定義代碼,那麼使用Python或R進行數據分析可能更為適合。

總之,在選擇資料視覺化工具軟體時,需要根據你的目的、數據和使用者需求來進行評估和比較。

查詢函數語法

提示(prompt)詞

請問 Power BI 有哪些實用的函數

ChatGPT 回答內容

Power BI有許多實用的函數,以下是一些常用的函數:

1. SUM:計算數值欄位的總和。
2. AVERAGE:計算數值欄位的平均值。
3. MAX:找出數值欄位的最大值。
4. MIN:找出數值欄位的最小值。
5. CONCATENATE:將多個文字欄位合併成一個。
6. LEFT:從文字欄位的左側提取指定的字符數。
7. RIGHT:從文字欄位的右側提取指定的字符數。
8. MID:從文字欄位的中間提取指定的字符數。
9. IF:根據條件返回不同的值。
10. AND:檢查多個條件是否都為真。
11. OR:檢查多個條件是否有一個為真。
12. NOT:將給定的條件反轉。

這些函數可以幫助用戶進行各種數據分析和計算。在Power BI中,可以使用這些函數進行數據轉換和建立計算欄位。

提示（prompt）詞

Power BI concatenate 函數語法是什麼？

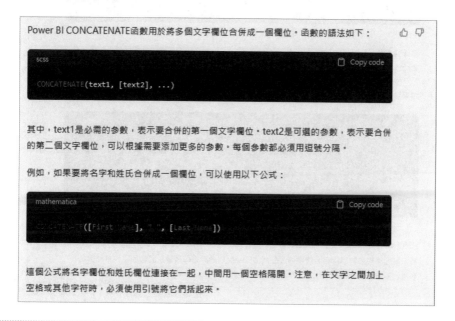

ChatGPT 回答內容

Power BI CONCATENATE函數用於將多個文字欄位合併成一個欄位。函數的語法如下：

```scss
CONCATENATE(text1, [text2], ...)
```

其中，text1是必需的參數，表示要合併的第一個文字欄位。text2是可選的參數，表示要合併的第二個文字欄位，可以根據需要添加更多的參數。每個參數都必須用逗號分隔。

例如，如果要將名字和姓氏合併成一個欄位，可以使用以下公式：

```mathematica
CONCATENATE([First Name], " ", [Last Name])
```

這個公式將名字欄位和姓氏欄位連接在一起，中間用一個空格隔開。注意，在文字之間加上空格或其他字符時，必須使用引號將它們括起來。

給定任務直接提供程式碼的建議

提示（prompt）詞

我如何能在 Power BI 計算全班數學科目的平均及排名

ChatGPT 回答內容

要計算全班數學科目的平均值，可以使用Power BI中的AVERAGE函數。以下是一個計算全班數學平均分的公式：

```scss
AVERAGE(Table1[Math])
```

其中，Table1是包含數學成績的表格，Math是數學成績的欄位名稱。使用這個公式，Power BI會計算Table1中所有數學成績的平均值。

要計算學生在全班中的排名，可以使用RANKX函數。以下是一個計算學生數學排名的公式：

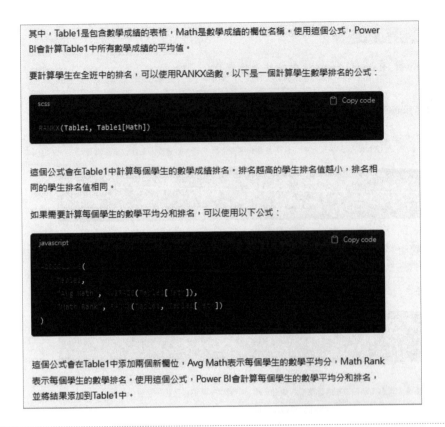

```scss
RANKX(Table1, Table1[Math])
```

這個公式會在Table1中計算每個學生的數學成績排名。排名越高的學生排名值越小，排名相同的學生排名值相同。

如果需要計算每個學生的數學平均分和排名，可以使用以下公式：

```javascript
ADDCOLUMNS(
    Table1,
    "Avg Math", AVERAGE(Table1[Math]),
    "Math Rank", RANKX(Table1, Table1[Math])
)
```

這個公式會在Table1中添加兩個新欄位，Avg Math表示每個學生的數學平均分，Math Rank表示每個學生的數學排名。使用這個公式，Power BI會計算每個學生的數學平均分和排名，並將結果添加到Table1中。

技能 12　ChatGPT 與 VBA ⟩

探索如何使用 ChatGPT 協助撰寫 VBA 程式碼，實作從拆分工作表到變更工作表的背景色等功能，讓您的辦公室工作更加輕鬆高效。

寫 VBA 程式碼—將工作表拆成不同的活頁簿檔案

 提示（prompt）詞

生成 VBA 代碼，將 Excel 工作表拆成不同的活頁簿檔案，並以該工作表名稱作為
活頁簿的檔案名稱，並儲存在同一路徑

ChatGPT 回答內容

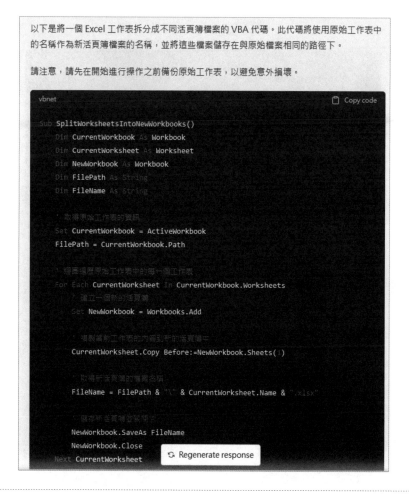

以下是將一個 Excel 工作表拆分成不同活頁簿檔案的 VBA 代碼。此代碼將使用原始工作表中的名稱作為新活頁簿檔案的名稱，並將這些檔案儲存在與原始檔案相同的路徑下。

請注意，請先在開始進行操作之前備份原始工作表，以避免意外損壞。

```vbnet
Sub SplitWorksheetsIntoNewWorkbooks()
Dim CurrentWorkbook As Workbook
Dim CurrentWorksheet As Worksheet
Dim NewWorkbook As Workbook
Dim FilePath As String
Dim FileName As String

' 取得原始工作表的資訊
Set CurrentWorkbook = ActiveWorkbook
FilePath = CurrentWorkbook.Path

' 檔需遍歷原始工作表中的每一個工作表
For Each CurrentWorksheet In CurrentWorkbook.Worksheets
    ' 建立一個新的活頁簿
    Set NewWorkbook = Workbooks.Add

    ' 複製當前工作表的內容到新的活頁簿中
    CurrentWorksheet.Copy Before:=NewWorkbook.Sheets(1)

    ' 取得新活頁簿的檔案名稱
    FileName = FilePath & "\" & CurrentWorksheet.Name & ".xlsx"

    ' 儲存新活頁簿並關閉它
    NewWorkbook.SaveAs FileName
    NewWorkbook.Close
Next CurrentWorksheet
```

⟳ Regenerate response

寫 VBA 程式碼─將工作表背景色變更為黃色

 提示（prompt）詞

生成 VBA 代碼，將 Excel 檔案第一張工作表目前有資料的儲存格範圍的背景色變更為黃色

ChatGPT 回答內容

以下是將Excel檔案第一張工作表目前有資料的儲存格範圍的背景色變更為黃色的VBA代碼：

```vbnet
Sub ChangeFirstSheetRangeColor()
    Dim FirstSheet As Worksheet
    Dim UsedRange As Range

    Set FirstSheet = ActiveWorkbook.Sheets(1)
    Set UsedRange = FirstSheet.UsedRange

    UsedRange.Interior.Color = RGB(255, 255, 0)
End Sub
```

這個VBA代碼將選擇當前工作簿的第一張工作表，找到目前有資料的儲存格範圍，並將該範圍的背景色設為黃色(RGB(255, 255, 0))。